食品理化检测技术

主　编　庞钶靖　甘芳瑗　龙道崎

U0281810

重庆大学出版社

内容提要

本书以食品检测典型任务为载体，突出食品检测岗位职业技能，随国家现行标准的更替更新相关内容。全书包含食品理化检测的基础知识、食品理化检测常规项目、综合实训共 3 个项目，17 个任务和 2 个综合实训。每个任务包括学习目标、案例导入、背景知识、知识拓展、达标自测、任务实施等环节，旨在培养学生自主动手能力、团队协作能力、自主学习兴趣和结果分析能力。

本书可作为高职高专食品类专业的学生用书，同时也可供从事食品生产及食品质量监督与检测的技术人员参考。

图书在版编目（CIP）数据

食品理化检测技术/庞钶靖，甘芳瑗，龙道崎主编
. --重庆:重庆大学出版社,2024.1
ISBN 978-7-5689-4354-3

Ⅰ.①食…　Ⅱ.①庞…②甘…③龙…　Ⅲ.①食品检验　Ⅳ.①TS207.3

中国国家版本馆 CIP 数据核字（2024）第 015563 号

食品理化检测技术

主 编　庞钶靖　甘芳瑗　龙道崎
责任编辑:秦旖旎　　版式设计:秦旖旎
责任校对:刘志刚　　责任印制:张　策

*

重庆大学出版社出版发行
出版人:陈晓阳
社址:重庆市沙坪坝区大学城西路 21 号
邮编:401331
电话:(023)88617190　88617185(中小学)
传真:(023)88617186　88617166
网址:http://www.cqup.com.cn
邮箱:fxk@cqup.com.cn（营销中心）
全国新华书店经销
重庆博优印务有限公司印刷

*

开本:787mm×1092mm　1/16　印张:13.75　字数:346 千
2024 年 1 月第 1 版　　2024 年 1 月第 1 次印刷
印数:1—1 000
ISBN 978-7-5689-4354-3　定价:45.00 元

前 言

　　"食品理化检测技术"是高职高专食品类专业的核心课程,对学生检验检测技能的培养、职业素养的提高以及毕业后在食品生产、流通、监督和管理等不同的工作领域从事质量检验与监控工作起着非常重要的作用。近年来,随着科学技术的发展,食品的分析方法及检测技术不断拓展、更新,国家对食品质量标准、食品中有毒有害物质最大残留限量标准以及食品检测标准等进行了修订并发布实施。编者根据食品检测岗位知识技能实际需求,依据最新国家标准、行业标准,组织编写了本书。

　　本书以技能训练为主线,兼顾理论知识,将食品理化检测知识进行重构、序化,内容由易到难,由单一项目训练到综合实训,更有利于学生在掌握基本的检验技能后,提高其综合检验的技能和强化专业知识,注重将思政教育元素融入专业知识技能培养过程中。本书共包含食品理化检测的基础知识、食品理化检测常规项目、综合实训3个项目共17个任务和2个综合实训。每个任务包括学习目标(知识目标、能力目标和素质目标)、案例导入、背景知识、达标自测、任务实施(分为任务描述、数据处理与报告填写、任务考核)等环节。本书突出以"教师为主导、学生为主体"的教学原则,教师是任务的策划者和指导者,主要是让学生在完成任务的过程中,掌握检测方法并强化检测技能。

　　本书由重庆安全技术职业学院庞钶靖、甘芳瑗、龙道崎担任主编。其中,龙道崎编写项目二的任务九、任务十二、任务十三、任务十四和项目三,甘芳瑗编写项目二的任务一、任务二、任务五、任务六和任务十一,庞钶靖编写项目一、项目二的任务三、任务四、任务七、任务八和任务十。

　　本书在编写过程中得到各方面的大力支持,参考了相关的食品安全国家标准及部分院校出版的教材,在此表示感谢。由于编者水平有限,书中不足之处望同行及读者批评指正。

编　者

2023 年 9 月

目 录

项目一
食品理化检测的基础知识

任务一 检测样品的准备

【知识目标】

1. 掌握采样的方法、原则。
2. 掌握样品制备和保存的方法。
3. 掌握样品预处理的目的和方法。

【能力目标】

1. 能够根据样品的种类进行合理采样。
2. 会选择合适的方法进行样品预处理。

【素质目标】

1. 能正确表达自我意见,并与他人良好沟通。
2. 培养诚信的职业道德、敬业爱岗的精神。
3. 培养良好的社会责任感。

【相关标准】

《采样方法及检验规则》(SB/T 10314—1999)
《食品卫生检验方法 理化部分 总则》(GB/T 5009.1—2003)

【案例导入】

"砷超标"饮料

2009年11月24日,海口市工商局向消费者发布了3种饮料总砷含量超标的消息;时隔一周的12月1日22时左右,海口市工商局在各大媒体上再次公布了上述3种饮料复检全部合格的消息,以上截然不同的两种结果引起了社会的广泛关注,舆论一片哗然。3 种饮料总砷含量的初检委托机构是海南出入境检验检疫局检验检疫技术中心,事件发生之后经过有关部门调查,初检结果有误的主要原因在于:"一是用于总砷检测的原子荧光分光光度计(AFS)使用年限已久,仪器状态不稳定。通过对初检当天绘制的标准曲线进行分析,发现标准曲线低点偏差大,对检测结果造成了一定影响。二是样品前处理中未严格按标准方法进行称样及定容。检测人员为了缩短样品的检测时间,一方面减少了试样称样量,另一方面加大了试样的稀释倍数,这在仪器状态不稳定的情况下,加大了检测值出现偏差的概率。"

案例小结:作为食品分析人员,除了要具有认真负责的工作态度外,还要具备过硬的检测技术、具有强烈的责任担当和使命意识。食品分析人员的工作态度和技术能力,直接影响着质监执法、企业命运、百姓安危,容不得半点马虎。

📖 背景知识

一、样品的采集

分析检验的首项工作就是样品的采集,从大量的分析对象中抽取一定量有代表性的样品,供分析检验用,这项工作即为采样。采样的准确性直接影响到分析结果的准确性,是检验工作成败的关键。因此这项工作必须认真仔细。食品的种类繁多,且组成很不均匀。不同食品往往具有不同的性质和不同的产地,后期加工条件和储藏运输条件也不尽相同。不论是原料、成品还是半成品,即使是同一种类的样品,其所含成分的分布也不会完全一致,如果采样方法不正确,试样不具有代表性,则无论操作如何细心结果如何精密,分析都将毫无意义,甚至可能导致得出错误的结论,所以采样必须准确规范。

1. 采样的原则

(1)代表性

所采集到的样品要求具有代表性和均匀性,能全面反映被测食品的组成、质量、性质等信息;注意样品的生产日期及批号都须有代表性。

(2)真实性

所采集检测样品来源必须准确可靠。采样后应迅速认真填写采样记录,注明采样单位、地址、日期、采样条件、样品批号、采样数量、储存条件外观、检验项目及采样人等详细信息。

(3)准确性

应严格按照采集样品的要求进行采样,做到准确无误。采样工具及储存器材必须干燥洁净,采样过程中要设法保持原有食品的理化指标,防止待测成分逸散或污染,避免引入有害物质或其他影响检测的杂质。

(4)及时性

采样后应在 4 h 内迅速送达化验室进行检验,避免样品在化验前发生诸如颜色、状态、气味等物理性质的变化而影响检测结果。

2. 样品的分类

按照样品采集的过程,依次得到检样、原始样品和平均样品 3 类。

①检样:从组批或货批中所抽取的样品称为检样。检样的多少,按该产品标准中检验规则所规定的抽样方法和数量执行。

②原始样品:将许多份检样综合在一起称为原始样品。原始样品的数量是根据受检物品的特点、数量和满足检验的要求而定。

③平均样品:将原始样品按照规定方法经混合平均,均匀地分出一部分,称为平均样品。从平均样品中分出 3 份(每份样品数量不少于 0.5 kg),第一份用于全部项目检验;第二份用于在对检验结果有争议或分歧时作复检用,称为复检样品;第三份作为保留样品,需封存保留一段时间(通常是 1 个月),以备有争议时再作验证,但易变质食品不作保留。

3. 采样的方法

样品的采集一般分为随机抽样和代表性取样两类。随机抽样,即按照随机原则,从大批物料中抽取部分样品。操作时,应使所有物料的各个部分都有被抽到的机会。代表性取样是用系统抽样法进行采样,根据样品随空间(位置)、时间变化的规律,采集能代表其相应部分的组成和质量的样品,如分层取样、随生产过程的各个环节采样、按批次或件数取样、定期抽取货架商品取样等。

随机取样可以避免人为的倾向性,但是,对不均匀样品(如蔬菜、黏稠的液体等),仅用随机抽样法是不够的,必须结合代表性取样,从有代表性的各个部分分别取样,才能保证样品的代表性,从而保证检测结果的正确性。一般采用随机采样和代表性抽样相结合的方式,具体采样方法视样品不同而异。

(1)散粒状样品(如粮食、粉状食品)

散粒状样品的采样容器有自动样品收集器、带垂直喷嘴或斜槽的样品收集器、垂直重力低压自动样品收集器等,各种类型的采样工具如图 1-1 所示。

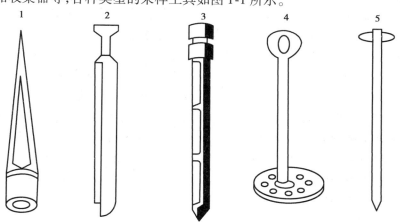

图 1-1　采样工具

1—固体脂肪采样器;2—采取谷物、糖类采样器;3—套筒式采样器;
4—液体采样搅拌器;5—液体采样器

粮食、砂糖、奶粉等均匀固体物料,应按不同批号分别进行采样,对同一批号的产品,采样点数按 $\sqrt{总件数/2}$ 确定。然后从样品堆放的不同部位,按照采样点数确定具体采样袋(件、桶、包)数,用双套回转取样管,插入每一袋子的上、中、下 3 个部位,分别采取部分样品混合在一起。若为散堆状的散料样品,先划分若干等体积层,然后在每层的四角及中心点,也分为上、中、下 3 个部位,用双套回转取样管插入采样,将取得的检样混合在一起,得到原始样品。

混合后得到的原始样品,按四分法对角取样,缩减至样品不少于所有检测项目所需样品总和的 2 倍,即得到平均样品。

四分法是将散粒状样品由原始样品制成平均样品的方法,如图 1-2 所示。将原始样品充分混合均匀后,堆积在一张干净平整的纸上,或一块洁净的玻璃板上;用洁净的玻璃棒充分搅拌均匀后堆成一圆锥形,将锥顶压平成一圆台,使圆台厚度约为 3 cm;画"十"字等分成 4 份,取对角 2 份其余弃去,将剩下 2 份按上法再行混合,四份取其二,重复操作至剩余为所需样品量为止(一般不小于 0.5 kg)。

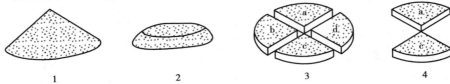

图 1-2　四分法

（2）液体及半流体样品（如植物油、鲜乳、饮料等）

对桶（罐、缸）装样品,先按采样公式确定采取的桶数,再打开包装,先混合均匀,用虹吸法分上、中、下 3 层各取 500 mL 检样,然后混合分取,缩减所需数量的平均样品。若是大桶或池（散）装样品,可在桶或池的四角及中点分上、中、下 3 层进行采样,充分混匀后,分取缩减至所需要的量。

（3）不均匀的固体样品（如肉、鱼、果蔬等）

此类食品本身各部位成分极不均匀,应注意样品的代表性。

①肉类:视不同的目的和要求而定,有时从不同部位采样,综合后代表该只动物,有时从很多只动物的同一部位采样混合后来代表某一部位的情况。

②水产品:个体较小的鱼类可随机取样多个,切碎、混合均匀后,分取缩减至所需要的量;个体较大的可以在若干个体上切割少量可食部分,切碎后混匀,分取缩减。

③果蔬:先去皮、核,只留下可食用的部分。体积较小的果蔬,如豆、枣、葡萄等,随机抽取多个整体,切碎混合均匀后,缩减至所需的量;体积较大的果蔬,如番茄、茄子、冬瓜、苹果、西瓜等,按成熟度及个体的大小比例,选取若干个个体,对每个个体单独取样,以消除样品间的差异。取样方法是从每个个体生长轴纵向剖成 4 份或 8 份,取对角线 2 份,再混合缩分,以减少内部差异;体积膨松型的蔬菜,如油菜、菠菜、小白菜等,应由多个包装（捆、筐）分别抽取一定数量,混合后做成平均样品。

（4）小包装食品

小包装食品（如罐头、袋装或听装奶粉、瓶装饮料等）一般按班次或批号随机取样,同一批号取样件数,250 g 以上的包装不得少于 6 个,250 g 以下的包装不得少于 10 个。如果小包装外还有大包装（纸箱等）,可在堆放的不同部位抽取$\sqrt{总件数/2}$的大包装,打开包装,从每个大包装中抽取小包装,再缩减到所需采样数量。

二、样品的制备

由于食品种类的多样性和各个部位组成的差异性,为了保证分析结果的正确性,在检验之前,必须对分析的样品进行适当处理。样品制备是对上述采集的样品进一步粉碎、混匀、缩分,目的是保证样品完全均匀,取任何部分都具有代表性。具体制备方法因产品类型不同而不同。

1. 液体、浆体或悬浮液体

一般是将样品摇匀,也可以用玻璃棒或电动搅拌器搅拌使其均匀,采取所需要的量。

2. 互不相溶的液体

如油与水的混合物,应先使不相溶的各成分彼此分离,再分别进行采样。

3. 固体样品

先将样品制成均匀状态,可切细(大块样品)、粉碎(硬度大的样品如谷类)、捣碎(质地软、含水量高的样品如果蔬)、研磨(韧性强的样品如肉类)。常用工具有粉碎机、组织捣碎机、研钵等。然后用四分法采取制备好的均匀样品。

4. 罐头

水果或肉禽罐头在捣碎之前应清除果核、骨头及葱姜、辣椒等调料。常用工具有高速组织捣碎机等。

上述样品制备过程一般是先将不可食部分去除,再根据要求的差异和样品的不同状态采用不同的制备方法。应注意防止易挥发性成分逸散和避免样品组成成分及理化性质发生变化。

三、样品的保存

采集来的样品应尽快分析,如不能马上分析(特别是复检样品和保留样品),则应妥善保存。保存的目的是防止样品发生受潮、挥发、风干、变质等现象,确保其成分不发生任何变化。样品保存的原则为干燥、低温、避光、密封。

制备好的样品应放在密封洁净的容器内,于阴暗处保存;并应根据食品种类选择其物理化学结构变化极小的适宜温度保存。易腐败变质的样品应保存在 $0 \sim 5$ ℃的冰箱里,保存时间也不宜过长。有些成分,如胡萝卜素、黄曲霉毒素 B_1、维生素 B_1 等,容易发生光解,以这些成分为分析项目的样品,必须在避光条件下保存。特殊情况下,样品中可加入适量的不影响分析结果的防腐剂,或将样品进行冷冻干燥保存。

此外,样品保存环境要清洁干燥,存放的样品要按日期、批号、编号摆放,以便查找。一般样品在检验结束后,应保留一个月,以备需要时复检,保存时应加封并尽量保持原状。易变质食品不予保留。

四、样品的预处理

样品的预处理是食品理化检测中的一项重要工作。其目的是去除干扰组分,将含量低、形态各异的待测组分处理到适合检测的含量及形态,从而提高方法的可选择性和灵敏度。常用的方法有以下几种。

1. 有机物破坏法

有机物破坏法主要用于食品中无机元素的测定。食品中的无机元素常与一些有机物质(如蛋白质、糖、脂肪、维生素等)结合,形成难溶、难离解的化合物,从而失去其原来的特性。要测定这些无机成分,需要在测定前破坏其有机结合体,使被测组分释放出来,以便分析测定。本方法是将有机物在强氧化剂的作用下进行长时间高温处理,破坏其分子结构,有机物质分解呈气态逸散,而被测无机元素得以释放。该方法除常用于测定食品中微量金属元素外,还可用于检测硫、氮、氯、磷等非金属元素。

(1)干法灰化

干法灰化是通过高温灼烧将有机物破坏,除汞外的大多数金属元素和部分非金属元素的测定均可采用此法。具体操作是将一定量的样品置于坩埚中加热,使有机物脱水、炭化、氧化、分解,再于高温电炉中(500~550 ℃)灼烧灰化,残灰应为白色或浅灰色,并达到恒重,否则应继续灼烧。得到的残渣即为无机成分,可供测定用。

干法灰化的特点是能将有机物破坏彻底,操作简便,使用试剂少,空白值低,但破坏时间长、温度高,易造成某些元素(如汞、砷、锑、铅)挥发损失。对有些元素的测定必要时可加助灰化剂。

(2)湿法消化

湿法消化是通过加强氧化剂加热的方式将有机物破坏,即在酸性溶液中,向样品中加入硫酸、硝酸、高氯酸、过氧化氢、高锰酸钾等氧化剂,并加热消煮,使有机物完全分解、氧化,呈气态逸出,待测组分转化成无机状态存在于消化液中,供测试用。

湿法消化的特点是有机物分解速度快,所需时间短,因加热温度低可减少金属的挥发逸散损失。缺点是消化时易产生大量的二氧化硫、二氧化碳等有害气体,需在通风橱中操作;另外消化初期会产生大量泡沫外溢,需随时查看;因试剂用量较大,空白值偏高。

(3)微波消解法

微波消解法目前已成为测定微量元素最好的消化方法,通过微波炉快速加热与密闭容器结合使用,使消解样品的时间大为缩短。同其他消化方法相比,微波消解法具有试剂用量少、空白值低、酸挥发损失少、消化更完全、更易于实现自动化控制等优点。

(4)高压消解罐消化法

近年来,高压消解罐消化法得到了广泛的应用。此方法是在聚四氟乙烯内罐中加入样品和消化剂,放入密封罐内,并在120~150 ℃的烘箱中保温消化数小时。此方法克服了常压湿法消化的一些缺点,但要求密封程度高,且高压消解罐的使用寿命也有限。

2. 溶剂提取法

在同一溶剂中,不同的物质有不同的溶解度。利用样品中各组分在某一溶剂中溶解度的差异,将各组分完全或部分分离的方法,称为溶剂提取法。此方法常用于维生素、重金属、农药及黄曲霉毒素的测定。常用的无机溶剂为水、稀酸、稀碱;有机溶剂为乙醇、乙醚、氯仿、丙酮、石油醚等。可用于从样品中提取被测物质或除去干扰物质。溶剂提取法可用于提取固体、液体及半流体,根据提取对象不同可分为浸提法和溶剂萃取法。

(1)浸提法(液-固萃取法)

用适当的溶剂将固体样品中的某种被测组分浸提出来的方法称作浸提法,也称液-固萃取法。该方法应用广泛,如测定固体食品中脂肪的含量时,因杂质不溶于乙醚,用乙醚反复浸提样品中的脂肪,再使乙醚挥发掉,便可称出脂肪的质量。

①提取剂的选择。

提取剂应根据被提取物的性质来选择,对被测组分的溶解度应最大,对杂质的溶解度应最小,提取效果遵从相似相溶原则。通常对极性较弱的成分(如有机氯农药)可用极性小的溶剂(如正己烷、石油醚)提取;对极性强的成分(如黄曲霉毒素 B_1)可用极性大的溶剂(如甲醇与水的混合液)提取。所选择溶剂的沸点应适当,太低易挥发,过高又不易浓缩。

②提取方法。

a.浸渍法:将切碎的样品放入选择好的溶剂系统中,浸渍、振荡一定时间,使被测组分被溶剂提取出来。此方法操作简单,但回收率低。

b.捣碎法:将切碎的样品放入捣碎机中,加入提取剂,捣碎一定时间,使被测成分被溶剂提取出来,该方法回收率高,但选择性差,干扰杂质溶出较多。

c.索氏提取法:将一定量样品放入索氏提取器中,加入溶剂加热回流一定时间,使被测组分被溶剂提取。该方法溶剂用量少,提取完全,回收率高,但操作麻烦,需专门使用索氏提取器。

(2)溶剂萃取法

溶剂萃取法用于从溶液中提取某一组分,即利用该组分在两种互不相溶的试剂中分配系数的不同,使其从一种溶剂中转移至另一种溶剂中,从而与其他成分分离。通常可用分液漏斗多次提取达到目的。若被转移的成分是有色化合物,可用有机相直接进行比色测定,即采取萃取比色法。萃取比色法具有较高的灵敏度和选择性。此方法设备简单、操作迅速、分离效果好,但是成批试样分析时工作量大。同时,萃取溶剂常易挥发、易燃,且有毒性,操作时应加以注意。

①萃取剂的选择。

萃取剂应对被测组分有最大的溶解度,对杂质有最小的溶解度,且与原溶剂不互溶,两种溶剂易于分层,无泡沫。

②萃取方法。

萃取常在分液漏斗中进行,一般萃取 4~5 次方可分离完全。若萃取剂比水轻,从水溶液中提取分配系数小或振荡时易乳化的组分时,可采用连续液体萃取器(图1-3)。

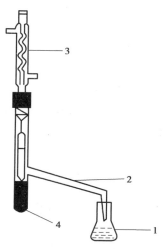

图 1-3　连续液体萃取器
1—锥形瓶;2—导管;
3—冷凝器;4—中央套管

在食品理化检验中常用溶剂提取法分离、浓缩样品,浸提法和溶剂萃取法既可以单独使用也可联合使用。如测定食品中的黄曲霉毒素 B_1,先将固体样品用甲醇-水溶液浸取,此时黄曲霉毒素 B_1 和色素等杂质一起被提取,再用氯仿萃取甲醇-水溶液,色素等杂质不被氯仿萃取,仍留在甲醇-水溶液层,而黄曲霉毒素 B_1 被氯仿萃取,以此将黄曲霉毒素 B_1 分离。

3.蒸馏法

蒸馏法是利用液体混合物中各种组分挥发度的不同而进行分离的一种方法。该方法既可以除去干扰组分,也可以用于被测组分的蒸馏逸出,收集馏出液进行分析(如啤酒酒精含量的测定)。蒸馏分离的效果取决于样品的组成和蒸馏的方式。如根据样品中待测定成分性质的不同,可采取常压蒸馏、减压蒸馏、水蒸气蒸馏等方式。

知识拓展——
超临界流体萃取

(1)常压蒸馏

当被蒸馏的物质受热后不易发生分解或沸点不太高时,可在常压下进行蒸馏。常压蒸馏的装置比较简单,加热方法要根据被蒸馏物质的沸点和特性选择水浴、油浴或直接加热。常压蒸馏装置如图1-4所示。

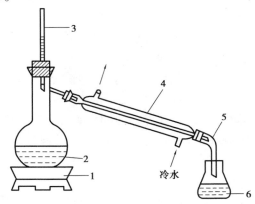

图1-4 常压蒸馏装置

1—电炉;2—烧瓶;3—温度计;

4—冷凝管;5—接收管;6—接收瓶

（2）减压蒸馏

对于待蒸馏物质易分解或者沸点太高的样品,可采用减压蒸馏。减压蒸馏装置如图1-5所示。

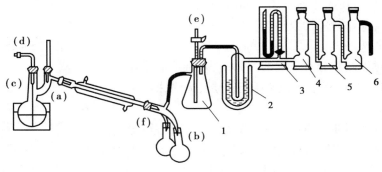

图1-5 减压蒸馏装置

1—缓冲瓶装置;2—冷却装置;3、4、5、6—净化装置;

（a）减压蒸馏瓶;（b）接收器;（c）毛细管;（d）调气夹;（e）放气活塞;（f）接液管

（3）水蒸气蒸馏

某些物质的沸点很高,直接加热蒸馏时,由于受热不均匀易出现局部炭化,还有些被测成分被加热到沸点时,可能发生分解,这些成分的提取可以采用水蒸气蒸馏（如食醋中挥发酸含量的测定等）。这种蒸馏方法适用于两种或两种以上组分可以互溶而且沸点相差很小的混合液体。水蒸气蒸馏装置如图1-6所示。

4.化学分离法

化学分离法是利用化学的方法来处理被检测样品,以便于目的组分的检测,主要有以下几种方法。

（1）磺化法和皂化法

磺化法和皂化法是去除油脂的常用方法,可用于食品中农药残留的分析。

①磺化法。磺化法是用硫酸处理样品提取液,硫酸使其中的脂肪磺化,并与脂肪和色素

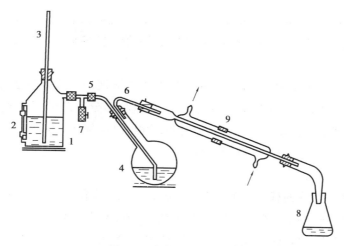

图 1-6　水蒸气蒸馏装置

1—水蒸气发生器；2—玻管；3—安全管；4—长颈圆底烧瓶；5—水蒸气导管；

6—馏出液导管；7—螺旋夹；8—接收瓶；9—冷凝管

中的不饱和键起加成作用，生成溶于硫酸和水的强极性化合物，从有机溶剂中分离出来。使用该方法进行农药分析时只适用于在强酸介质中稳定的农药，如有机氯农药中的六六六、DDT 回收率在 80% 以上。

②皂化法。皂化法是用热碱溶液（KOH-乙醇溶液）与脂肪及其杂质发生皂化反应，而将其除去。本方法适用于在碱性环境中稳定的农药提取液的净化。

（2）沉淀分离法

沉淀分离法是向样液中加入沉淀剂，利用沉淀反应使被测组分或干扰组分沉淀下来，再经过滤或离心实现与母液分离。该方法是常用的样品净化方法，如饮料中糖精钠的测定，可加碱性硫酸铜将蛋白质等杂质沉淀下来，通过过滤除去。

（3）掩蔽法

掩蔽法是通过向样液中加入掩蔽剂，使干扰组分改变其存在状态（被掩蔽状态），以消除其对被测组分的干扰。掩蔽法最大的优点就是可以免去分离操作，使分析步骤大大简化，因此在食品检验中广泛用于样品的净化。特别是测定食品中的金属元素时，常加入络合剂消除共存的干扰离子的影响。

5. 浓缩法

浓缩法是指样品在经过提取、净化后，在净化液体积较大，或者是样品中被测组分含量较低时，为方便检测需要对样液进行浓缩，以达到提高被检测成分浓度的目的。常见浓缩法有常压浓缩法和减压浓缩法两种。

（1）常压浓缩法

常压浓缩法主要用于待测组分为非挥发性的样品净化液的浓缩，通常采用蒸发皿直接挥发。若要回收溶剂，则可采用一般蒸馏装置或旋转蒸发仪。该方法操作简便、快速，是常用的浓缩方法。

（2）减压浓缩法

减压浓缩法主要用于待测组分为热不稳定性或易挥发性的样品净化液的浓缩，通常采用

K-D 浓缩器。浓缩时,水浴加热并抽气减压。此法浓缩温度低、速度快,被测组分损失少,食品中有机磷农药的测定(如甲胺磷、乙酰甲胺磷含量的测定)多采用此方法浓缩样品净化液。

6. 色谱分离法

色谱分离法又称色层分离法,是在载体上进行物质分离的一系列方法的总称。根据分离原理的不同,色谱分离法可分为吸附色谱分离法、分配色谱分离法和离子交换色谱分离法等。色谱分离的最大特点是,分离的过程就是分析的过程,而且分离效果好。色谱分离法在食品分析中应用广泛,如测定食品中的食用色素等。

(1)吸附色谱分离法

吸附色谱分离法使用的载体为聚酰胺、硅胶、硅藻土、氧化铝等,吸附剂经活化处理后具有一定的吸附能力。样品中的各组分依其吸附能力不同被载体选择性吸附,使其分离。如食品中色素的测定,将样品溶液中的色素经吸附剂吸附(其他杂质不被吸附),经过过滤、洗涤,再用适当的溶剂解吸,得到比较纯净的色素溶液。吸附剂可以直接加入样品中吸附色素,也可将吸附剂装入玻璃管制成吸附柱或涂布成薄层板使用。

(2)分配色谱分离法

分配色谱分离法是根据样品中的组分在固定相和流动相中的分配系数不同而进行分离的。当溶剂渗透于固定相中并向上渗展时,分配组分就在两相中进行反复分配,进而分离。如多糖类样品的纸上层析,样品经酸水解处理,中和后制成试液,在滤纸上点样,用苯酚-1%氨水饱和溶液展开,苯胺邻苯二酸显色,于 105 ℃加热数分钟,可见不同色斑:戊醛糖(红棕色)、己醛糖(棕褐色)、己酮糖(淡棕色)、双糖类(黄棕色)。

(3)离子交换色谱分离法

离子交换色谱分离法是一种利用离子交换剂与溶液中的离子发生交换反应实现分离的方法。根据被交换离子的电荷不同分为阳离子交换和阴离子交换。该方法可用于从样品溶液中分离待测离子,也可从样品溶液中分离干扰组分。可将样液与离子交换剂一起混合振荡或将样液缓缓通过事先制备好的离子交换柱,则被测离子与交换剂上的 H^+ 或 OH^- 发生交换,从而将其从样品溶液中分离开来。

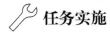 **任务实施**

子任务 "蔬菜中农药残留的检测"样品采集

1. 任务描述

分小组完成以下任务:

①查阅蔬菜中农药残留检测的抽样标准,编制采样方案。

②准备采样所需用品。

③正确采样。

④准确填写采样记录。

⑤正确进行样品的封存与运输。

2. 采样工作准备

①查阅《蔬菜农药残留检测抽样规范》(NY/T 762—2004),编制蔬菜中农药残留检测的

采样方案,方案至少包括采样人员、采样时间、采样地点、所采样品名称、采样数量、采样方法等内容。

②准备采样所需用品,包括抽样袋、保鲜袋、纸箱、标签等抽样用具,并保证这些用具洁净、干燥、无异味,不会对样本造成污染。

3. 任务实施步骤

①选择抽样点和抽样时间。

②按照方案中方法进行抽样。

③样本封存和运输。

④样本缩分。

⑤样本贮存。

4. 采样记录填写

将蔬菜中农药残留检测的采样记录填入表1-1中。

表1-1 蔬菜中农药残留检测的采样记录

样品名称		被采样单位	
采样时间		采样地点	
采样数量		样本产地	
生产日期		样品编号	
样本状态		签封标志	□完好 □不完好
采样方法			
备注			

采样人签名   采样日期

5. 任务考核

按照表1-2评价工作任务完成情况。

表1-2 任务考核评价指标

序号	工作任务	评价指标	不合格	合格	良	优
1	采样方案制订	正确选用采样标准(5分)	0	1	3	5
		采样方案制订合理规范(5分)	0	1	3	5
2	样品采集	采样工具使用正确(5分)	0	1	3	5
		按要求规范采样(15分)	0	5	10	15
3	样品封存和运输	正确封存样品(10分)	0	3	6	10
		按要求运输样品(10分)	0	3	6	10
4	样品缩分	样品缩分正确(场所、工具、容器、缩分操作等)(15分)	0	5	10	15
5	样品贮存	正确进行样品贮存(10分)	0	3	6	10
6	采样记录填写	采样记录填写及时、规范、整洁(10分)	0	3	6	10

续表

序号	工作任务	评价指标	不合格	合格	良	优
7	其他操作	工作服整洁,佩戴已消毒一次性手套、口罩、帽子(5分)	0	5	10	15
		采样时间控制合理(5分)				
		符合安全规范操作(5分)				
总分						

✍ 达标自测

一、单项选择题

1. 对样品进行检验时,采集样品必须有(　　)。
A. 代表性　　　　　　B. 典型性　　　　　　C. 随意性　　　　　　D. 适时性

2. 使空白测定值较低的样品处理方法是(　　)。
A. 湿法消化　　　　　B. 干法灰化　　　　　C. 萃取　　　　　　　D. 蒸馏

3. 干法灰化的温度一般是(　　)。
A. 100 ~ 150℃　　　B. 500 ~ 600 ℃　　　C. 200 ~ 300 ℃　　　D. >1 000 ℃

4. 可用"四分法"制备平均样品的是(　　)。
A. 稻谷　　　　　　　B. 蜂蜜　　　　　　　C. 鲜乳　　　　　　　D. 葡萄

5. 湿法消化通常采用的消化剂是(　　)。
A. 强还原剂　　　　　B. 强萃取剂　　　　　C. 强氧化剂　　　　　D. 强吸附剂

6. 选择萃取的溶剂时,萃取剂与原溶剂(　　)。
A. 以任意比混溶　　　　　　　　　　　B. 必须互不相溶
C. 能发生有效的络合反应　　　　　　　D. 不能反应

7. 当蒸馏物受热易分解或沸点太高时,可选用(　　)方法分离样品。
A. 常压蒸馏　　　　　B. 减压蒸馏　　　　　C. 高压蒸馏　　　　　D. 水蒸气蒸馏

8. 色谱分离法的作用是(　　)。
A. 只能作分离手段
B. 只供测定检验用
C. 可以分离组分,也可以作为定性或定量分析手段
D. 只能用作定性分析

9. 在测定食品中挥发性酸的过程中,所采用的蒸馏方法为(　　)。
A. 常压蒸馏　　　　　B. 减压蒸馏　　　　　C. 加压蒸馏　　　　　D. 水蒸气蒸馏

10. 原始样品经过技术处理,再抽取其中一部分供分析检验的样品称为(　　)。
A. 检样　　　　　　　B. 原始样品　　　　　C. 平均样品　　　　　D. 检验样品

二、多项选择题

1. 食品检验的一般程序包括(　　)。
A. 样品的采集、制备和保存　　　　　　B. 样品的预处理
C. 成分分析　　　　　　　　　　　　　D. 分析数据处理

E. 分析报告的撰写

2. 盛有样品的器皿上要贴标签,并说明(　　)情况。

A. 名称　　　　　　　　　B. 采样地点　　　　　　　C. 采样日期　　　　　　D. 采样方法

E. 分析项目

3. 食品检验样品的预处理方法主要有(　　)。

A. 灰化　　　　　　　　　B. 消化　　　　　　　　　C. 蒸馏　　　　　　　　D. 萃取

4. 食品样品保存的原则是(　　)。

A. 干燥　　　　　　　　　B. 低温　　　　　　　　　C. 密封　　　　　　　　D. 避光

5. 样品预备处理的目的是(　　)。

A. 消除干扰因素　　　　　　　　　　　　　　　B. 完整保留被测组分

C. 能提高被测定物质浓度

三、判断题

1. 样品的采集是指从大量的代表性样品中抽取一部分作为分析测试的样品。　　　　(　　)

2. 样品采集的原则是所采集的样品要能够代表所要检测食品的性质。　　　　　　(　　)

3. 食品分析必须懂得正确采样,而要做到正确采样则必须做到采用正确的采样方法,否则检测结果不仅毫无价值,还会导致错误结论。　　　　　　　　　　　　　　　(　　)

4. 平均样品是指从大批物料的各个部分采集的少量物料。　　　　　　　　　　　(　　)

5. 检样是指抽取原始样品中的一部分作为分析检验的样品。　　　　　　　　　　(　　)

6. 样品制备的目的是保证样品完全均匀,使任何部分都具有代表性。　　　　　　(　　)

7. 蒸馏法是利用液体混合物中各组分溶解度的不同,将混合物分离为纯组分的方法。

(　　)

8. 湿法消化是在样品中加入强酸和强氧化剂并加热消煮,使样品中有机物质分解、氧化,从而使待测组分物质转化为无机状态存在于消化液中。　　　　　　　　　　　(　　)

9. 色谱分离法是一种在载体上进行物质分离的一系列方法的总称。　　　　　　　(　　)

10. 干法灰化法预处理样品时有机物分解不彻底,且操作复杂。　　　　　　　　(　　)

任务二　食品样品的检测

【知识目标】

1. 了解误差的来源及消除或减少误差的措施。

2. 掌握检测方法、仪器、化学试剂的选择原则。

3. 掌握常用玻璃量器的校正方法。

【能力目标】

1. 能够对常用玻璃量器进行正确校正。

2. 能够正确选择检测方法、仪器、化学试剂等。

【素质目标】

1. 具有发现、分析、解决问题的能力。

2. 具有科学严谨、实事求是的工作态度和客观公正的工作作风。

3. 不断增强团队合作精神和集体荣誉感。

【相关标准】

《食品卫生检验方法 理化部分 总则》（GB/T 5009.1—2003）

《分析实验室用水规格和试验方法》（GB/T 6682—2008）

《实验室玻璃仪器 滴定管》（GB/T 12805—2011）

【案例导入】

不达标的牛仔骨

2021年12月4日,乐山消费者向先生通过电商平台在上海××食品有限公司(以下简称"××食品公司")开设的"西捷旗舰店",下单购买了"西捷进口谷饲牛仔骨0添加原切雪花牛排带骨新鲜牛小排冷冻牛肉"。向先生收到快递后,发现牛仔骨已变为常温,为确保所购牛排的安全性,向先生要求商家提供进口牛排的检验检疫证明,结果对方提供的相关证明,无法证明与向先生所购牛排之间有关联性。向先生向乐山市市中区人民法院提起诉讼,要求判令××食品公司"退一赔十"。乐山市中级人民法院经审理后认为,××食品公司主张其委托牛仔骨食品公司生产涉案产品适用《食品安全国家标准 鲜(冻)畜、禽产品》(GB 2707—2016)的标准,但该公司对其2021年10月2日切割加工的牛仔骨进行出厂检验时,仅完成了感官要求的检验,未对理化指标、污染物限量等进行检验,该产品并不符合上述国家标准对食品生产的要求。××食品公司提供的入境货物检验检疫证明、新型冠状病毒的核酸检测报告单、消毒证明以及产品溯源二维码,能证明相关批次号的进口产品已经过相关入境检验检疫和消毒等,但不能证明涉案产品与该批次产品有对应关系,即××食品公司提供的证据未能证明涉案产品为该食品公司于2021年11月20日分装的俄罗斯进口的谷饲牛仔骨。因此,××食品公司应承担举证不能的责任,将退还合同价款并支付赔偿金共计35 860元。

案例小结:食品分析人员的工作态度,直接影响着检验的过程及结果,检验过程中一个小小的疏忽或者不规范的操作,都可能导致检验结果发生很大的偏差。作为一名食品从业者,必须严格按照国家标准方法进行检测,必须有科学严谨、求真务实的工作态度。

📖 背景知识

一、食品理化检测方法的选择

食品理化检测的目的在于为生产部门和市场监督管理部门提供准确、可靠的分析数据,以便生产部门根据这些数据对原料的质量进行控制,制订合理的工艺条件,保证生产正常进行,以较低的成本生产出符合质量标准和卫生标准的产品。市场监督管理部门则根据这些数据对被检食品的品质和质量做出正确、客观的判断和评定,防止质量低劣食品危害消费者的身心健康。在现有的众多检测方法中,选择正确的检测方法是保证分析结果准确的又一关键环节。因此,分析方法的确立不能随心所欲,必须以中华人民共和国国家标准规定的检验方法为准。选择分析方法的原则是精密度高、重复性好、判断正确、结果可靠。在此前提下根据具体情况选用仪器灵敏、价格低廉、操作简便、省时省力的分析方法。

1. 在不同的标准中作出选择

(1)根据标准的适用范围进行选择

选择标准检测方法时,要明确不同标准的适用范围,避免张冠李戴而导致检测结果失准。

(2)按"针对性"优于"普适性"的原则进行选择

GB/T 5009.1 ～ GB/T 5009.35 中的每个标准都是基础项目的检测,涵盖很多产品,即具有普适性,而 GB/T 5009.36 ～ GB/T 5009.57 中的每个标准都是对某类产品的检测,即具有针对性。例如,《食品安全国家标准 食品的相对密度的测定》(GB/T 5009.2—2016)中"第一法密度瓶法""第二法天平法""第三法比重计法",都适用于液体试样的相对密度的测定,属较多产品可以使用的方法。

2. 在同一标准的两类不同检验方法中作出选择

《食品卫生检验方法 理化部分 总则》(GB/T 5009.1—2003)在"检验方法的选择"中给出了两类不同检验方法的选择原则,即"标准方法如有两个以上检验方法时,可根据检测机构所具备的条件进行选择,以第一法为仲裁方法""标准方法中设几个并列方法时,要依据适用范围进行选择",选择检验方法时按照此原则进行即可,分述如下。

(1)根据"所具备的条件",对"以第一法为仲裁方法"的几个标准检测方法进行选择

"以第一法为仲裁方法"的几个标准检测方法的检测结果一般来说是基本一致的,只是第一法的准确度、精密度较高,使用的仪器设备要求也较高。检测机构要根据自身所具备的条件选择其中任何一种方法(不一定要选择第一法)。例如,《食品安全国家标准 食品中铅的测定》(GB 5009.12—2017)有石墨炉原子吸收光谱法(第一法)、电感耦合等离子体质谱法(第二法)、火焰原子吸收光谱法(第三法)和二硫腙比色法(第四法)。对于没有原子吸收分光光度计等高档精密仪器的小型企业则可选择第四法。但要注意,不可用第二法、第三法等的检测结果去否定第一法的检测结果(除非有充足的证据证明第一法检测结果是错的),因为第一法是仲裁方法。

(2)依据方法的适用范围,对标准中几个并列方法进行选择

标准中几个并列方法的检测结果有可能不同,所以不能随意选择,要依据产品自身的特点选择适用的检测方法。如《食品安全国家标准 食品中水分的测定》(GB 5009.3—2016)有4 个并列方法,即直接干燥法、减压干燥法、蒸馏法、卡尔·费休法。标准中对各种方法的适用范围写得很清楚,如直接干燥法适用于不含或含其他挥发性物质甚微的食品,减压干燥法适用于糖、味精等易分解的食品,蒸馏法适用于含较多挥发性物质的食品,如油脂、香辛料等水分的测定等。据此,如要测定香料的水分,就应选择蒸馏法。若选用直接干燥法或减压干燥法,就会产生较大的测定误差,甚至导致检测结果无效。

需要提醒的是两类检测方法不能混淆,既不要将并列方法中的第一法错当作仲裁方法,也不要将含有第一法(仲裁方法)的几种方法错当作并列方法。为此,《食品卫生检验方法 理化部分 总则》(GB/T 5009.1—2003)中给出相关说明:"在 GB/T 5009.3、GB/T 5009.6、GB/T 5009.20、GB/T 5009.26、GB/T 5009.34 中,由于方法的适用范围不同,第一法与其他方法属并列方法(不是仲裁方法)。此外,未指明第一法的标准方法,与其他方法也属并列方法。"因

此,作为一名质检人员,一定要仔细研读标准的条文,把握含义,这是保证正确选择方法的前提。

3.综合考虑检测目的、检测成本等因素后作出选择

要根据检测目的、要求取得检测结果的时间、检测成本等来选择适当的检测方法。如企业生产线上需要及时得到检测结果而不需要很高的精确度时,则可选择在线检测等简单、快速的检测方法。不同检测方法的人力、物力和时间成本均有不同,应按最优化原则选择尽量节约成本的检测方法。

二、仪器、试剂和实验用水的选择

1.仪器的选择

仪器的性能和测量灵敏度都可以直接影响检测结果的质量。所以,要选择技术性能良好、灵敏度满足检测标准和规范要求的仪器设备。如方法对取样要求准确称取或准确量取时,应按取样量所需保留小数点的位数选择天平或量器的等级,既保证测定精度,也考虑经济性。如准确称取 0.352 5 g 样品,就需用分辨值为 0.1 mg 的分析天平;若称量 2.8 g 样品,则选用架盘天平即可。同样,当要求吸取 10.00 mL 溶液时,应采用移液管和刻度吸量管等,而不能用量筒、量杯量取;选择滴定管时,要根据滴定时标准溶液的用量选用不同的型号。若标液用量不超过 25 mL,则不应选用 50 mL 滴定管;标液用量超过 25 mL,则应选用 50 mL 滴定管,而不能采用 25 mL 滴定管。要避免因量具产生过多的误差影响测量结果。

2.化学试剂的选择

试剂质量的优劣直接影响检测工作质量,如在做食品中的铅、镉、砷等项目的测定时,样品前处理时要用硫酸、硝酸等对食品进行消解,这时所用的酸就不能含有铅、镉、砷离子。否则,随着样品消解用酸量的增加,消化浓缩后,酸中的这些离子会进入消解的样品液中,给检测带来误差。

理化检测常用的化学试剂有一般试剂、基准试剂和光谱纯试剂等。

在中国国家标准中,将一般试剂划分为 3 个等级,见表 1-3。

表 1-3　一般试剂的规格及标志

级别	名称	代号	标签颜色	用途
一级试剂	优级纯	GR	绿色	精密的分析工作和科研工作
二级试剂	分析纯	AR	红色	重要分析和一般研究
三级试剂	化学纯	CP	蓝色	工业分析和化学实验

基准试剂:专门作为基准物用,其纯度相当于或高于优级纯,能用于直接配制或标定标准溶液。

光谱纯试剂:表示光谱纯净。但由于有机物在光谱上显示不出,所以有时主成分达不到 99.9% 以上,使用时必须注意,特别是作为基准物时,必须进行标定。

不同级别或类别的试剂,其价格相差很大,选用时应注意节约。既要防止超级使用造成浪费,也不能随意降低试剂级别而影响分析结果。

3.实验用水的选择

水是最常用的溶剂。不同的检测项目需要不同质量的水。根据有关国家标准规定,一般

食品检验用水为"蒸馏水或相应纯度的去离子水",某些超纯分析及痕量分析需用纯度更高的水。《分析实验室用水规格和试验方法》(GB/T 6682—2008)中规定了分析实验室用水的级别和规格,见表1-4。

表1-4　分析实验室用水的规格

指标名称	一级水	二级水	三级水
pH 值范围(25 ℃)	—	—	5.0 ~ 7.5
电导率(25 ℃)/(mS·m^{-1})	≤0.01	≤0.10	≤0.50
可氧化物[以 O 计]含量/(mg·L^{-1})	—	≤0.08	≤0.4
吸光度(254 nm,1 cm 光程)	≤0.001	≤0.01	—
可溶性硅(以 SiO$_2$ 计)含量/(mg·L^{-1})	≤0.01	≤0.02	—
蒸发残渣(105±2) ℃含量/(mg·L^{-1})	—	≤1.0	≤2.0

一级水用于有严格要求的微量和超微量分析试验,如高效液相色谱分析用水。一级水可用二级水经过石英设备蒸馏或离子交换混合床处理后,再经孔径为 0.2 μm 的微孔滤膜过滤来制取。二级水用于无机痕量分析等试验,如原子吸收光谱分析用水。二级水可用多次蒸馏或离子交换等方法制取。三级水用于一般化学分析试验。

三、检测过程中误差源的控制

在理化检测过程中,由于检测人员素质和专业技术水准、检测时所使用的仪器、采用的方法以及检测时的环境条件等多方面因素的限制,检测得到的结果往往与客观存在的真实数值有着一定的差异。这就是说检测过程中,误差总是客观存在的。作为理化检测工作者,需要了解检测过程中的误差来源,并采取相应措施消除或减少误差,从而提高检测结果的准确程度。

知识拓展——
食品检验的
技术规范用语

1.误差的来源

(1)系统误差

系统误差又称可测误差,它是由检测过程中某些确定的、经常的原因所造成的,它对检测结果的影响比较固定,在重复测量中可以重复地表现出来。因此,这类误差的大小往往是可以估计的,可以设法减少和校正。其主要来源有以下 4 种:

①方法误差。

由检测方法本身造成的误差称为方法误差,即选择的方法不够完善,如重量分析中沉淀不完全、滴定分析中指示剂选择不当、滴定终点与等当点不一致、测量所依据的理论公式本身的近似性等引起的误差。

②仪器误差。

仪器不准或试剂不纯所引起的误差称为仪器误差,如天平、砝码、滴定管等测量仪器的精度不够所引起的误差。例如,标称值为 100 g 的砝码,经检定实际值为 99.997 g,即误差为+0.003 g,用此砝码去称量其他物体的质量,按标称值使用,则始终把被测量称大,产生+0.003 g 的恒定系统误差。

③试剂误差。

试剂误差是指试剂含有杂质、蒸馏水质量不佳等所引起的误差以及环境因素对仪器、试剂影响所产生的误差等。

④操作误差。

操作误差一般指正常操作情况下,检测人员主观因素所造成的误差。如人眼观察颜色的敏锐程度不同造成的误差,以及采样不能代表平均成分,各分析步骤中很难避免的机械丢失与操作过程中杂质的引入,计算过程中不可避免的误差等均属此类。

（2）随机误差

随机误差是实验条件和环境因素无规则变化或分析人员的操作不一致等多种随机因素造成的测量值围绕真值发生涨落的变化。如坩埚或砝码上吸附微量的水分随时间而变化;砝码在天平盘上位置的变动等不确定因素造成的变化。

（3）过失误差

过失误差是由检测人员在检测过程中犯了不应有的错误造成的,从而明显歪曲了测定的结果。如因操作不细心、加错试剂、读数错误等引起结果的差异也称为"错误"。这种误差只要分析工作者在分析测定过程中认真、细心,严格遵守操作规程,是可以避免的。

2. 消除或减少误差的方法和措施

（1）正确选择检测方法

已在前面的"食品理化检测方法的选择"中作了介绍,在此不赘述。

（2）正确选取样品量

取样量的多少直接关系到测量结果的准确性。取样量应根据试样的种类和性状、待测成分的含量高低、称量误差等因素而定。如分析天平的一次称量引入±0.000 1 g的绝对误差,一份样品需称量两次,若要求称量时相对误差小于0.1%,则

试样最低称样量=次数×绝对误差/相对误差=2×0.000 1/0.1% g=0.2 g

在滴定分析中,滴定管的一次读数引入±0.01 mL的绝对误差,一次滴定中需要读数两次。为使滴定时相对误差小于0.1%,则

标液的最少消耗体积=次数×绝对误差/相对误差=2×0.01/0.1% mL=20 mL

再如在比色分析中,含量与吸光度之间往往只在一定范围内呈线性关系。分光光度计读数时也只有在一定的吸光度范围内才准确。这就要求测定时确保读数在此范围内,以提高准确度。因此要通过增减取样量或改变稀释倍数达到目的。

（3）仪器设备要校准并按规程正确使用

《食品卫生检验方法 理化部分 总则》（GB/T 5009.1—2003）中规定,检验方法中所使用的玻璃量器（滴定管、移液管、容量瓶、刻度吸管、比色管等）、控温设备（马弗炉、恒温干燥箱、恒温水浴锅等）、测量仪器（天平、酸度计、温度计、分光光度计、色谱仪等）均应按国家有关规定及规程进行测试和检定校正。在检测中要按操作规程正确使用仪器。

（4）增加平行测定的次数

增加平行测定的次数能减少随机误差,使平均值更接近真值。在一般分析工作中,要求平行测定2~4次。如需更精确的测定,应合理增加平行测定次数,避免浪费。

（5）进行空白试验和对照试验

空白试验即在除不加样品外,采用完全相同的分析步骤、试剂和用量(滴定法中标准滴定液的用量除外),进行平行操作,所得的结果为空白值,从试样的测量值中扣除空白值就可以抵消由试剂、蒸馏水、器皿和环境带入的杂质所造成的误差,得到比较准确的分析结果。

对照试验是检查系统误差的有效方法。在进行对照试验时,常常用已知结果的试样与被测试样一起按完全相同的步骤操作,最后将结果进行比较。这样可以抵消许多不明因素引起的误差。对照试验最简单有效的方法是用加标回收率的方法检验,即样品与加标样同时按同一操作方法和步骤进行平行测试。根据检测得到的加标量与实际加标量计算回收率,并对样品测得值进行补偿。回收试验也是检验分析方法可靠性的重要措施。

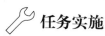 **任务实施**

子任务　50 mL 滴定管的校正

1. 任务描述

分小组完成以下任务:

①查阅滴定管的校正标准,设计 50 mL 滴定管的校正方案。

②准备滴定管校正所需试剂材料及仪器设备。

③正确进行滴定管的校正。

④准确填写校准记录。

2. 校正工作准备

①查阅《实验室玻璃仪器 滴定管》(GB/T 12805—2011)和校正标准《常用玻璃量器检定规程》(JJG 196—2006),设计 50 mL 滴定管的校正方案。

②准备滴定管校正所需试剂材料及仪器设备。

3. 任务实施步骤

①正确选择滴定管,对滴定管进行检漏、润洗。

②加蒸馏水至滴定管零刻度线以上,排出尖嘴部分的气泡,擦去滴定管外表面和尖嘴外的水滴,补加蒸馏水至弯月面于零刻度线以上 5 mm 处,再缓慢调节弯月面至零刻度,记录此时滴定管的读数和水的温度。

③取外表洁净干燥的 50 mL 锥形瓶,用天平称量,记录其空瓶质量。

④将滴定管垂直稳妥地置于滴定管架上,从滴定管中放水(流速小于 10 mL/min)至已称重的锥形瓶中,待液面降至离 10 mL 刻度线约 5 mm 处时,等待 30 s,然后在 10 s 内将液面正确地调至 10 mL,精密称取其质量,计算得到放出水的质量。注意整个过程中,滴定管尖嘴不应接触磨口锥形瓶。

⑤根据放出水的质量和水在该温度下的相对密度,计算出该段滴定管的实际容积。

⑥再加蒸馏水调液面至零刻度处,记录读数。重复上述方法测定出滴定管在 0.00 ~ 20.00 mL,0.00 ~ 30.00 mL,0.00 ~ 40.0 mL,0.00 ~ 50.00 mL 刻度间水的质量,分段校正滴定管。

4. 校准记录填写

将校准记录如实填写在表1-5 中。

表 1-5　滴定管校准记录

水温/℃			水的密度/(g·mL^{-1})			
测量区间/mL	放出水的体积/mL	空瓶质量/g	(瓶+水)的质量/g	放出水的质量/g	实际容积/mL	校正值
0.00 ~ 10.00						
0.00 ~ 20.00						
0.00 ~ 30.00						
0.00 ~ 40.00						
0.00 ~ 50.00						
注:校正值=实际容积–放出水的体积						

5. 任务考核

按照表 1-6 评价工作任务完成情况。

表 1-6　任务考核评价指标

序号	工作任务	评价指标	不合格	合格	良	优
1	校正方案制订	正确选用校正(5分)	0	1	3	5
		校正方案制订合理规范(5分)	0	1	3	5
2	称量	做好天平准备工作(预热、水平、清扫、调零)(8分)	0	2	5	8
		正确使用天平(称量物放于盘中心、去皮、天平门开关、手不接触称量物、读数)(10分)	0	3	6	10
		保持天平整洁(清扫、关闭天平门、拔电源)(6分)	0	2	4	6
3	滴定管准备	滴定管选择正确(5分)	0	1	3	5
		洗涤方法正确,洗涤干净(5分)	0	1	3	5
		检漏方法正确(5分)	0	1	3	5
		润洗方法正确(润洗量、润洗动作、次数、放出)2~3次(8分)	0	2	5	8
		正确排尽气泡,装液调零点正确(4分)	0	1	3	4
4	滴定	放液速度合适,滴定管手法规范(4分)	0	1	3	4
		锥形瓶位置正确(2分)	0	—	—	2
		液面接近某刻度线有停留,10 s后调至该刻度(4分)	0	1	3	4
		终点读数准确(管垂直、平视液面读弯月面)(4分)	0	1	3	4
5	填写校准记录	原始记录填写及时、规范、整洁(5分)	0	2	4	5
		有效数字保留准确(5分)	0	—	—	5

续表

序号	工作任务	评价指标	不合格	合格	良	优
6	其他操作	工作服整洁,及时整理、清洗、回收玻璃器皿及仪器设备(5分)	0	1	3	5
		操作时间控制在规定时间内(5分)	0	1	3	5
		符合安全规范操作(5分)	0	2	4	5
		总分				

✍ 达标自测

一、单项选择题

1. 下列玻璃仪器使用方法不正确的是(　　)。

A. 烧杯放在石棉网上加热　　　　　　　　B. 离心试管放在水浴中加热

C. 坩埚直接放在电炉上加热　　　　　　　D. 蒸发皿直接放在电炉上加热

2. 在滴定分析中出现(　　)情况,能够导致系统误差。

A. 滴定管读数读错　　　　　　　　　　　B. 试样未搅匀

C. 所用试剂含有被测组分　　　　　　　　D. 滴定管漏液

3. 用 20 mL 移液管移出溶液的准确体积应记录为(　　)。

A. 20 mL　　　　　B. 20.00 mL　　　　　C. 20.0 mL　　　　　D. 20.000 mL

4. 用于配制标准溶液的试剂的水最低要求为(　　)。

A. 一级水　　　　　B. 二级水　　　　　C. 三级水　　　　　D. 四级水

5. 仪器不准确产生的误差常采用(　　)来消除。

A. 校正仪器　　　B. 对照试验　　　C. 空白试验　　　D. 回收率试验

6. 下列关于偶然误差的叙述中,不正确的是(　　)。

A. 偶然误差是由某些偶然因素造成的

B. 偶然误差中大小相近的正负误差出现的概率相等(当测定次数足够多时)

C. 偶然误差只要认真执行标准方法和测定条件是可以避免的

D. 偶然误差中小误差出现的频率高

7. 化学试剂的等级是 AR,说明这个试剂是(　　)。

A. 优级纯　　　　　B. 分析纯　　　　　C. 化学纯　　　　　D. 实验试剂

8. 若化学试剂瓶的标签为绿色,其英文字母的缩写为(　　)。

A. GR　　　　　B. AR　　　　　C. CP　　　　　D. LP

9. 现需要配制 0.100 0 mol/L 的 $K_2Cr_2O_7$ 溶液,最合适的量器是(　　)。

A. 容量瓶　　　　　B. 量筒　　　　　C. 刻度烧杯　　　　　D. 酸式滴定管

10. 减少分析测定中偶然误差的方法为(　　)。

A. 进行对照试验　　　　　　　　　　　B. 进行空白试验

C. 进行仪器校准　　　　　　　　　　　D. 增加平行测定次数

二、多项选择题

1. 消除测定中系统误差,可以采取( )措施。

A. 选择合适的分析方法　　　　　　　B. 做空白试验

C. 增加平行测定次数　　　　　　　　D. 校正仪器

E. 做对照试验

2. 系统误差产生的原因有( )。

A. 仪器误差　　　　　　　　　　　　B. 方法误差

C. 偶然误差　　　　　　　　　　　　D. 试剂误差

E. 操作误差

3. 下列情况引起的误差,属于系统误差的有( )。

A. 砝码腐蚀

B. 称量时试样吸收了空气中的水分

C. 天平零点稍有变动

D. 读取滴定管读数时,最后一位数字估测不准

E. 以含量约98%的金属锌作为基准物质标定 EDTA 的浓度

4. 属于系统误差的是( )。

A. 试剂不纯　　　　　　　　　　　　B. 仪器未校准

C. 称量时,药品洒落　　　　　　　　D. 滴定时读数错误

E. 滴定时,读数有个人倾向

5. 属于偶然误差的是( )。

A. 砝码未校对　　　　　　　　　　　B. 称量时有气流

C. 称量时样品吸水　　　　　　　　　D. 称量时样品洒落

E. 称量时未用同一台天平

三、判断题

1. 基准物质可用于直接配制标准溶液,也可用于标定溶液的浓度。( )

2. 凡是优级纯的物质都可用于直接法配制标准溶液。( )

3. 分析纯试剂的标签颜色是蓝色的。( )

4. CP 是分析纯试剂的英文代号。( )

5. 滴定分析的相对误差一般要求为小于0.1%,滴定时消耗的标准溶液体积应控制在 10～15 mL。( )

6. 偶然误差可以通过适当的方法避免,比如做空白实验。( )

7. 为减少测量误差,移液管每次都应从最上面刻度起始点放下所需体积。( )

8. 天平的称量误差包括系统误差、偶然误差和过失误差。( )

9. 使用滴定管时,每次应从零刻度开始滴定以消除系统误差。( )

任务三 检测结果的数据处理与报告

【知识目标】

1. 了解原始数据与检测报告的内容及填写要求。
2. 掌握有效数字运算规则和数值修约规则。
3. 掌握准确度和精密度的区别与联系。

【能力目标】

1. 能够正确进行有效数字的运算和修约。
2. 能够正确填写食品检测原始记录和检测报告。
3. 能够运用 Q 检验法判定可疑数据的取舍。

【素质目标】

1. 具有发现、分析、解决问题的能力。
2. 尊重数据、尊重科学，形成严谨的科学态度。
3. 不断增强团队合作精神和集体荣誉感。

【相关标准】

《食品卫生检验方法 理化部分 总则》（GB/T 5009.1—2003）
《数值修约规则与极限数值的表示和判定》（GB/T 8170—2008）

【案例导入】

虚假检测报告

2021 年 10 月，在国家级资质认定检验检测机构监督抽查中，行政监管人员对新疆某检测机构进行了现场检查，发现该机构出具的编号为 2021-N-1935 的检验检测报告中氧乐果、异菌脲、甲霜灵等项目检测均未按照《食品安全国家标准 植物源性食品中唑嘧磺草胺残留量的测定 液相色谱-质谱联用法》（GB 23200.111—2018）标准规定进行平行试验；编号为 2021-N-0525 的检验检测报告中氨基酸测试记录显示，平行样品测试时间分别为 2021 年 6 月 28 日和 2021 年 7 月 2 日，标准工作液进样体积为 0.03 mL，样品测定液进样体积为 0.02 mL，与其使用的标准方法《食品安全国家标准 食品中氨基酸的测定》（GB 5009.124—2016）中规定的"工作液和样品测定液分别以相同体积注入氨基酸分析仪"不一致。此外，该机构原法定代表人已于 2018 年 12 月调离该机构，该机构未依法申请变更。该机构涉嫌违反《检验检测机构监督管理办法》第十四条和《检验检测机构资质认定管理办法》第十四条的规定，存在出具虚假检验检测报告等违法行为。该案已移交属地市场监管部门调查并依法进行处理、处罚，同时移送行业主管部门。

案例小结：产品质量检验检测报告，是消费者用于衡量和判断产品质量与标准最基本的手段。结果的真实性和可靠性不仅影响消费者的安全,也决定着企业的生死存亡和社会的安定。作为一名食品从业者必须严格遵守《中华人民共和国食品安全法》的各项规定,一定要有底线,要有职业道德、敬畏精神,要诚实守信。

📖 背景知识

一、检测结果的表示方法

食品检测的结果通常以数据的形式来反映被测物质的含量,并判断合格与否。食品检测的结果有多种表示方法。按照我国现行国家标准的规定,应采用质量分数、体积分数或质量浓度加以表示。

1. 质量分数 ω_B

食品中某组分 B 的质量 m_B 与物质总质量 m 之比,称为 B 的质量分数。其比值可用小数或百分数表示。例如,某食品中含有淀粉的质量分数为 0.743 0 或 74.30%。

2. 体积分数 φ_B

气体或液体的食品混合物中某组分 B 的体积 V_B 与混合物总体积 V 之比,称为 B 的体积分数,其比值可用小数或百分数表示。例如,工业乙醇中乙醇的体积分数为 95.0%。

3. 质量浓度 ρ_B

气体或液体的食品混合物中某组分 B 的质量 m_B 与混合物总体积 V 之比,称为 B 的质量浓度。其常用单位为 g/L 或 mg/L。例如,生活用水中铁含量一般小于 0.3 mg/L。

二、数据处理方法

1. 有效数字

有效数字是指在理化检测工作中实际上能测量到的数字,通常包括全部准确数字和一位不确定的可疑数字,即在有效数字中,只有最后一位数字是可疑的。

在检测数据的记录、计算和报告时,要注意有效数字问题。有效数字就是实际能够测量到的数字,它表示数字的有效意义及准确程度,即在一个数据中,除了最后一位数字(称为可疑数字)是估计的、不确定的外,其他各位数都是确定的。使用测量仪器,在记录测量结果时,要与这些测量仪器的准确度相对应。同样,如果要根据分析对象和分析方法中提供的数据来选择测量仪器,所选用仪器的准确度,也必须符合有效数字的要求。

2. 有效数字的修约规则

用"四舍六入五成双"的规则舍去过多的数字。即当尾数不小于 6 时,则入;尾数不大于 4 时,则舍去;当尾数等于 5 且后面全是零,若 5 的前一位是奇数则入,是偶数则舍;若 5 后面还有不是零的任何数时,无论 5 前一位是奇数还是偶数皆入。具体规则如下所述。

①在拟舍弃的数字中,若左边第一个数字小于 5(不包括 5)时,则舍去,即所拟保留的末位数字不变。例如,将 14.243 2 修约到只保留一位小数,修约后为 14.2。

②在拟舍弃的数字中,若左边第一个数字大于 5(不包括 5)时,则进一,即所拟保留的末位数字加一。例如,将 26.484 3 修约到只保留一位小数,修约后为 26.5。

③在拟舍弃的数字中,若左边第一个数字等于 5,而其右边的数字并非全部为零时,则进一,即所拟保留的末位数字加 1。例如,将 1.050 1 修约到只保留一位小数,修约后为 1.1。

④在拟舍弃的数字中,若左边第一个数字等于5,其右边的数字皆为零时,所保留的末位数字为奇数则进一,为偶数(包括"0")则不进。例如,将0.350 0修约到只保留一位小数,修约后为0.4。

⑤拟舍弃的数字若为两位以上,不得连续多次修约,应根据所拟舍弃数字中左边第一位数字的大小,按上述规定一次修约,得出结果。例如,将15.454 6修约成整数,正确的修约结果为15,而不正确的做法为:15.454 6→15.455→15.46→15.5→16。

3. 有效数字的运算规则

①加减法计算的结果,其小数点后保留的位数,应与参加运算各数中小数点后位数最少的相同。

②乘除法计算的结果,其有效数字保留的位数,应与参加运算各数中有效数字位数最少的相同。

③进行复杂运算时,中间过程多保留一位有效数,最后结果须取应有的位数。

④方法测定中按其仪器准确度确定了有效数的位数后,应先进行运算,对运算后的数值再进行修约。

4. 可疑数字的取舍

在理化检测工作中,往往需要进行多次重复的测定,然后求出平均值。然而并非每个数据都可以用于平均值的计算,对个别偏离其他数值较远的特大或特小的数据,应慎重处理。在分析过程中如果已经知道某个数据是可疑的,计算时应将此数据立即舍去;在复查分析结果时,如果已经找出可疑值出现的原因,也应将这个数据立即舍去;如找不出可疑值出现的原因,但准确度和精密度自始至终都很差,则说明分析方法选择不当,试剂配制错误或测试过程中出现差错,最好通过改善实验过程或改变分析方法进行纠正,而不能试图用舍弃数字的方法来排除不符合要求的数值。

决定可疑值取舍的方法有多种,Q 检验法是其中常用的一个方法,也是在测量次数较少(3~10次)时判断可疑值舍弃的最好方法。该检验法的基本步骤如下所述。

①将测定值由小到大排列:$x_1, x_2, \cdots, x_n$。

②计算 Q 值。

$$若\ x_1\ 为可疑值,则\ Q = \frac{x_2 - x_1}{x_n - x_1}$$

$$若\ x_n\ 为可疑值,则\ Q = \frac{x_n - x_{n-1}}{x_n - x_1}$$

③根据测定次数 n 和要求的置信度,查表1-7,得 $Q_表$。

④将 Q 与 $Q_表$ 相比,若 $Q > Q_表$,则舍去可疑值,否则应予保留。

表1-7　舍弃可疑数据的 Q 值(置信度90%)

测定次数	3	4	5	6	7	8	9	10
$Q_{0.90}$	0.94	0.76	0.64	0.56	0.51	0.47	0.44	0.41

三、分析结果的评价

食品理化检测任务就是提供准确可靠的分析结果,并根据结果进行质量评价和工艺评价,为工厂生产经营中的决策提供依据。在常规的理化检测中,通常是采用某一种标准方法进行某一项测定,得到一组分析数据。这组分析结果的可靠性如何,必须进行科学的综合性评价,以适应各种食品分析检验的需要。常用的评价指标有准确度与精密度。

1. 准确度

准确度是指测定值与真实值的接近程度。测定值与真实值越接近,则准确度越高。准确度高低可用误差来表示,它反映了测定结果的可靠性。误差越小,准确度越高。误差有两种表示方法,即绝对误差和相对误差。在选择分析方法时,为了便于比较,通常用相对误差表示准确度。

对单次测定值　　　　　　　绝对误差 $E = X - X_T$

$$相对误差\ RE = \frac{E}{X_T} \times 100\%$$

式中　X——测定值,对一组测定值 X 取多次测定值的平均值;

　　　X_T——真实值。

某一分析方法的准确度,可通过测定标准试样的误差,或做回收试验计算回收率,以误差或回收率来判断。

在回收试验中,加入已知量的标准物的样品称为加标样品。未加标准物质的样品称为未知样品。在相同条件下用同种方法对加标样品和未知样品进行预处理和测定,按下列公式计算出加入标准物质的回收率。

$$P = \frac{X_1 - X_0}{m} \times 100\%$$

式中　P——加入标准物质的回收率,%;

　　　m——加入标准物质的质量;

　　　X_1——加标样品的测定值;

　　　X_0——未知样品的测定值。

2. 精密度

精密度是指相同条件下多次平行测定结果相互接近的程度。表示各次测定值与平均值的偏离程度,是由偶然误差造成的。它代表着测定方法的稳定性和重现性。在一般情况下,真实值是不容易知道的,故常用精密度来判断检测结果的好坏。精密度的高低可用偏差来衡量。

①绝对偏差 d_i:表示单次测定值与测定平均值的差值。

$$d_i = x_i - \bar{x}$$

②相对偏差 d_r:表示单次测定绝对偏差在平均值中所占的百分率。

$$d_r = \frac{d_i}{\bar{x}} \times 100\%$$

③平均偏差 $\bar{d}$:各个绝对偏差绝对值的平均值。

$$\bar{d} = \frac{\sum_{i=1}^{n} |d_i|}{n}$$

④相对平均偏差 $\bar{d_r}$:平均偏差在平均值中所占的百分率。

$$\overline{d_r} = \frac{\overline{d}}{\overline{x}} \times 100\%$$

⑤标准偏差 S：绝对偏差平方和平均后的方根。

$$S = \sqrt{\frac{\sum\limits_{i=1}^{n} (x_i - \overline{x})^2}{n-1}}$$

⑥相对标准偏差 RSD：标准偏差在平均值中所占的百分率，又称变异系数。

$$RSD = \frac{S}{\overline{x}} \times 100\%$$

⑦极差 R 与相对极差 R_r：极差表示一组测定结果中最大值减最小值后所得数据。相对极差即为极差的相对值。

$$R = x_{\max} - x_{\min}$$

$$R_r = \frac{R}{\overline{x}}$$

式中　$x_{\max}$——一组测定结果中的最大值；

　　　　$x_{\min}$——一组测定结果中的最小值；

　　　　$\overline{x}$——多次测定结果的算术平均值。

极差也称全距或范围误差。虽然用极差表示测定数据的精密度不够严密，但因其计算简单，在食品检测中很常用。

3. 准确度和精密度的关系

准确度和精密度是评价分析结果的两种不同的方法，是两个不同的概念，但两者间有一定的关系。前者说明测定结果准确与否，后者说明测定结果稳定与否。精密度高时准确度不一定高，而准确度高则一定需要精密度高。精密度是保证准确度的先决条件，精密度低说明所测结果不可靠，在这种情况下，自然失去了衡量准确度的前提。

四、检测报告的填写

1. 原始记录的填写

原始记录是整个检测过程和检测结果信息的真实记载，是编制检测报告的原始凭证和重要依据，检测人员应在检测分析过程中如实记录，并妥善保管，以备查验。因此，应做到如下几点：

①原始记录必须真实、完整、正确，记录方式应简单明了。

②原始记录内容应包括样品来源、名称、编号、采样地点、样品处理方式、包装及保管状况、检测分析项目、采用的分析方法、检测日期、所用试剂的名称与浓度、称量记录、滴定记录、计算记录、计算结果等。

③原始记录本应专用、统一编号，用钢笔或碳素笔填写，不得任意涂改、撕页、散失，有效数字的位数应按分析方法的规定填写。

④修改错误数字时不得涂改，应在原数字上画一条横线表示消除，并由修改人签注。

⑤确知在操作过程中存在错误的检测数据，不论结果好坏，都必须舍去，并在备注栏备注原因。

⑥原始记录应统一管理,归档保存,以备查验,未经批准不得随意向外提供。

2.检测报告

检测报告是食品检测分析的最终产物,是产品质量的凭证,也是产品质量是否合格的技术根据,因此其反映的信息和数据,必须客观公正、准确可靠,填写要清晰完整。

检验报告的内容一般包括样品名称、送检单位、生产日期及批号、取样时间、检测日期、检测项目、检测结果、报告日期、检测员签字、主管负责人签字、检验单位盖章等。

一份完整的食品检测结果报告由正本和副本组成。提供给服务对象的正本包括检测报告封面、检测报告首页、检测报告续页三部分;作为归档留存的副本除具有上述三项外,还包括真实完整的检测原始记录、填写详细的产(商)品抽样单、仪器设备使用情况记录等。

检测报告可按规定格式设计,也可按产品特点单独设计,一般可设计成表1-8所示格式。

表1-8　检测报告示例

样品名称			型号规格			样品状态及包装	
送检单位			产品批号			检测日期	
生产日期			抽样数量			报告日期	
检测依据							
判定依据							
检测项目	单位		检测结果			标准要求	
检测结论							
检测员				复核人			
备注							

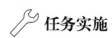

任务实施

子任务　"氢氧化钠标准溶液的标定"数据处理

1.任务描述

某同学标定 NaOH 标准溶液得到 4 个数据,分别为 0.101 4、0.101 2、0.101 9、0.101 6,用 Q 检验法确定标定 NaOH 标准溶液的测定结果是多少?

2.任务实施步骤

①从小到大排列数据。

②判定可疑值,确定取舍。

③计算平均值(注意:若舍弃后应算其余各次检测结果平均值)。

④计算相对标准偏差。

3.结果报告

结合 NaOH 标准溶液配制的浓度和计算结果,正确进行结果报告。

4.任务考核

按照表1-9评价工作任务完成情况。

表 1-9 任务考核评价指标

序号	工作任务	评价指标	不合格	合格	良	优
1	可疑数据的取舍	对数据正确进行排序(10 分)	0	2	5	10
		正确判断可疑值(10 分)	0	2	5	10
		Q 值计算正确(15 分)	0	3	6	15
		分析、取舍正确(15 分)	0	3	6	15
2	平均值计算	正确计算平均值(15 分)	0	3	6	15
3	精密度分析	正确计算相对标准偏差(15 分)	0	3	6	15
		有效数字保留准确(10 分)	0	—	—	10
4	结果报告	结果报告和数据处理准确(10 分)	0	2	5	10
总分						

✒ 达标自测

一、单项选择题

1. 对于数字 0.072 0,下列说法正确的是( )。

A.4 位有效数字,4 位小数　　　　　　　　B.3 位有效数字,5 位小数

C.4 位有效数字,5 位小数　　　　　　　　D.3 位有效数字,4 位小数

2. 下列计算结果应取( )有效数字:3.865 4×0.015÷0.681×2 300+26.68。

A.5 位　　　　　　B.2 位　　　　　　C.3 位　　　　　　D.4 位

3. 某食品含蛋白 39.16%,甲分析的结果为 39.12%、39.15% 和 39.18%;乙分析的结果为 39.19%、39.24% 和 39.28%,则甲的相对误差和平均偏差为( )。

A.0.2% 和 0.03%　　　　　　　　B.−0.026% 和 0.02%

C.0.2% 和 0.02%　　　　　　　　D.0.025% 和 0.03%

4. 将 25.375 和 12.125 处理成 4 位有效数字,分别为( )。

A.25.38;12.12　　　　　　　　B.25.37;12.12

C.25.38;12.13　　　　　　　　D.25.37;12.13

5. 下列关于精密度的叙述中错误的是( )。

A. 精密度就是几次平行测定结果的相互接近程度

B. 精密度的高低用偏差来衡量

C. 精密度高的测定结果,其准确率也高

D. 精密度表示测定结果的重现性

6. 按有效数字计算规则,3.40+5.728+1.004 21 =( )。

A.10.132 31　　　　B.10.132 3　　　　C.10.132　　　　D.10.13

7. 由计算器算得(2.236×1.112 4)÷(1.036×0.200)的结果为 12.004 471,按有效数字运算规则应将结果修约为( )。

A.12　　　　　　　B.12.0　　　　　　C.12.00　　　　　　D.12.004

8.精密度与准确度的关系的叙述中,不正确的是(　　)。

A.精密度与准确度都是表示测定结果的可靠程度

B.精密度是保证准确度的先决条件

C.精密度高的测定结果不一定是准确的

D.消除了系统误差以后,精密度高的分析结果才是既准确又精密的

9.有关原始记录的描述正确的是(　　)。

A.根据检验报告预期的结果处理原始记录

B.原始记录出错时可以涂改

C.原始记录要保证其能再现

D.原始记录不需要归档

10.将 1 245 修约为 3 位有效数字,正确的是(　　)。

A.1 240　　　　　B.1 250　　　　　C.1.24×10^3　　　　　D.1.25×10^3

二、多项选择题

1.精密度的高低用(　　)大小来表示。

A.相对偏差　　　B.相对误差　　　C.标准偏差　　　D.绝对误差

E.平均偏差

2.准确度的高低用(　　)大小来表示。

A.相对偏差　　　B.相对误差　　　C.标准偏差　　　D.绝对误差

E.平均偏差

3.提高分析结果准确度的方法是(　　)。

A.做空白试验　　　B.校正仪器　　　C.增加平行测定的次数

D.使用纯度为98%的基准物　　　E.选择合适的分析方法

4.有关原始记录的描述,正确的是(　　)。

A.根据检验报告预期的结果处理原始记录

B.原始记录是对检验工作原始资料的记载

C.原始记录要保证其能再现

D.原始记录必须真实、可信

5.关于有效数字的描述,正确的是(　　)。

A.有效数字不仅反映数值的大小,而且反映测量的准确度

B.有效数字就是计量仪器能测量到的数值

C.有效数字全部是准确值

D.有效数字包含全部准确值及一位可疑数值

三、判断题

1.有效数字中的所有数字都是准确有效的。　　　　　　　　　　　　　(　　)

2.11.48 g 换算为以毫克表示时,正确写法是 11 480 mg。　　　　　　(　　)

3.溶液 pH 值=4.30 的有效数字为 3 位。　　　　　　　　　　　　　(　　)

4.分析结果在方法检测限以下时,可以用"未检出"表述,但应注明检出限数值。(　　)

5.原始记录体现的是检测过程,检测报告要明确表示出被检品合格与否。(　　)

6. 原始记录出现差错允许更改,而检测报告出现差错不能更改,应重新填写。   (   )

7. 高的精密度一定能保证高的准确度。   (   )

8. 精确度的高低用偏差来衡量,由偶然误差决定。   (   )

9. 准确度是指在规定的条件下,相互独立的多次平行测定结果相互接近的程度。(   )

10. 在分析工作中,实际上能测量到的数字称为有效数字。   (   )

项目二
食品理化检测常规项目

任务一　食品相对密度的测定

【知识目标】

1. 了解密度瓶和密度计的结构。
2. 掌握液体食品测定相对密度的意义。
3. 掌握相对密度的测定方法。

【能力目标】

1. 能够正确使用密度瓶测定液态食品的相对密度。
2. 能够正确选用合适的密度计测定不同液态食品的相对密度。

【素质目标】

1. 能正确表达自我意见,并与他人良好沟通。
2. 培养求实的科学态度、严谨的工作作风,领会工匠精神。
3. 不断增强团队合作精神和集体荣誉感。

【相关标准】

《食品安全国家标准 食品相对密度的测定》(GB 5009.2—2016)

【案例导入】

兑水牛奶

2018年10月21日,大理一家幼儿园被家长发现孩子的食材遭到克扣,牛奶兑水严重,一点奶味都尝不到。经相关机构检验后认定牛奶中蛋白质含量较低,不符合标准水平,根本达不到补充营养的目的。虽然本次牛奶加水事件并没有造成很严重的后果,但是无疑孩子们的食品安全应该得到高度重视。

国家市场监管总局颁布的《餐饮服务食品安全操作规范》规定,食堂要每天对采购来的食品及原料分类进行台账记录,每个环节都要有相关人员的签字、盖章,确保责任到人,一旦食品出现问题都可以追溯。一些学前教育专家表示,我国已经出台的关于学校、托幼机构的食品安全规定可操作性很强,如果严格按照标准做,大多数暴露出的相关问题是可以避免的。

案例小结:作为食品检测人员,应当具有一定的标准意识,若是不符合标准,应当依此判定为掺水产品。虽然兑水造成的社会危害相对较小,但是食品生产商的名声却因此带来了不好的影响。因此,我们在这个问题上也不应小视,同样需要恪守职业道德,讲究诚信做事。

背景知识

一、密度与相对密度

1. 定义

①密度是指物质在一定温度下单位体积的质量,以符号 ρ 表示,其单位为 g/cm^3,其数值随温度的改变而改变。

②相对密度是指某一温度下物质的质量与同体积某一温度下水的质量之比,以符号 $d_{t_2}^{t_1}$ 表示,量纲为1。

2. 区别

①有无单位的区别,密度数值是有单位的,相对密度则无单位。

②某一温度下食品密度的数值只有一个,ρ_t;但相对密度的数值某一温度下可有多个:$d_1^{t_1}$、$d_2^{t_1}$、$d_3^{t_1}$、$d_4^{t_1}$。

$d_4^{t_1}$ 指对 4 ℃水的相对密度,称为真比重,其值与 ρ_{t_1} 相同。(水在 4 ℃时的密度为 1.000 g/cm^3)。工业上为方便起见,常用 d_4^{20},即物质在 20 ℃时的质量与同体积 4 ℃水的质量之比来表示物质的相对密度。

二、测定相对密度的意义

①通过测定液态食品的相对密度,可以检验食品的纯度、浓度及判断食品的质量。如牛乳的相对密度与其脂肪含量、总脂乳固体含量有关,脱脂乳相对密度升高,掺水乳相对密度下降。油脂的相对密度与其脂肪酸的组成有关,不饱和脂肪酸含量越高,脂肪酸不饱和程度越高,脂肪的相对密度越高;游离脂肪酸含量越高,相对密度越低;油脂酸败后相对密度升高。我国国家标准对一些典型食品的相对密度作了专门的规定,见表2-1。

表 2-1　常见食品相对密度标准值

产品名称	标准	相对密度
生乳	GB 19301—2010	$d_4^{20} \geq 1.027$
大豆油	GB/T 1535—2017	d_{20}^{20} 为 0.919 ~ 0.925

②蔗糖、酒精等溶液的相对密度随溶液浓度的增加而增大,通过实验已经制订了溶液浓度与相对密度的对照表,只要测得了相对密度就可以在专用的表格上查出其对应的浓度。

③当液态食品水分被完全蒸发,干燥至恒重时,所得到的剩余物质称为干物质或固形物,包括盐类、有机酸、蛋白质等。液态食品的相对密度与其固形物含量成正比关系,故测定液态食品的相对密度即可求出固形物含量。如果汁、番茄酱等,测定相对密度并通过换算或查专用表格可以确定可溶性固体物或总固形物的含量。

总之,相对密度是食品生产过程中常用的工艺控制指标和质量控制指标,测定相对密度可初步判断食品是否正常以及其纯净程度。

三、液体食品相对密度的测定方法

测定液态食品相对密度的方法有密度瓶法、比重计法、天平法,较常用的是前两种方法,其中密度瓶法测定结果准确,但耗时;比重计法则简易快捷,但测定结果准确度较差。

1. 密度瓶法

(1)测定原理

在 20 ℃时分别测定充满同一密度瓶的水及试样的质量,由水的质量可确定密度瓶的容积(即试样的体积),根据试样的质量及体积可计算试样的密度,试样密度与水密度比值为试样相对密度。

(2)仪器

密度瓶是测定液体相对密度的专用精密仪器,它是容积固定的玻璃称量瓶,其种类和规格有多种。常用的有带温度计的精密密度瓶和带毛细管的普通密度瓶,如图 2-1 所示。

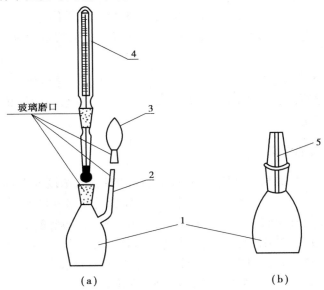

图 2-1　密度瓶

(a)精密密度瓶;(b)普通密度瓶

1—玻璃瓶主体;2—支管;3—支管上小帽;
4—附温度计的瓶盖;5—附毛细管的瓶盖

(3)测定步骤

①称取密度瓶的质量:先把密度瓶洗干净,再依次用乙醇、乙醚洗涤,烘干至恒重,冷却后精密称重,记作 m_0。

②称取 20 ℃样液的质量:装满样液,盖上瓶盖,置 20 ℃水浴中,使内容物的温度达到 20 ℃后保持 20 min,并用细滤纸条吸去支管标线上的试样,盖好小帽后取出,用滤纸将密度瓶外擦干,置天平室内 0.5 h 后称重,记作 m_2。

③称取 20 ℃蒸馏水的质量:将试样倾出,洗净密度瓶,装满水,盖上瓶盖置 20 ℃水浴中,使内容物的温度达到 20 ℃后保持 20 min,并用细滤纸条吸去支管标线上的试样,盖好小帽后取出,用滤纸将密度瓶外擦干,置天平室内 0.5 h 后称量,记作 m_1。

（4）结果计算

试样在 20 ℃时的相对密度按下式进行计算

$$d_{20}^{20} = \frac{m_2 - m_0}{m_1 - m_0}$$

式中　d——试样在 20 ℃时的相对密度;

$\quad\quad m_0$——密度瓶的质量,g;

$\quad\quad m_1$——密度瓶加水的质量,g;

$\quad\quad m_2$——密度瓶加液体试样的质量,g。

计算结果表示到称量天平的精度的有效数位(精确到 0.001)。

（5）精密度

在重复性条件下获得的两次独立测定结果的绝对差值不得超过算术平均值的 5%。

（6）注意事项

①该方法适用于测定各种液体食品的相对密度,特别适合于样品量较少的场合,对挥发性样品也适用,结果准确,但操作较烦琐。

②测定较黏稠的样液时,宜使用具有毛细管的密度瓶。

③水及样品必须装满密度瓶,瓶内不得有气泡。

④拿取已达恒温的密度瓶时,不得用手直接接触密度瓶球部,以免液体受热流出。应戴隔热手套取拿瓶颈或用工具夹取。

⑤水浴中的水必须清洁无油污,防止瓶外壁被污染。

⑥天平室温度不得高于 20 ℃,以免液体膨胀流出。

2.密度计法（第三法）

（1）测定原理

密度计,其利用了阿基米德原理,将待测液体倒入一个较高的容器,再将密度计放入液体中。密度计下沉到一定高度后呈漂浮状态。此时液面的位置在玻璃管上所对应的刻度就是该液体的密度。测得试样和水的密度的比值即为相对密度。

天平法(第二法)

（2）仪器

食品工业中常用的相对密度计按其标度方法的不同,可分为普通密度计、锤度计、乳稠计、波美计和酒精计等,如图 2-2 所示。

①普通密度计。

普通密度计是直接以 20 ℃时的相对密度值为刻度的。一套通常由几支组成,每支的刻度范围不同。刻度值小于 1(0.700～1.000)的称为轻表,用于测量比水轻的液体的相对密度。刻度值大于 1(1.000～2.000)的称为重表,用来测量比水重的液体的相对密度。

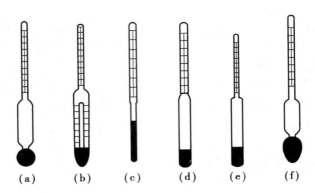

图 2-2　各种相对密度计
（a）普通密度计；（b）附有温度计的糖度计；
（c）、（d）波美计；（e）酒精计；（f）乳稠计

②锤度计。

锤度计是专门用于测定糖液浓度的密度计。它是以蔗糖溶液质量分数为刻度的，以符号°Bx 表示。其刻度方法是以 20 ℃ 为标准温度，在蒸馏水中为 0，在 1% 蔗糖溶液中为 1°Bx，以此类推。其刻度范围有多种，常用的有 0 ~ 6°Bx,5 ~ 11°Bx,10 ~ 16°Bx 等。如果测定温度不在标准温度，应进行温度校正。当测定温度高于 20 ℃ 时，因糖液体积膨胀导致相对密度减小，锤度降低，因此，应加上相应的温度校正值（见附表一），反之，则应减去相应的温度校正值。

例如，在 17 ℃ 时观测锤度为 22.00°Bx，查附表一得校正值为 0.18°Bx，则标准温度 20 ℃ 时，糖液锤度为（22.00-0.18）°Bx＝21.82°Bx。

在 24 ℃ 时观测锤度为 16.00°Bx，查表得校正值为 0.24°Bx，则标准温度（20 ℃）时糖液锤度为（16.00+0.24）°Bx＝16.24°Bx。

③乳稠计。

乳稠计是专门用于测定牛乳相对密度的密度计，测量范围为 1.015 ~ 1.045。它是将相对密度减去 1.000 后再乘以 1 000 作为刻度的，以乳稠度表示，其刻度范围为 15° ~ 45°。使用时将测得的读数按上述关系可换算为相对密度值。

乳稠计按标度方法分为两种：一种是按 15 ℃/15 ℃ 标定的；另一种是按 20 ℃/4 ℃ 标定的。两者的关系是

$$d_{15}^{15} = d_4^{20} + 0.002$$

使用乳稠计时，如果测定温度不是标准温度，应将读数校正为标准温度下的读数。对于 20 ℃/4 ℃ 乳稠计，在 10 ~ 25 ℃ 范围内，温度每变化 1 ℃，相对密度值相差 0.000 2，相当于乳稠计读数变化 0.2°，当乳温高于标准温度 20 ℃ 时，每高 1 ℃ 应在得出的乳稠计读数上加 0.2°，当乳温低于 20 ℃ 时，每低 1 ℃ 应在得出的乳稠计读数上减去 0.2°。

例如，17 ℃ 时 20 ℃/4 ℃ 乳稠计读数为 30.8°，换算为 20 ℃ 应为

$$30.8° - (20 - 17) \times 0.2° = 30.8° - 0.6° = 30.2°$$

即 20 ℃ 时的读数为 30.2°。

那么牛乳的相对密度为　　　　　　$d_4^{20} = 1.030\ 2$

而　　　　　　　　$d_{15}^{15} = 1.030\ 2 + 0.002 = 1.032\ 2$

④波美计。

波美计是以波美度（以°Bé 表示）来表示液体浓度大小的。常用的波美计的刻度方法是以 20 ℃为标准,在蒸馏水中为 0°Bé,在 15% 食盐溶液中为 15°Bé,在纯硫酸(相对密度为 1.842 7)中为 66°Bé。

波美计分为轻表和重表两种,分别用于测定相对密度小于 1 和相对密度大于 1 的液体。波美度与相对密度之间存在下列关系。

轻表
$$°Bé = \frac{145}{d_{20}^{20}} - 145$$

重表
$$°Bé = 145 - \frac{145}{d_{20}^{20}}$$

⑤酒精计。

酒精计是用于测量酒精浓度的密度计。它是用已知酒精浓度的纯酒精溶液来标定其刻度的,其刻度标度方法是以 20 ℃时在蒸馏水中为 0 度,在 1% 的酒精溶液中为 1 度,即 100 mL 酒精溶液中含乙醇 1 mL,故从酒精计上可以直接读取样品溶液中酒精的体积分数。若测定温度不在 20 ℃时,需要根据"酒精温度浓度校正表"来校正成 20 ℃酒精的实际浓度。如 25.5 ℃时直接读数为 96.5%,查校正表知 20 ℃时实际含量为 95.35%。

（3）测定步骤

①估计所测液体密度值的可能范围,根据所要求的精度选择密度计。

②先用少量液体试样润洗适当容积的量筒内壁,沿量筒内壁缓缓注入待测液体试样,注意避免产生泡沫。

③将密度计洗净擦干,缓缓放入盛有液体试样的量筒中,勿使其碰及容器四周及底部,保持试样温度在 20 ℃,待其静置后,再轻轻按下少许,然后待其自然上升。

④待密度计静止并无气泡冒出后,从水平位置观察与液面相交处的刻度,以弯月面下缘最低点为准,读数即为试样的相对密度。

（4）精密度

在重复性条件下获得的两次独立测定结果的绝对差值不得超过算术平均值的 5%。

（5）注意事项

①该方法操作简便迅速,但准确性较差,需要试液量多,且不适用于极易挥发的试液。

②要根据液体的相对密度选取刻度适当的密度计;拿取密度计时要轻拿轻放,非垂直状态下或倒立时不能手持尾部,以免折断密度计。

③操作时应注意量筒需置于水平桌面,不要让密度计接触量筒壁及底部,待测液中不得有气泡。

④读数时应以密度计与液体形成的弯月面下缘为准;若液体颜色较深,不易看清弯月面下缘时,则以弯月面上缘为准。

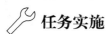 **任务实施**

子任务　牛乳、蔗糖溶液相对密度的测定——密度计法

1. 任务描述

分小组完成以下任务:

①查阅食品中相对密度的测定标准,设计牛乳、蔗糖溶液相对密度的测定方案。

②准备测定牛乳、蔗糖溶液相对密度所需试剂材料及仪器设备。

③正确进行牛乳、蔗糖溶液相对密度的测定。

④记录结果并进行分析处理。

⑤结合牛乳正常相对密度和蔗糖溶液配制浓度,判断牛乳、蔗糖溶液的相对密度是否合格。

2. 检测工作准备

①查阅检测标准《食品安全国家标准 食品相对密度的测定》(GB 5009.2—2016),设计密度计法测定牛乳、蔗糖溶液相对密度的方案。

②准备测定牛乳、蔗糖溶液相对密度所需试剂材料及仪器设备。

3. 任务实施步骤

(1)锤度计测蔗糖溶液的浓度

①将蔗糖溶液倒入 250 mL 的干燥量筒中(应排除气泡),至量筒体积的 3/4,并用温度计测定样品液的温度。

②将洗净擦干的锤度计小心置入蔗糖溶液中,待静置后,再轻轻按下少许,待其浮起至平衡为止,读取糖液水平面与锤度计相交处的刻度。

③根据糖液的温度和锤度计的读数查表校正为 20 ℃时的数值。

(2)乳稠计测牛乳的相对密度

①取混匀后的牛乳样品,小心倒入 250 mL 的量筒中,加至量筒体积的 3/4,勿使其产生泡沫。

②小心将乳稠计放入牛乳样品中,待其静置后再轻轻按下少许,然后让其自然上升,但不能与筒内壁接触。静置 2~3 min,眼睛平视筒内液面的高度,读出乳稠计数值。同时,测量牛乳样品的温度。

根据牛乳样品温度和乳稠计读数查表换算成 15 ℃或 20 ℃时的数值。

4. 数据处理与报告填写

将牛乳、蔗糖溶液相对密度测定的原始数据填入表 2-2 中。

表 2-2　牛乳、蔗糖溶液相对密度测定的原始记录

工作任务			接样日期		
检测依据			检测日期		
样品名称	仪器名称	样品温度/℃	测量值	校正值	标准温度下的数值

5. 任务考核

按照表 2-3 评价工作任务完成情况。

表2-3　任务考核评价指标

序号	工作任务	评价指标	不合格	合格	良	优
1	检测方案制订	正确选用检测方法(5分)	0	1	3	5
		检测方案制订合理规范(5分)	0	1	3	5
2	密度计的准备工作	密度计使用前全部清洗、擦干(5分)	0	1	3	5
		测定前用待测样品正确润洗量筒(5分)	0	1	3	5
3	密度计的使用	倾倒时未造成样液飞溅和生成气泡(5分)	0	—	—	5
		密度计放入样液动作规范(10分)	0	3	6	10
		按规定按压密度计入样液中(5分)	0	—	—	5
		密度计未触碰量筒内壁(5分)	0	—	—	5
		读数规范(10分)	0	3	6	10
		正确记录密度计读数(5分)	0	—	—	5
4	数据处理与报告填写	原始记录及时、规范、整洁(5分)	0	2	4	5
		结果填写和数据处理准确(15分)	0	5	10	15
		有效数字保留准确(5分)	0	—	—	5
5	其他操作	工作服整洁,及时整理、清洗、回收玻璃器皿及仪器设备,废液、废渣处理正确(5分)	0	2	4	5
		操作时间控制在规定时间内(5分)	0	1	3	5
		符合安全规范操作(5分)	0	2	4	5
		总分				

✍ 达标自测

一、单项选择题

1. 以下仪器中(　　)不能用来测定液体密度。

A. 波美计　　　　　　　B. 密度计　　　　　　C. 阿贝折射仪　　　　　D. 锤度计

2. 物质在某温度下的密度与物质在同一温度下对4 ℃水的相对密度的关系是(　　)。

A. 相等　　　　　　　　B. 可换算　　　　　　C. 数值上相同　　　　　D. 无法确定

3. 下列密度计中,刻度上大下小的是(　　)。

A. 酒精计　　　　　　　B. 糖锤度计　　　　　C. 乳稠计　　　　　　　D. 波美计

4. 密度是指物质在一定温度下单位体积的(　　)。

A. 体积　　　　　　　　B. 容积　　　　　　　C. 重量　　　　　　　　D. 质量

5. 乳稠计的读数为20时,相当于(　　)。

A. 相对密度为20　　　　　　　　　　　　　　B. 相对密度为20%

C. 相对密度为1.020　　　　　　　　　　　　D. 相对密度为0.20

6. 23 ℃时测量食品的含糖量,在糖锤度计上读数为24.12°Bx,23 ℃时温度校正值为

0.04,则校正后糖锤度为(　　　)。

  A.24.08°Bx　　　　　B.24.16°Bx　　　　　C.24.08°Bx　　　　　D.24.16°Bx

7.测定糖液浓度选用(　　　)。

  A.波美计　　　　　B.糖锤度计　　　　　C.酒精计　　　　　D.酸度计

8.白酒企业用于现场快速测定白酒酒精度的是(　　　)。

  A.糖度计　　　　　B.酒精度计　　　　　C.液相色谱仪　　　　　D.气相色谱仪

9.密度法可检测牛乳掺了以下物质中的(　　　)。

  A.水　　　　　B.三聚氰胺　　　　　C.电解质　　　　　D.淀粉

10.牛乳相对密度随温度变化而变化,在 10~25 ℃范围内,温度每变化 1 ℃,相对密度变化(　　　)

  A.0.2°　　　　　B.2°　　　　　C.0.02°　　　　　D.20°

二、多项选择题

1.常见的密度计有(　　　)。

  A.波美计　　　　　B.糖锤度计　　　　　C.酒精计　　　　　D.乳稠计

2.黄酒中固形物的质量标准正确的是(　　　)。

  A.干黄酒不小于 2.00 g/100 mL　　　　　B.甜黄酒不小于 4.00 g/L

  C.半甜黄酒不小于 0.200 g/L　　　　　D.半干黄酒不小于 4.00 g/100 mL

3.测定白酒酒精度时,下列关于密度瓶称量操作做法正确的是(　　　)。

  A.测定前先将全套仪器洗净后直接称重

  B.测定前先将全套仪器洗净后用少量酒精和乙醚洗涤数次,烘干后立即称重

  C.用托盘天平称量后,用分析天平精确称重

  D.称量的精度为 0.1 mg,并恒重

4.下列密度计中刻制温度为 20 ℃的有(　　　)。

  A.普通密度计　　　　　B.波美计　　　　　C.糖锤度计　　　　　D.酒精计

5.下列说法正确的是(　　　)。

  A.糖锤度计的刻度表示 20 ℃下溶液内表观蔗糖的质量分数

  B.普通密度计的刻度近尾部读数小

  C.酒精计的刻度直接表示 20 ℃下溶液内乙醇的质量分数

  D.波美计轻表用于测定相对密度小于 1 的液体

三、判断题

1.密度瓶法特别适用于样品量较少的场合,但对挥发性样品不适用。(　　　)

2.测定较黏稠样液时,宜使用具有毛细管的密度瓶。(　　　)

3.可以通过测定液态食品的相对密度来检验食品的纯度或浓度。(　　　)

4.用普通比重计测试液体的相对密度,必须进行温度校正。(　　　)

5.把酒精计插入蒸馏水中读数为 0。(　　　)

6.测量筒中液体的相对密度时待测溶液要注满量筒。(　　　)

7.用比重瓶测定时的环境(指比重瓶和天平的放置环境)温度,应略低于 30 ℃或各品种项下规定的温度。(　　　)

8.供试品或水装瓶时,注意不要有气泡,如有气泡则应放置,待气泡消失再调节,黏稠液

装瓶时更应小心倒入。 （　　）

9. 液态食品的相对密度正常时，就可以肯定食品的质量无问题。 （　　）

10. 密度瓶法测定样液相对密度较密度计法准确度高。 （　　）

任务二 食品折射率的测定

【知识目标】

1. 了解常用折射仪的结构。

2. 掌握测定食品折射率的意义。

3. 掌握阿贝折射仪和手持式折射仪的使用方法。

【能力目标】

1. 能够对两种折射仪进行校正。

2. 能够正确使用折射仪测定食品的折射率并进一步判定食品的品质。

【素质目标】

1. 能正确表达自我意见，并与他人良好沟通。

2. 培养求实的科学态度、严谨的工作作风，领会工匠精神。

3. 不断增强团队合作精神和集体荣誉感。

【相关标准】

《饮料通用分析方法》（GB/T 12143—2008）

【案例导入】

不合格果冻产品

2007 年 1 月 7 日国家市场监督管理总局公布的果冻产品质量监督抽查结果显示，两成果冻产品质量不合格，产品抽样合格率为 80%。抽查中发现的主要质量问题是部分产品可溶性固形物达不到标准要求。果冻的主要原料是食糖，可溶性固形物指标是反映果冻产品中主要营养物质的一个重要指标。《果冻》（GB/T 19883—2018）规定凝胶果冻可溶性固形物含量不得低于 15.0 g/100 g，可吸果冻可溶性固形物含量不得低于 10.0 g/100 g。抽查中，有部分产品的可溶性固形物达不到标准规定的要求，其中有 1 种产品可溶性固形物含量仅为 1.0 g/100 g。国家市场监督管理总局对抽查中部分果冻产品质量不合格的企业依法进行了处理，限期整改。

案例小结：本案例产品不合格主要原因是部分企业为降低成本，未按照标准组织生产，作为食品从业人员要有敏锐鉴别食品掺伪的洞察力，树立食品从业人员服务大众的奉献精神和求真务实的职业担当。

📖 背景知识

一、基本概念

1. 光的折射

光线从一种介质（如空气）入射到另一种介质（如水）时，除一部分光线反射回第一种介质外，另一部分进入第二种介质中并发生传播方向的改变，这种现象称为光的折射（图2-3）。

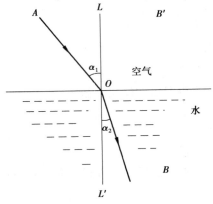

图 2-3　光的折射

2. 折射率

光在真空中的速度 c 和在介质中的速度 v 之比，称为介质的绝对折射率（简称折射率、折光率），以 n 表示，即

$$n = \frac{c}{v}$$

显然

$$n_1 = \frac{c}{v_1} ; n_2 = \frac{c}{v_2}$$

式中，n_1 和 n_2 分别为第一介质和第二介质的绝对折射率，v_1 和 v_2 分别为光在第一介质和第二介质中的速度。故折射定律可表示为

$$\frac{\sin \alpha_1}{\sin \alpha_2} = \frac{n_2}{n_1}$$

3. 临界角

当光线从光疏介质进入光密介质（如从样液射入棱镜中）时，改变入射光线的角度 α，当 $\alpha = 90°$ 时，此时 α_2 称为临界角（如果光线从光密介质射向光疏介质时，折射角将大于入射角；当入射角为某一数值时，折射角等于 $90°$，发生全反射，此入射角称为临界角），用 $\alpha_\text{临}$ 表示。由折射定律知，$n_1 \sin 90° = n_2 \sin \alpha_\text{临}$，即

$$n_1 = n_2 \sin \alpha_\text{临}$$

其中，n_2 为棱镜的折射率，是已知的；$\alpha_\text{临}$ 可以通过折射仪检测，然后可得到样液的折光率 n_1。

折射率是物质的特征常数之一，与入射角的大小无关，它的大小决定于入射光的波长、介质的温度和溶质的浓度。一般在折射率 n 的右下角注明波长，右上角注明温度，若使用钠黄光,样液温度为 20 ℃,测得的折射率用 n_D^{20} 表示。

二、测定折射率的意义

①折射率是物质的一种物理性质。它是食品生产中常用的工艺控制指标,通过测定液态食品的折射率,可以鉴别食品的组成,确定食品的浓度,判断食品的纯净程度及品质。

②蔗糖溶液的折射率随浓度增大而增大。通过测定折射率可以确定糖液的浓度及饮料、糖水罐头等食品的糖度,还可以测定以糖为主要成分的果汁、蜂蜜等食品的可溶性固形物的含量。

必须指出的是:折光法测得的只是可溶性固形物含量,但对于番茄酱、果酱等个别食品,已通过实验编制了总固形物与可溶性固形物关系表。先用折光法测定可溶性固形物含量,即可查出总固形物的含量。

③各种油脂具有一定的脂肪酸构成,每种脂肪酸均有其特定的折射率。含碳原子数目相同时,不饱和脂肪酸的折射率比饱和脂肪酸的折射率大;不饱和脂肪酸分子量越大,折射率也越大;酸度高的油脂折射率低。因此测定折射率可以鉴别油脂的组成和品质。

④液态食品的折射率正常情况下有一定的范围,如正常牛乳乳清的折射率为 1.341 99 ~ 1.342 75,当这些液态食品因掺杂、浓度改变或品种改变等原因而引起食品的品质发生了变化时,折射率常常会发生变化。所以测定折射率可以初步判断某些食品是否正常。如牛乳掺水,其乳清折射率降低,故测定牛乳乳清的折射率即可了解乳糖的含量,判断牛乳是否掺水。

三、折射率的测定方法

折射仪是利用临界角原理来测定物质折射率的仪器。食品工业中最常用阿贝折射仪和手提式折射仪来进行折射率的测定。

1. 阿贝折射仪

阿贝折射仪是精密光学仪器,具有使用快速简便、测定准确、质量轻、体积小等优点,可直接用来测定液体的折射率,定量地分析溶液的组成、鉴定液体的纯度。

(1)结构

阿贝折射仪的构造如图 2-4 所示,其光学系统由观测系统和读数系统两部分组成(图 2-5)。

①观测系统。

光线由反光镜 1 反射,经进光棱镜 2、折射棱镜 3 及其间的样液薄层折射后射出。再经色散补偿器 4 消除由折射棱镜及被测样品所产生的色散,再由物镜 5 将明暗分界线成像于分划板 6 上,经目镜 7、8 放大后成像于观测者眼中。

②读数系统。

光线由小反光镜 14 反射,经毛玻璃 13 射到刻度盘 12 上,经转向棱镜 11 及物镜 10 将刻度成像于分划板 9 上,通过目镜 7、8 放大后成像于观测者眼中。当旋动棱镜调节旋钮时,棱镜摆动,视野内明暗分界线通过十字交叉点,表示光线从棱镜入射角达到了临界角。当测定样液浓度不同时,折射率也不同,故临界角的数值也有不同。在读数镜筒中即可读取折射率 n,或糖液浓度,或固形物的含量。

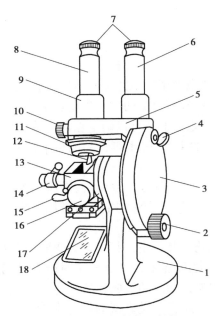

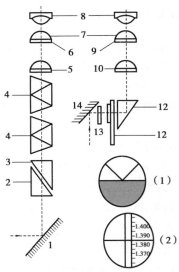

图 2-4　阿贝折射仪的结构

1—底座;2—棱镜调节旋钮;3—圆盘组(内有刻度板);
4—小反光镜;5—支架;6—读数镜筒;7—目镜;
8—观测镜筒;9—分界线调节旋钮;10—消色调节旋钮;
11—色散刻度尺;12—棱镜锁紧扳手;
13—棱镜组;14—温度计插座;15—恒温器接头;
16—保护罩;17—主轴;18—反光镜

图 2-5　阿贝折射仪的光学系统

1—反光镜;2—进光棱镜;
3—折射棱镜;4—色散补偿器;
5、10—物镜;6、9—分划板;
7、8—目镜;11—转向棱镜;12—刻度盘;
13—毛玻璃;14—小反光镜

（2）阿贝折射仪的使用方法

①阿贝折射仪的校正。

通常用测定纯水折射率的方法来进行校正,即在 20 ℃时,纯水的折射率为 $n_D^{20} = 1.332\,99$ 或可溶性固形物为 0。若校正时温度不为 20 ℃,应查出该温度下纯水的折射率再进行校准,见表 2-4。对于高刻度值部分,用具有一定折射率的标准玻璃块(仪器附件)校准。校准方法是打开进光棱镜,在校准玻璃块的抛光面上滴一滴溴化萘,将其粘在折射棱镜表面上,使标准玻璃块抛光的一端向下,以接收光线。测得的折射率应与标准玻璃块的折射率一致。校准时若有偏差,可先使读数指示于纯水或标准玻璃块的折射率值,再调节分界线、调节螺丝,使明暗分界线恰好通过十字线交叉点。

表 2-4　纯水在 10～30 ℃时的折射率

温度/℃	纯水折射率	温度/℃	纯水折射率	温度/℃	纯水折射率
10	1.333 71	17	1.333 24	24	1.332 63
11	1.333 63	18	1.333 16	25	1.332 53
12	1.333 59	19	1.333 07	26	1.332 42
13	1.333 53	20	1.332 99	27	1.332 31
14	1.333 46	21	1.332 90	28	1.332 20
15	1.333 39	22	1.332 81	29	1.332 08
16	1.333 32	23	1.332 72	30	1.331 96

②测定。

a.以脱脂棉球蘸取酒精擦净棱镜表面,挥干乙醇。滴加 1～2 滴样液于下面棱镜面的中央。迅速闭合两块棱镜,调节反光镜,使两镜筒内视野最亮。

b.由目镜观察,转动棱镜调节旋钮,使视野出现明暗两部分。此时明暗两部分分界线模糊[图 2-6(a)]。

c.旋转色散补偿器旋钮,使视野中只有黑白两色,并且分界线清晰[图 2-6(b)]。

d.旋转棱镜调节旋钮,使明暗分界线与视野中的十字线交叉点重合[图 2-6(c)]。

e.从读数镜筒中[图 2-6(d)]读取折射率或质量百分浓度。

f.测定样液温度。

g.打开棱镜,用水、乙醇或乙醚擦净棱镜表面及其他各机件。在测定水溶性样品后,用脱脂棉吸水洗净,若为油类样品,须用乙醇或乙醚、二甲苯等擦拭。

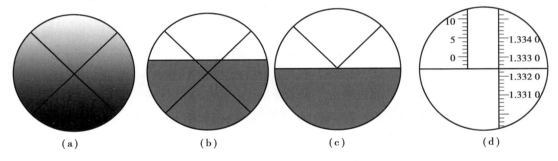

图 2-6 阿贝折射仪调节过程示意图

(a)视野出现明暗两部分,此时颜色是散的;(b)视野中只有黑白两色,且分界线清晰;

(c)分界线经过十字交叉点;(d)读数镜筒中视野,右边为折射率左边为质量百分浓度

(3)注意事项

①折射率通常规定在 20 ℃,如果测定温度不是 20 ℃,而是在室温下进行,应进行温度校正。

②折射仪不宜暴露在强烈阳光下,不用时应放回贮有干燥剂的仪器盒中,防止湿气和灰尘侵入。

③使用时一定要注意保护棱镜组,绝对禁止与玻璃管尖端等硬物相碰;擦拭时必须用擦镜纸轻轻擦拭。

④不得测定有腐蚀性的液体样品。

2.手提式折射仪

生产现场使用的折射仪是手提式折射仪,也称糖镜、手持式糖度计。手提式折射仪主要用于测定透光溶液的浓度与折光率。这种仪器结构简单、携带方便、使用简洁,精度也较高。

(1)结构

手提式折射仪由棱镜、盖板及观测镜筒组成,结构如图 2-7 所示。其光学原理与阿贝折射仪相同。仪器操作简单,便于携带,常用于生产检验。

（2）手提式折射仪的使用方法

①手提式折射仪的校正。

打开手提式折射仪棱镜盖板，用擦镜纸小心擦净棱镜玻璃面。在棱镜玻璃面上滴 2 滴蒸馏水，盖上盖板，调节零点。于水平状态，从目镜处观察，检查视野中明暗交界线是否处在刻度的零线上。若与零线不重合，则旋动刻度调节螺旋，使分界线面刚好落在零线上。

②测定。

打开盖板，用擦镜纸将水擦干，在棱镜玻璃面上滴 2 滴待测样液或待测糖液，盖上盖板，将光窗对准光源，调节目镜视度调节圈，使视野内分界线清晰可见，视野内明暗分界线相应读数即为样液中可溶性固形物含量或溶液中糖量百分数。

手提式折射仪的测定范围通常为 0～90%，其刻度标准温度为 20 ℃，若测量时在非标准温度下，则需进行温度校正。

（3）注意事项

①测量前将棱镜盖板、折光棱镜清洗干净并拭干。

②滴在折光棱镜面上的液体要均匀分布在棱镜面上，并保持水平状态合上盖板。

③要对仪器进行校正才能得到准确结果。

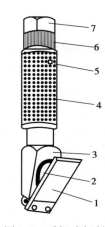

图 2-7　手提式折射仪
1—盖板；2—检测棱镜；
3—棱镜座；4—望远镜筒和外套；
5—调节螺丝；6—视度调节圈；
7—目镜

任务实施

子任务　果酱中可溶性固形物含量的测定——折射仪法

1.任务描述

分小组完成以下任务：

①查阅果酱的产品质量标准和可溶性固形物含量的测定标准，设计果酱中可溶性固形物含量的测定方案。

②准备测定果酱中可溶性固形物含量所需试剂材料及仪器设备。

③正确对样品进行预处理。

④正确进行样品中可溶性固形物含量的测定。

⑤记录结果并进行分析处理。

⑥依据《果酱》（GB/T 22474—2008）和产品标签，判定样品中可溶性固形物含量是否合格。

⑦填写检测报告。

2.检测工作准备

①查阅产品质量标准《果酱》（GB/T 22474—2008）和检测标准《饮料通用分析方法》（GB/T 12143—2008），设计折光计法测定果酱中可溶性固形物含量的方案。

②准备可溶性固形物含量测定所需试剂材料及仪器设备。

3. 任务实施步骤

样品制备→仪器校正→样液测定→数据处理与报告填写。

（1）样品制备

称取果酱 25 g（精确到 0.001 g）置于已称重的烧杯中，加入 100 mL 蒸馏水，用玻璃棒搅拌，并缓慢煮沸 3 min，冷却并充分混匀，20 min 后称重，精确到 0.001 g，然后过滤到干燥容器里，收集滤液供测定用。

（2）仪器校正

按仪器说明书对手提式折射仪进行校正。

（3）样液测定

①打开棱镜盖板，用擦镜纸将水擦干。

②取制备好的样品溶液 2～3 滴，滴于折光计棱镜面上，合上盖板，使溶液均匀地分布于棱镜表面。

③将光窗对准光源，调节目镜视度圈，使视野中出现明暗分界线，视场中明暗分界线相应的读数即为果蔬制品可溶性固形物含量。

④使用完毕，用清水洗净棱镜和盖板，并用擦镜纸将水擦干。

⑤温度修正分两种情况：

a. 若不在标准温度（20 ℃）下进行测量，校正的方法是查"可溶性固形物对温度修正表"得出相应的校正值，温度高于 20 ℃ 时，加上校正值即为样品可溶性固形物含量。温度低于 20 ℃ 时，减去相应校正值即可。

b. 仪器在标准温度下调零的则不需要校正。

4. 数据处理与报告填写

将果酱中可溶性固形物含量测定的原始数据填入表 2-5 中，并填写检测报告，见表 2-6。

表 2-5 果酱中可溶性固形物含量测定的原始记录

工作任务		样品名称		
接样日期		检测日期		
检测依据		样液温度/℃		
稀释前的样品质量 m_0/g				
稀释后的样品质量 m_1/g				
重复次数		1		2
稀释样液可溶性固形物含量/%				
20 ℃时稀释样液可溶性固形物含量/%				
20 ℃时稀释样液可溶性固形物含量平均值/%				
20 ℃时样品中可溶性固形物含量 X/%				

表 2-6　果酱中可溶性固形物含量测定的检测报告

样品名称					
产品批号		生产日期		检测日期	
检测依据					
判定依据					
检测项目	单位		检测结果		标准要求
检测结论					
检测员			复核人		
备注					

5. 任务考核

按照表 2-7 评价工作任务完成情况。

表 2-7　任务考核评价指标

序号	工作任务	评价指标	不合格	合格	良	优
1	检测方案制订	正确选用检测标准及检测方法(5分)	0	1	3	5
		检测方案制订合理规范(5分)	0	1	3	5
2	样品制备	样品处理方法正确(5分)	0	1	3	5
		正确使用分析天平(预热、调平、称量、撒落、样品取放、清扫等)(10分)	0	3	6	10
		正确进行过滤操作(5分)	0	1	3	5
3	仪器校正	按说明书正确校正折射仪(10分)	0	—	—	10
4	样液测定	正确使用折射仪(10分)	0	3	6	10
		准确读取目镜中读数(5分)	0	—	—	5
		准确换算样品可溶性固形物含量(10分)	0	2	6	10
5	数据处理与报告填写	原始记录及时、规范、整洁(5分)	0	2	4	5
		准确填写结果和检测报告(5分)	0	1	3	5
		数据处理准确(5分)	0	2	4	5
		有效数字保留准确(5分)	0	—	—	5
6	其他操作	工作服整洁,及时整理、清洗、回收玻璃器皿及仪器设备(5分)	0	1	3	5
		操作时间控制在规定时间内(5分)	0	1	3	5
		符合安全规范操作(5分)	0	2	4	5
总分						

✎ 达标自测

一、单项选择题

1. 光的折射现象产生的原因是( )。
A. 光在各种介质中行进方式不同　　　　　B. 光是直线传播的
C. 两种介质不同　　　　　D. 光在各种介质中行进的速度不同

2. 对于同一物质的溶液来说,其折射率大小与其浓度成( )。
A. 正比
B. 反比
C. 没有关系
D. 有关系,但不是简单的正比或反比关系

3. 折射仪是利用( )。
A. 光的折射定律测定物质折射率的仪器
B. 物质的旋光性质测定物质折射率的仪器
C. 光的反射定律测定物质折射率的仪器
D. 临界角原理测定物质折射率的仪器

4. 折射仪上的刻度是在标准温度20 ℃下制订的,所以应对测定结果进行温度校正,校正方式是( )。
A. 低于20 ℃时,加上校正数　　　　　B. 低于20 ℃时,乘以校正数
C. 超过20 ℃时,减去校正数　　　　　D. 超过20 ℃时,加上校正数

5. 每种脂肪酸的折射率都有其特点,含碳原子数目相同时( )。
A. 不饱和脂肪酸的折射率比饱和脂肪酸的折射率稍小
B. 不饱和脂肪酸的折射率比饱和脂肪酸的折射率稍大
C. 不饱和脂肪酸的折射率比饱和脂肪酸的折射率大得多
D. 不饱和脂肪酸的折射率比饱和脂肪酸的折射率小得多

6. 折射计读数应用( )进行校正。
A. 水　　　　　B. 苯丙醇　　　　　C. 左旋糖苷70　　　　　D. 葡萄糖溶液

7. 溶液的折光率可间接反映溶液的( )。
A. 组分　　　　　B. 黏度
C. 酸度　　　　　D. 可溶性固形物的含量

8. 果蔬汁的糖度测定采用( )测定。
A. pH 计　　　　　B. 分光光度计　　　　　C. 折射仪　　　　　D. 乳稠计

二、多项选择题

1. 阿贝折射仪被广泛应用于食品分析中,常用于( )的测定。
A. 果汁中可溶性固形物含量的测定　　　　　B. 酱油中可溶性固形物含量的测定
C. 啤酒原麦汁浓度的测定　　　　　D. 果冻中可溶性固形物含量的测定

2. 食品的物理检验包括( )。
A. 相对密度法　　　　　B. 折光法　　　　　C. 旋光法　　　　　D. 黏度法

3. 折光法是通过测定物质的折射率来鉴别（　　）及判断物质品质的分析方法。

A. 物质的组成　　　　　　　　　　　B. 物质的浓度

C. 物质的纯度　　　　　　　　　　　D. 物质的色度

4. 取一种物质配置成溶液,其折射率与（　　）有关。

A. 溶液浓度　　　　B. 温度　　　　　C. 入射光波长　　　　D. 液层厚度

三、判断题

1. 含有不溶性固形物的样品,可以直接用折光法测出固形物含量。（　　）

2. 对于同一种物质,使用不同的光源,测得的折光率相同。（　　）

3. 饮料中可溶性固形物含量的测定,不能用折光法。（　　）

4. 测定液体的折射率可以检测出液体的纯度。（　　）

5. 纯蔗糖溶液的折射率随浓度升高而增大。（　　）

6. 折射仪上的刻度是在 20 ℃下刻制的,若不在该温度下测定,则需要对测定结果进行温度校正。（　　）

7. 折射仪利用光的全反射现象来测定样品的折射率。（　　）

8. 溶液折射率的大小与温度无关,与浓度有关。（　　）

9. 利用阿贝折射仪测定折光率时,可调节棱镜旋钮,使明暗分界线在十字线交叉点上,由读数镜筒内读取读数。（　　）

10. 折射仪棱镜要注意保护,不能在镜面上造成刻痕,也不能测定强酸、强碱。（　　）

11. 油脂酸度越高,折射率越小。（　　）

12. 测定牛乳乳清的折射率即可了解乳糖的含量,判断牛乳是否掺水。（　　）

13. 若棱镜表面不整洁,可滴加少量丙酮,用擦镜纸来回轻擦镜面。（　　）

任务三　食品中水分的测定

【知识目标】

1. 了解不同方法测定食品中水分含量的原理、适用范围。

2. 掌握测定食品中水分含量的意义。

3. 掌握常压干燥法测定食品中水分含量的方法。

【能力目标】

1. 能够正确使用恒温电热干燥箱、干燥器。

2. 能够根据食品的性质正确选择合适的水分含量的测定方法。

3. 能对食品的品质进行正确判定。

【素质目标】

1. 能正确表达自我意见,并与他人良好沟通。

2. 培养严谨细致、精益求精的工匠精神。

3. 不断增强团队合作精神和集体荣誉感。

【相关标准】

《食品安全国家标准 食品中水分的测定》(GB 5009.3—2016)

《小麦粉》(GB/T 1355—2021)

【案例导入】

水分超标的婴儿米粉

2021 年 12 月 14 日,河南省市场监督管理局发布的《关于 39 批次食品不合格情况的通告》显示,郑州市管城区贝之亮孕婴用品店销售的,标称上海伊威儿童食品有限公司(以下简称"上海伊威")伊威儿童食品厂生产的 1 批次三文鱼胡萝卜营养米粉[250 g(25 g×10 袋)/盒,生产日期:2020-11-12],水分检测值为 6.51%,标准规定为不大于 6.0%。此次抽检依据《食品安全国家标准 婴幼儿谷类辅助食品》(GB 10769—2010)、《食品安全国家标准 食品中真菌毒素限量》(GB 2761—2017)、《食品安全国家标准 食品中污染物限量》(GB 2762—2022)等标准及产品明示标准和指标的要求。河南市场监管局表示,水分属于理化指标,是食品的一个内在质量因素,各类食品的产品标准常对水分含量有明确的限值要求,水分高低反映产品的含水量。合理的水分控制,可避免产品的功效成分或营养物质分解、酶解变质、霉变等,有助于保持产品质量稳定。食品的水分超标可能会缩短产品的保质期限,使产品易发生霉变,导致产品质量下降。

案例小结:在食品行业中,无论是食品制造,还是产品检测,食品从业人员都要按照国家的法律法规、标准等开展各种工作,不断增强法治意识,在生产经营中要有诚信意识,树立食品行业良知理念,保障食品安全的职业使命感和责任感,必须提高自身的伦理道德修养,共同维护社会公众的安全健康。

📖 背景知识

一、水分在食品中存在的形式

食品中的水分以自由水和结合水两种状态存在。

1. 自由水

自由水又名游离水,主要指存在于动植物的细胞下各种毛细管和腔体中的水。其具有水的一切特性,是食品的主要分散剂,可以溶解糖、酸、无机盐等,可用简单的蒸发方法除掉。这部分水容易被微生物利用,与酶起作用,并可加速食品非酶褐变或脂肪氧化等化学劣变。

2. 结合水

结合水又名束缚水,是与食品中蛋白质、糖类、盐类等以氢键结合的水,不具有一般水的性质,不能被微生物利用。这部分水与食品中成分结合得很牢固,难以用普通方法除去。

二、食品中水分测定的意义

1. 水分是食品重要的质量指标之一

一定含量的水分可保持食品品质,延长食品保质期。各种食品的水分含量都有各自的标准,正常情况下,食品的含水量变化不大。国家标准对一些典型产品的水分含量作了专门的规定,见表2-8。例如,乳粉要求水分不超过5.0%,若水分提高,就会造成乳粉结块,商品价值就会降低,水分提高后乳粉易变色,贮藏期降低。另外有些食品水分过高,组织状态发生软化,弹性也会降低或者消失。同时,食品的含水量高低也会影响食品的风味、腐败和发霉,干燥的食品吸潮后会发生许多物理性质的变化,如面包和饼干类食品变硬就不仅是失水干燥,而且也是由于水分变化造成淀粉结构发生变化的结果,又如香肠的口味就与吸水、持水的情况关系十分密切。所以,食品的含水量对食品的鲜度、硬软性、流动性、呈味性、保藏性、加工性等许多方面有着至关重要的作用。

表2-8 典型食品水分含量国家标准

食品名称	国家标准	水分/(g/100 g)
大豆	GB 1352—2009	≤13.0%
稻谷	GB 1350—2009	≤13.5%
小麦	GB 1351—2008	≤12.5%
玉米	GB 1353—2018	≤14.0%
粳米	GB/T 1354—2018	≤15.5%
面包(软式、硬式、调理)	GB/T 20981—2007	≤45%
乳粉	GB 19644—2010	≤5.0%
香菇及其制品	GB 7096—2014	≤13%

2. 水分是一项重要的经济指标

食品工厂可按原料中的水分含量进行物料衡算。如鲜牛乳含水量为87.5%,用这种乳生产乳粉(含水量2.5%),需要多少牛乳才能生产1 t乳粉(7∶1 出乳粉率)。像这样类似的物料衡算,均可以用水分测定的依据进行。这也可对生产进行指导管理。又如生产面包,50 kg面需用多少升水,也要先进行物料衡算。再如面团的韧性好坏也与水分有关,加水量多则面团软,加水量少则面团硬,做出的面包体积不大,影响经济效益。

3. 水分含量的高低与微生物的生长及生化反应都有密切的关系

在一般情况下要控制水分含量低一点,防止微生物生长,但是并非水分越低越好。通常微生物作用比生化作用更加强烈。

从上面三点就可说明测定水分的重要性,水分在食品理化检测中是必测的一项。

三、食品中水分测定的方法——直接干燥法(第一法)

测定食品中水分的方法很多,通常可分为直接法和间接法两类。一般来说,直接法比间接法准确度高。直接法是利用水分本身的物理性质和化学性质测定水分的方法,如干燥法、蒸馏法和卡尔·费休法;间接法是利用食品的相对密度、折射率等物理性质测定水分的方法,食品中水分的测定要根据食品的性质和测定目的来选定。

　　其中,干燥法应用范围较广,虽然费时较长,但操作简便。它是在一定的温度和压力下,通过加热的方式将样品中的水分蒸发完全并根据样品加热前后的质量差来计算水分含量的方法,包括直接干燥法和减压干燥法。应用干燥法测定水分的样品必须符合下列条件:①水分是样品中唯一的挥发物质;②水分挥发要完全;③食品中其他组分在加热过程中由于发生化学反应而引起的重量变化可以忽略不计。以下主要介绍直接干燥法测定水分含量。

1. 测定原理

　　利用食品中水分的物理性质,在101.3 kPa(一个大气压),温度101～105 ℃下采用挥发方法测定样品中干燥减失的重量,包括吸湿水、部分结晶水和该条件下能挥发的物质,再通过干燥前后的称量数值计算出水分的含量。

2. 适用范围

　　直接干燥法适用于在101～105 ℃下,蔬菜、谷物及其制品、水产品、豆制品、乳制品、肉制品、卤菜制品、粮食(水分含量低于18%)、油料(水分含量低于13%)、淀粉及茶叶类等食品中水分的测定,不适用于水分含量小于0.5 g/100 g的样品。

3. 仪器

　　①扁形铝制或玻璃制称量瓶。

　　②电热恒温干燥箱。

　　③干燥器:内附有效干燥剂。

　　④天平:感量为0.1 mg。

4. 试剂

　　①盐酸溶液(6 mol/L):量取50 mL盐酸,加水稀释至100 mL。

　　②氢氧化钠溶液(6 mol/L):称取24 g氢氧化钠,加水溶解并稀释至100 mL。

　　③海砂:取用水洗去泥土的海砂、河砂、石英砂或类似物,先用盐酸溶液(6 mol/L)煮沸0.5 h,用水洗至中性,再用氢氧化钠溶液(6 mol/L)煮沸0.5 h,用水洗至中性,经105 ℃干燥备用。

　　注:上述盐酸溶液(6 mol/L)和氢氧化钠溶液(6 mol/L)是用于处理海砂的,有的检验中并不需要。

5. 安全提醒

　　①电热恒温干燥箱使用前必须检查是否漏电、电热丝是否有重叠或碰撞等现象,使用完毕应切断外来电源,避免意外事故发生。

　　②不可烘干易燃、易爆、有挥发性、有腐蚀性的物品。

　　③取放样品时,要用专用的工具或戴隔热手套,以免烫伤。

6. 测定步骤

　　①固体试样:取洁净铝制或玻璃制的扁形称量瓶,置于101～105 ℃干燥箱中,瓶盖斜支于瓶边,加热1.0 h,取出盖好,置干燥器内冷却0.5 h后称量,并重复干燥至前后两次质量差不超过2 mg,即为恒重。将混合均匀的试样迅速磨细至颗粒小于2 mm,不易研磨的样品应尽可能切碎,称取2～10 g试样(精确至0.000 1 g),放入此称量瓶中,试样厚度不超过5 mm,如为疏松试样,厚度不超过10 mm,加盖,精密称量后,置101～105 ℃干燥箱中,瓶盖斜支于瓶边,干燥2～4 h后,盖好取出,放入干燥器内冷却0.5 h后称量;然后再放入101～105 ℃干燥箱中干燥1 h左右,取出,放入干燥器内冷却0.5 h后再称量。重复以上操作至前后两次质

量差不超过 2 mg,即为恒重。

②半固体或液体试样:取洁净的称量瓶,内加 10 g 海砂及一根小玻棒,置于 101~105 ℃干燥箱中,干燥 1 h 后取出,放入干燥器内冷却 0.5 h 后称量,并重复干燥至恒重;然后称取 5~10 g 试样(精确至 0.000 1 g),置于称量瓶中,用小玻棒搅匀放在沸水浴上蒸干,并随时搅拌,擦去瓶底的水滴,置于 101~105 ℃干燥箱中干燥 4 h 后盖好取出,放入干燥器内冷却 0.5 h 后称量。然后再放入 101~105 ℃干燥箱中干燥 1 h 左右,取出,放入干燥器内冷却 0.5 h 后再称量。重复以上操作至前后两次质量差不超过 2 mg,即为恒重(注:两次恒重值在最后计算中,取最后一次的称量值)。

7. 结果计算

试样中的水分含量按下式进行计算:

$$X = \frac{m_1 - m_2}{m_1 - m_3} \times 100$$

式中 X——试样中水分的含量,g/100 g;

 m_1——称量瓶(加海砂、玻棒)和试样的质量,g;

 m_2——称量瓶(加海砂、玻棒)和试样干燥后的质量,g;

 m_3——称量瓶(加海砂、玻棒)的质量,g;

 100——单位换算系数。

水分含量不低于 1 g/100 g 时,计算结果保留三位有效数字;水分含量低于 1 g/100 g 时,计算结果保留两位有效数字。

8. 精密度

在重复性条件下获得的两次独立测定结果的绝对差值不得超过算术平均值的 10%。

9. 操作条件的选择

(1)称样数量

测定时称样数量一般控制在其干燥后的残留物质量在 1.5~3 g 为宜。对于水分含量较低的固态、浓稠态食品,将称样数量控制在 3~5 g,而对于果汁、牛乳等液态食品,通常每份称样量控制在 15~20 g 为宜。

(2)称量瓶的选择

用于水分测定的称量瓶有各种不同的形状,从材料看有玻璃称量瓶和铝制称量瓶两种。玻璃称量瓶能够耐酸碱,不受样品性质的限制,故常用于干燥法;而铝制称量瓶质量轻,导热性强,但对酸性食品不适宜,常用于减压干燥法。称量皿规格的选择,以样品置于其中平铺开后厚度不超过皿高的 1/3 为宜。

(3)干燥设备

电热烘箱有各种形式,一般使用强力循环通风式,其风量较大,烘干大量试样时效率高,但质轻试样有时会飞散,若仅作测定水分含量用,最好采用风量可调节的烘箱。当风量减小,烘箱上隔板 1/3~1/2 面积的温度能保持在规定温度 ±1 ℃的范围内,即符合测定使用要求。温度计通常处于离隔板 3 cm 的中心处,为保证测定温度较恒定,并减少取出过程中因吸湿而产生的误差,一批测定的称量皿最好为 8~12 个,并排列在隔板的较中心部位。

(4)干燥条件

干燥条件包含两个因素,即温度和时间。温度一般控制在 101~105 ℃,对热稳定的样品如谷类,可提高到 120~130 ℃进行干燥;对含糖量高的食品高温下(>70 ℃)长时间加热,可因氧化分解而致明显误差,应先低温(50~60 ℃)干燥 0.5 h,然后再在 101~105 ℃干燥。

干燥时间的确定有两种方法:一种是干燥到恒重;另一种是规定一定的干燥时间。前者基本能保证水分蒸发完全;后者则需根据测定对象的不同而规定不同的干燥时间,一般只适用于对水分测定结果准确度要求不高的样品,如各种饲料中水分含量的测定可采用第二种方法。比较而言,后者准确度不如前者,故一般以干燥至恒重来确定干燥时间。

10. 注意事项

①由于常压干燥法不能完全排出食品中的结合水,因此常压干燥法不可能测出食品中真正的水分,此法所用设备简单操作便捷,但时间较长。

②取样、称量,及称量瓶自干燥箱中取出放入干燥器等操作的动作要迅速,尽量缩短样品在空气中暴露的时间,防止样品水分丢失或受潮。

③油脂或高脂肪的样品,由于脂肪氧化,后面一次测定的质量可能会有所增加,应以前一次测定的质量计算。

④对于易焦化或容易分解的食品,需选用较低的干燥温度或缩短干燥时间。

⑤对于液体或半固体样品,要在称量皿中加入海砂。这是为了使样品疏松,增大受热和蒸发面积,防止食品结块,加速水分蒸发,缩短分析时间。

⑥干燥器内一般用硅胶作干燥剂,硅胶吸湿后会使干燥效果降低,故当硅胶蓝色减退或变红时,须及时换出,吸湿后的硅胶可置135 ℃左右烘2～3 h,使其再生后再使用,硅胶若吸附油脂等,去湿能力也会大大降低。

⑦经水分测定后的样品可用于测定脂肪或灰分。

⑧对于氨基酸、蛋白质及羰基化合物含量高的样品,长时间加热则会发生羰氨反应析出水分而导致误差,香料油、低醇饮料含较多易挥发成分,这些样品都不宜采用此法。

⑨本法操作时,需佩戴干净的手套接触称量瓶,否则手上的汗渍、油渍等将导致难以恒重。

蒸馏法(第三法)　　　　卡尔·费休法(第四法)

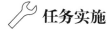 **任务实施**

子任务　小麦粉中水分的测定

1. 任务描述

分小组完成以下任务:

①查阅小麦粉的产品质量标准和水分的测定标准,设计小麦粉中水分含量的测定方案。

②准备直接干燥法测定小麦粉中水分所需试剂材料及仪器设备。

③正确对样品进行预处理。

④正确进行样品中水分含量的测定。

⑤结果记录及分析处理。

⑥依据《小麦粉》(GB/T 1355—2021),判定样品中水分含量是否合格。

⑦填写检测报告。

2. 检测工作准备

①查阅产品质量标准《小麦粉》(GB/T 1355—2021)和检测标准《食品安全国家标准 食

品中水分的测定》(GB 5009.3—2016),设计直接干燥法测定小麦粉中水分含量的方案。

②准备小麦粉中水分含量测定所需试剂材料及仪器设备。

3.任务实施步骤

称量瓶干燥至恒重→样品称量→样品干燥至恒重→数据处理与报告填写。

(1)称量瓶干燥至恒重

取洁净玻璃扁形称量瓶,置于 101~105 ℃烘箱中,瓶盖斜支于瓶边,加热 0.5~1.0 h,取出盖好,置干燥器内冷却 0.5 h,称量,并重复干燥至恒重,记作 m_0。

(2)样品称量

称取 2~5 g 小麦粉样品(精确至 0.000 1 g),加入已恒重的称量瓶中,试样的量以厚度不超过 5 mm 为宜,加盖,精密称重,记作 m_1。

(3)样品干燥至恒重

将上述称量瓶置于干燥箱中,瓶盖斜支于瓶边,以便水分蒸发。在 101~105 ℃干燥 2~4 h 后,盖好取出,放入干燥器内冷却 0.5 h 后称量。然后再放入 101~105 ℃干燥箱中干燥 1 h 左右,取出,放干燥器内冷却 0.5 h 后再称量。重复操作至前后两次质量差不超过 2 mg,即为恒重,记作 m_2。平行测定两次,取平均值。

(4)数据处理与报告填写

将小麦粉中水分测定的原始数据填入表 2-9 中,并填写检测报告,见表 2-10。

表 2-9　小麦粉中水分测定的原始记录

工作任务		样品名称	
接样日期		检测日期	
检测依据			
重复次数		1	2
称量瓶干燥至恒重质量 m_0/g			
称量瓶+干燥前样品质量 m_1/g			
称量瓶+干燥后样品质量 m_2/g			
样品水分含量 X/(g/100 g)			
样品水分含量平均值 $\overline{X}$/(g/100 g)			

表 2-10　小麦粉中水分测定的检测报告

样品名称					
产品批号		生产日期		检测日期	
检测依据					
判定依据					
检测项目	单位		检测结果		标准要求
检测结论					
检测员			复核人		
备注					

4. 任务考核

按照表 2-11 评价工作任务完成情况。

表 2-11 任务考核评价指标

序号	工作任务	评价指标	不合格	合格	良	优
1	检测方案制订	正确选用检测标准及检测方法(5分)	0	1	3	5
		检测方案制订合理规范(5分)	0	1	3	5
2	称量瓶的干燥	正确选择称量瓶,使用前清洗干净(5分)	0	1	3	5
		称量瓶正确烘干至恒重(10分)	0	—	—	10
3	样品称量	正确使用分析天平(预热、调平、称量、撒落、称量瓶取放、清扫等)(10分)	0	3	6	10
4	样品干燥	正确使用恒温干燥箱(5分)	0	1	3	5
		称量瓶正确放置于干燥箱(5分)	0	1	3	5
5	冷却	正确使用干燥器(5分)	0	1	3	5
		正确判定干燥器中硅胶有效性(5分)	0	1	3	5
6	样品恒重	正确判断样品恒重(10分)	0	—	—	10
7	数据处理与报告填写	原始记录及时、规范、整洁(5分)	0	2	4	5
		准确填写结果和检测报告(5分)	0	1	3	5
		数据处理准确,平行性好(5分)	0	2	4	5
		有效数字保留准确(5分)	0	—	—	5
8	其他操作	工作服整洁,及时整理、清洗、回收玻璃器皿及仪器设备(5分)	0	1	3	5
		操作时间控制在规定时间内(5分)	0	1	3	5
		符合安全操作规范(5分)	0	2	4	5
总分						

达标自测

一、单项选择题

1. 测定水分时,称取的样品平铺称量瓶底部的厚度不得超过( )。

A. 3 mm   B. 6 mm   C. 5 mm   D. 10 mm

2. 食品分析中干燥至恒重,是指前后两次质量差不超过( )。

A. 2 mg   B. 0.2 mg   C. 0.1 g   D. 0.2 g

3. 糖果水分测定选用减压干燥法是因为糖果( )。

A. 容易挥发   B. 水分含量较低   C. 易熔化碳化   D. 以上都是

4. 常压干燥法测定面包中水分含量时,选用的干燥温度为( )。

A. 100 ~ 105 ℃   B. 105 ~ 120 ℃   C. 120 ~ 140 ℃   D. >140 ℃

5. 可直接将样品放入烘箱中进行常压干燥的样品是（　　）。

　A. 果汁　　　　　　B. 乳粉　　　　　　C. 糖浆　　　　　　D. 酱油

6. 水分测定时,水分是否排除完全,可以根据（　　）来进行判定。

　A. 经验　　　　　　　　　　　　B. 专家规定的时间

　C. 样品是否已达到恒重　　　　　D. 烘干后样品的颜色

7. 干燥法称样品,一般控制在样品干燥后的残留物质量在（　　）。

　A. 10 ~ 15 g　　　B. 5 ~ 10 g　　　C. 1.5 ~ 3 g　　　D. 15 ~ 20 g

8. 下列物质中（　　）不能用直接干燥法测定其水分含量。

　A. 糖果　　　　　　B. 糕点　　　　　　C. 饼干　　　　　　D. 食用油

9. 糖果水分测定时干燥箱压力为 40 ~ 53 kPa,温度一般控制在（　　）。

　A. 常温　　　B. 30 ~ 40 ℃　　　C. 50 ~ 60 ℃　　　D. 80 ~ 90 ℃

10. 实验员甲在糕点水分测定恒重时恒重 3 次,重量依次为 20.532 7 g、20.530 6 g、20.531 0 g,则计算时应选用（　　）作为计算数据。

　A. 20.532 7 g　　B. 20.530 6 g　　C. 20.531 0 g　　D. 取 3 次平均值

二、多项选择题

1. 下列食品中,须选用减压干燥法测定其水分含量的是（　　）。

　A. 蜂蜜、水果罐头　　　　　　B. 面包、饼干

　C. 麦乳精、乳粉　　　　　　　D. 味精

　E. 米、面、油脂

2. 用直接干燥法测定半固体或液体食品水分时,常加入恒重的海砂,其目的是（　　）。

　A. 增大蒸发面积　　　　　　B. 防止局部过热

　C. 防止液体沸腾而损失　　　D. 防止食品中挥发性物质挥发

　E. 防止经加热后食品成分与水分起反应

3. 以下因素会造成过小估计被测食品的水分含量的是（　　）。

　A. 样品颗粒形状太大　　　　B. 含高浓度挥发性风味化合物

　C. 样品具有吸湿性　　　　　D. 表面硬皮的形成

　E. 含有干燥样品的干燥器未正确密封

4. 测定食品样品水分的方法主要有（　　）。

　A. 常压干燥法　　　　　　　B. 卡尔·费休法

　C. 溶剂萃取+卡尔·费休法　　D. 减压干燥法

5. 确定常压干燥法时间的方法是（　　）。

　A. 干燥到恒重　　　　　　　B. 规定干燥一定时间

　C. 95 ~ 105 ℃干燥 3 ~ 4 h　　D. 95 ~ 105 ℃干燥数小时

三、判断题

1. 炼乳等样品水分的测定中加入经酸处理干燥的海砂可加速水分蒸发。（　　）

2. 常压干燥法测定样品水分含量时,要求水分是唯一的挥发性物质。（　　）

3. 任何食品试样中的水分都可以用烘箱干燥法测定。（　　）

4. 粉碎不充分的样品时,水分测定的结果偏低。（　　）

5. 样品中含较多挥发性成分时,水分测定的结果偏低。（　　）

6.对浓稠态样品,在测定前加精制海砂或无水硫酸钠的作用是增大受热和蒸发面积,防止食品结块,加速水分蒸发,缩短分析时间。　　　　　　　　　　　　　　（　　）

7.卡尔·费休法是唯一公认的测定香料中水分含量的方法。　　　　　　　（　　）

8.测定样品中水分含量时,对于样品是易分解的食品,通常采用减压干燥法。（　　）

9.液体样品在干燥之前,应加入精制海砂。　　　　　　　　　　　　　　（　　）

10.测定酸性样品的水分含量时,不可以采用铝皿作为容器。　　　　　　（　　）

任务四　食品中灰分的测定

【知识目标】

1.了解坩埚的种类及特性。

2.掌握测定食品中灰分含量的意义。

3.掌握样品炭化、灰化等基本操作。

4.掌握食品中总灰分的测定方法。

【能力目标】

1.能够正确使用坩埚、高温炉。

2.能够根据食品的性质正确选择合适的灰分测定条件。

3.能对食品的品质进行正确判定。

【素质目标】

1.能正确表达自我意见,并与他人良好沟通。

2.培养求实的科学态度、严谨的工作作风,领会工匠精神。

3.不断增强团队合作精神和集体荣誉感。

【相关标准】

《食品安全国家标准 食品中灰分的测定》(GB 5009.4—2016)

《小麦粉》(GB/T 1355—2021)

【案例导入】

灰分超标奶粉

2019 年 8 月 27 日,市场监管总局公布《关于 19 批次食品不合格情况的通告》(2019 年第 30 号),其中,标称英国肯德尔营养有限公司生产、金莱优(上海)国际贸易有限公司总代理、东方国际集团上海市对外贸易有限公司进口的 1 批次"康多蜜儿欧瑞儿"幼儿配方奶粉(3 段,800 g/罐,2018/11/14),和 1 批次"康多蜜儿"幼儿配方奶粉(3 段,900 g/罐,2018/12/5)均因灰分超标而"上榜"。市场监管总局对此次抽检称,灰分通常是指食品经高温灼烧等手段残留下来的无机物,婴幼儿的身体器官发育尚未成熟,如果乳粉中灰分含量过高,可能会增大婴幼儿肾脏负担,对生长发育不利。婴幼儿配方食品中灰分超标的原因,可能是产品中矿物元素含量较多,生产中灰分未能有效降低等。

案例小结:食品安全关系到人民的生命安全,要严格落实产品出厂检验制度,提升法律意识、生产安全意识和社会责任意识,不可被利益蒙蔽双眼,应加强自身修养。

📖 背景知识

一、灰分的概念和分类

食品的组成非常复杂,除了大分子的有机物外,还含有许多无机物质,其中含量较多的有 Ca、Mg、K、Na、S、P、Cl 等元素,此外还含有少量的微量元素,如 Fe、Cu、Zn、Mn、I、F、Se 等。食品高温(500～600 ℃)灼烧灰化时发生一系列的变化,水分和挥发性物质以气态直接逸出;有机物中的碳、氢、氮等元素与空气中的氧生成二氧化碳、水分和氮的氧化物而散失;有机酸的金属盐转换为金属氧化物或碳酸盐;有些特殊组分转变为氧化物,或生成磷酸盐、卤化物、硫酸盐等;而无机成分(无机盐和氧化物)则残留下来。食品中有机物经高温灼烧以后的残留物称为灰分。

灰分中的无机成分与食品中原有的无机成分并不完全相同,因为食品在灼烧时,一些挥发的元素如氯、碘、铅等会挥发散失,磷、硫则以含氧酸的形式挥发散失,使部分无机成分减少;而食品中的有机成分,如碳则可能变成碳酸盐而增加了无机成分。所以严格说来,应该把灼烧后的残留物称为总灰分或粗灰分。

不同的食品组成成分不同,要求的灼烧条件也不同,残留物成分也各不相同。通常所说的灰分是指总灰分,总灰分主要为金属氧化物和无机盐类,以及一些杂质,可反映食品中矿物质及机械杂质的情况。总灰分包含水溶性灰分、水不溶性灰分以及酸不溶性灰分。

(1)水溶性灰分

水溶性灰分大部分为 K、Na、Mg、Ca 等元素的氧化物和可溶性盐类,可反映可溶性 K、Na、Mg、Ca 等的含量。

(2)水不溶性灰分

水不溶性灰分反映食品中含 Fe、Al 等元素的氧化物和碱土金属的碱式磷酸盐以及由于污染混入产品的泥沙等机械性物质的含量。

(3)酸不溶性灰分

酸不溶性灰分主要来自经污染而混入食品中的泥沙和食品组织中原来存在的少量 SiO_2。

二、食品中灰分测定的意义

1. 灰分是标示食品中无机成分总量的一项指标

无机盐是人类生命活动不可缺少的物质,无机盐含量是正确评价某食品营养价值的一个评价指标。例如,黄豆是营养价值较高的食物,除富含蛋白质外,它的灰分含量高达 5.0%。

2. 测定食品中灰分含量可以判断食品受污染的程度

当食品加工所用原料、加工方法及测定条件等因素确定后,某种食品的灰分常在一定范围内。如果灰分含量超过了正常范围,食品生产中可能使用了不合乎卫生标准要求的原料或食品添加剂,或食品在加工、储运过程中受到了污染。

3. 灰分还可以评价食品的加工精度和食品的品质

如在面粉加工中,常以灰分含量评价面粉等级。富强粉的总灰分为 0.3% ~0.5%,标准粉总灰分为 0.6% ~0.9%;方便面也是总灰分越小,其加工精度越高,总灰分一般要求控制在 0.4% 以下。

4. 灰分含量可以说明果胶、明胶等胶制品的胶冻性能

水溶性灰分含量可反映果酱、果冻等制品中果汁的含量。果胶分为高甲氧基(HM)和低甲氧基(LM)两种,其中 HM 只要有糖、酸存在即能形成凝胶,而 LM 还需要有金属离子如 Ca^{2+}、Al^{3+}。

三、食品中灰分测定的方法——总灰分的测定(第一法)

1. 测定原理

把一定量的样品经炭化后放入高温炉内灼烧,使有机物质被氧化分解,以二氧化碳、氮的氧化物及水等形式逸出,而无机物质以硫酸盐、磷酸盐、碳酸盐、氯化物等无机盐和金属氧化物的形式残留下来,这些残留物即为灰分,称量残留物的质量即可计算出样品中总灰分的含量。灰分数值通过灼烧、称重后计算得出。

2. 仪器

①高温炉:最高使用温度≥950 ℃。

②天平:感量为 0.1 mg。

③石英坩埚或瓷坩埚。

④干燥器(内有干燥剂)。

⑤电热板。

⑥恒温水浴锅:控温精度±2 ℃。

3. 试剂

①乙酸镁溶液(80 g/L):称取 8.0 g 乙酸镁加水溶解并定容至 100 mL,混匀。

②乙酸镁溶液(240 g/L):称取 24.0 g 乙酸镁加水溶解并定容至 100 mL,混匀。

③10% 盐酸溶液:量取 24 mL 分析纯浓盐酸用蒸馏水稀释至 100 mL。

4. 安全提醒

①高温炉工作时,其周围严禁放易燃、易爆物品。

②向高温炉内取放坩埚时,必须戴防护手套,并使用相应的工具(如长柄坩埚钳),以免烤伤或烫伤。

③高温炉在打开门进行降温时,人应远离高温炉,以免辐射造成烫伤。

④不要用沾水的手去插拔电器的插头,以免发生触电危险。

5. 测定步骤

(1)坩埚预处理

①含磷量较高的食品和其他食品。

取大小适宜的石英坩埚或瓷坩埚置于高温炉中,在(550±25)℃下灼烧 30 min,冷却至 200 ℃左右,取出,放入干燥器中冷却 30 min,准确称量。重复灼烧至前后两次称量相差不超过 0.5 mg 即为恒重。

②淀粉类食品。

先用沸腾的稀盐酸洗涤,再用大量自来水洗涤,最后用蒸馏水冲洗。将洗净的坩埚置于高温炉内,在(900±25)℃下灼烧 30 min,并在干燥器内冷却至室温,称重,精确至 0.000 1 g。

（2）称样

含磷量较高的食品和其他食品:灰分大于或等于 10 g/100 g 的试样称取 2~3 g(精确至 0.000 1 g);灰分小于或等于 10 g/100 g 的试样称取 3~10 g(精确至 0.000 1 g,对于灰分含量更低的样品可适当增加称样量)。

淀粉类食品:迅速称取样品 2~10 g(马铃薯淀粉、小麦淀粉以及大米淀粉至少称 5 g,玉米淀粉和木薯淀粉称 10 g),精确至 0.000 1 g。将样品均匀分布在坩埚内,不要压紧。

（3）炭化

试样经上述处理后,在放入马弗炉灼烧前,要先进行炭化处理,防止在灼烧时因温度过高试样中的水分急剧蒸发使试样飞扬;防止糖、蛋白质、淀粉等易发泡膨胀的物质在高温下发泡膨胀而溢出坩埚;不经炭化而直接灰化,碳粒易被包住,灰化不完全。炭化操作一般在电炉上进行,半盖坩埚盖,小心加热使试样在通气情况下逐渐炭化,直至无黑烟产生。对特别容易膨胀的试样及鲜鱼试样上加数滴辛醇或纯植物油(起消泡作用),再进行炭化。不同样品炭化操作如下:

①含磷量较高的豆类及其制品、肉禽及其制品、蛋及其制品、水产及其制品、乳及乳制品:称取试样后,加入 1.00 mL 乙酸镁溶液(240 g/L)或 3.00 mL 乙酸镁溶液(80 g/L),使试样完全润湿。放置 10 min 后,在水浴上将水分蒸干,在电热板上以小火加热使试样充分炭化至无烟。

②淀粉类食品:将坩埚置于高温炉口或电热板上,半盖坩埚盖,小心加热使样品在通气情况下完全炭化至无烟。

③其他食品:液体和半固体试样应先在沸水浴上蒸干。固体或蒸干后的试样,先在电热板上以小火加热使试样充分炭化至无烟。

（4）灰化

炭化后,将坩埚移入已达规定温度(500~550 ℃)的马弗炉炉口,稍停片刻,再慢慢移入炉膛内,坩埚盖斜倚在坩埚口,关闭炉口,灼烧一段时间至灰中无碳粒存在。打开炉门,将坩埚移至炉口冷却至 200 ℃左右,移入干燥器中冷却至室温,准确称量,再次灼烧冷却称量直至恒重(两次称重之差不超过 0.5 mg)。不同样品灰化操作如下:

①含磷量较高的豆类及其制品、肉禽及其制品、蛋及其制品、水产及其制品、乳及乳制品炭化至无烟,然后置于高温炉中,在(550±25)℃灼烧 4 h。

②淀粉类食品完全炭化至无烟后即刻将坩埚放入高温炉内,将温度升高至(900±25)℃,保持此温度直至剩余的碳全部消失为止,一般 1 h 可灰化完毕。

③其他食品充分炭化至无烟,然后置于高温炉中,在(550±25)℃灼烧 4 h。

注:称量前如发现灼烧残渣有炭粒时,应向试样中滴入少许水湿润,使结块松散,蒸干水分再次灼烧至无炭粒即表示灰化完全,方可称量。重复灼烧至前后两次称量相差不超过 0.5 mg 为恒重。

6. 结果计算

（1）以试样质量计

①加了乙酸镁溶液的试样中灰分的含量按下式计算：

$$X_1 = \frac{m_1 - m_2 - m_0}{m_3 - m_2} \times 100$$

式中　X_1——加了乙酸镁溶液的试样中灰分的含量，g/100 g；

　　　m_1——坩埚和灰分的质量，g；

　　　m_2——坩埚的质量，g；

　　　m_3——坩埚和试样的质量，g；

　　　m_0——氧化镁（乙酸镁灼烧后生成物）的质量，g；

　　　100——单位换算系数。

②未加乙酸镁溶液的试样中灰分的含量按下式计算：

$$X_2 = \frac{m_1 - m_2}{m_3 - m_2} \times 100$$

式中　X_2——未加乙酸镁溶液的试样中灰分的含量，g/100 g；

　　　m_1——坩埚和灰分的质量，g；

　　　m_2——坩埚的质量，g；

　　　m_3——坩埚和试样的质量，g；

　　　100——单位换算系数。

（2）以干物质计

①加了乙酸镁溶液的试样中灰分的含量按下式计算：

$$X_1 = \frac{m_1 - m_2 - m_0}{(m_3 - m_2) \times \omega} \times 100$$

式中　X_1——加了乙酸镁溶液的试样中灰分的含量，g/100 g；

　　　m_1——坩埚和灰分的质量，g；

　　　m_2——坩埚的质量，g；

　　　m_3——坩埚和试样的质量，g；

　　　m_0——氧化镁（乙酸镁灼烧后生成物）的质量，g；

　　　ω——试样干物质含量（质量分数），%；

　　　100——单位换算系数。

②未加乙酸镁溶液的试样中灰分的含量按下式计算：

$$X_2 = \frac{m_1 - m_2}{(m_3 - m_2) \times \omega} \times 100$$

式中　X_2——未加乙酸镁溶液的试样中灰分的含量，g/100 g；

　　　m_1——坩埚和灰分的质量，g；

　　　m_2——坩埚的质量，g；

　　　m_3——坩埚和试样的质量，g；

　　　ω——试样干物质含量（质量分数），%；

　　　100——单位换算系数。

试样中灰分含量不低于 10 g/100 g 时,保留三位有效数字;试样中灰分含量低于 10 g/100 g 时,保留两位有效数字。

7. 精密度

在重复性条件下获得的两次独立测定结果的绝对差值不得超过算术平均值的 5%。

8. 操作条件的选择

(1)灰化容器

测定灰分通常以坩埚作为灰化容器。坩埚分为瓷坩埚、铂坩埚、石英坩埚和不锈钢坩埚等多种。其中最常用的是瓷坩埚,它的物理性质和化学性质与石英相同,具有耐高温(1 200 ℃)、内壁光滑、耐稀酸、价格低廉等优点。但其耐碱性能较差,当灰化碱性食品(如水果、蔬菜、豆类等)时,瓷坩埚内壁的釉层会部分溶解,反复多次使用后,往往难以保持恒重;另外,当温度骤变时,易发生破碎。不锈钢坩埚既抗酸又抗碱,且不昂贵,但它由铬和镍组成,是杂质的可能来源。铂坩埚耐高温(1 773 ℃),稳定性和导热良好,耐碱,耐 HF,吸湿性小且非常纯净,可能是最佳的坩埚,但对常规使用而言其价格又极其昂贵,使用不当还会腐蚀或发脆。

(2)取样量

测定灰分时,取样量的多少应根据样品种类和性状来决定,一般控制灼烧后灰分为 10 ~ 100 mg。灰分大于 10 g/100 g 的试样称取 2 ~ 3 g;灰分小于 10 g/100 g 的试样称取 3 ~ 10 g。通常情况下,乳粉、麦乳精、大豆粉、调味料、鱼类及海产品等取 1 ~ 2 g;谷类及其制品、糕点、牛乳等取 3 ~ 5 g;水果及其制品取 20 g;糖及糖制品、淀粉及制品、蜂蜜、奶油、肉制品取 5 ~ 10 g;油脂取 50 g。

(3)灰化温度

灰化温度的高低对灰分测定结果影响很大。由于各种食品中无机成分的组成、性质及含量各不相同,灰化温度也应有所不同,一般为 500 ~ 550 ℃。谷类食品、乳制品(奶油除外)、海产品、酒类灰化温度不高于 550 ℃;果蔬制品、肉制品、糖制品类灰化温度不高于 525 ℃。灰化温度太高,将引起钾、钠、氯等元素的挥发,而且磷酸盐、硅酸盐也会熔融,将炭粒包藏起来,使炭粒无法氧化。灰化温度太低,则灰化速度慢,时间长,不易灰化完全,也不利于除去过剩的碱(碱性食物)吸收的 CO_2。因此,必须根据食品的种类、测定精度的要求等因素,选择合适的灰化温度,在保证灰分完全的前提下,尽可能减少无机成分的挥发损失和缩短灰化时间。加热速度不可太快,防止急剧升温时灼热物的局部产生大量气体,造成微粒因爆燃而飞失。

(4)灰化时间

灰化时间一般以试样灼烧至灰分为白色或浅灰色、无炭粒存在并达到恒重为止。达到恒重的时间因试样的不同而异,一般需 2 ~ 5 h。某些样品即使灰化完全,残灰颜色也不一定呈白色或浅灰色。如铁含量高的样品,残灰呈褐色;锰、铜含量高的样品,残灰呈蓝绿色。有时灰分的表面呈白色,但内部仍有炭粒残留。所以,灰化的终止可以参考样品颜色,但不能以样品颜色作为最终判断依据,而是达到恒重为止。

(5)加速灰化的方法

对于一些难灰化的样品(如动物性食品,蛋白质较高的),为了缩短灰化时间,采用加速灰化过程,一般可采用以下三种方法来加速灰化。

①改变操作方法。

样品初步灼烧后取出,冷却,从坩埚边缘慢慢加入少量无离子水,使残灰充分湿润(不可直接洒在残灰上,以防残灰飞扬损失),用玻璃棒研碎,使水溶性盐类溶解,被包住的炭粒暴露出来,把玻璃棒上粘的东西用水冲进容器里,在水浴上蒸发至干涸,在 120～130 ℃ 烘箱内干燥,再灼烧至恒重。

②添加灰化助剂。

样品经初步灼烧后,放冷,加入几滴 HNO_3(1∶1)或 30% H_2O_2 等,蒸干后再灼烧至恒重,利用它们的氧化作用来加速炭粒灰化。也可加入 10% 的(NH_4)$_2CO_3$ 等疏松剂,在灼烧时分解为气体逸出,使灰分呈松散状态,促进灰化。这些物质灼烧后生成的 NO_2 和 H_2O 可完全除去,又不至于增加残留物灰分质量。

③添加惰性物质。

添加如 MgO、$CaCO_3$ 等惰性不熔物质,使碳粒不被覆盖,此法应同时做空白实验,因为它们会使残灰质量增加。

9. 注意事项

①样品炭化时要注意热源强度,防止产生大量泡沫溢出坩埚。

②使用坩埚时要注意:放入高温炉或从炉中取出时,要放在炉口停留片刻,使坩埚预热或冷却,防止因温度剧变而使坩埚破裂。从干燥器中取出冷却后的坩埚时,因内部成真空,开盖恢复常压时应让空气缓缓进入,以防止灰分飞散。

③使用过的坩埚,应把残灰及时倒掉,初步洗刷后,用粗盐酸浸泡 10～20 min,再用水冲刷干净。

④将坩埚放入马弗炉时,一定不要将坩埚盖完全盖严,否则会由于缺氧无法使有机物充分氧化。

⑤灰化后所得残渣可留作测定 Ca、P、Fe 等成分。

⑥炭化时若发生膨胀,可滴橄榄油数滴。炭化时应先用小火,避免样品溅出。

酸不溶性灰分的　　　　　　知识拓展——水分
测定(第三法)　　　　　灰分仪测定灰分含量

 **任务实施**

子任务　小麦粉中总灰分的测定

1. 任务描述

分小组完成以下任务:

①查阅小麦粉的产品质量标准和灰分的测定标准,设计小麦粉中总灰分含量的测定方案。

②准备测定小麦粉中总灰分所需试剂材料及仪器设备。

③正确对样品进行预处理。

④正确进行样品中总灰分含量的测定。

⑤记录结果并进行分析处理。

⑥依据《小麦粉》(GB/T 1355—2021),判定样品中总灰分含量是否合格。

⑦填写检测报告。

2. 检测工作准备

①查阅产品质量标准《小麦粉》(GB/T 1355—2021)和检测标准《食品安全国家标准 食品中灰分的测定》(GB 5009.4—2016),设计测定小麦粉中总灰分含量的方案。

②准备小麦粉中总灰分含量测定所需试剂材料及仪器设备。

3. 任务实施步骤

瓷坩埚的准备→样品称量→炭化→样品灼烧至恒重→数据处理与报告填写。

(1)瓷坩埚的准备

将坩埚用盐酸(1∶4)煮1~2 h,洗净晾干;所用的坩埚应做标记(用0.5%三氯化铁溶液和等量蓝墨水的混合液在坩埚外壁及盖上写上编号);置于(550±25)℃的高温炉中灼烧0.5 h;移至炉口冷却到200 ℃左右后,再移入干燥器中,冷却至室温后,准确称量;再放入高温炉内灼烧30 min,取出冷却后称量,重复灼烧至前后两次称量相差不超过0.5 mg时即为恒重。

(2)样品称量

直接称取面粉5 g(精确至0.000 1 g),将样品均匀分布在已恒重的坩埚内,不要压紧。

(3)炭化

将盛有样品的坩埚置于电热板或电炉上,半盖坩埚盖,小心加热使样品充分炭化至无烟。

(4)样品灼烧至恒重

将上述已炭化的坩埚和样品置于高温炉中,在(550±25)℃灼烧4 h。冷却到200 ℃左右取出(小心打开炉门,避免样品损失),放入干燥器,冷却30 min。称量前如发现灼烧残渣有炭粒时,应向试样中滴入少许水湿润,使结块松散,蒸干水分后再次灼烧至无炭粒即灰化完全,方可称量。重复灼烧至前后两次称量相差不超过0.5 mg时即为恒重。平行测定三次,取平均值。

(5)数据处理与报告填写

将小麦粉中总灰分测定的原始数据填入表2-12中,并填写检测报告,见表2-13。

表 2-12 小麦粉中总灰分测定的原始记录

工作任务		样品名称	
接样日期		检测日期	
检测依据			
重复次数		1	2
瓷坩埚灼烧至恒重质量 m_2/g			
坩埚+样品质量 m_3/g			
坩埚+灰分质量 m_1/g			
样品灰分含量 X/(g/100 g)			
样品灰分含量平均值 $\overline{X}$/(g/100 g)			

表 2-13　小麦粉中总灰分测定的检测报告

样品名称					
产品批号		生产日期		检测日期	
检测依据					
判定依据					
检测项目	单位		检测结果		标准要求
检测结论					
检测员			复核人		
备注					

4. 任务考核

按照表 2-14 评价工作任务完成情况。

表 2-14　任务考核评价指标

序号	工作任务	评价指标	不合格	合格	良	优
1	检测方案制订	正确选用检测标准及检测方法(5分)	0	1	3	5
		检测方案制订合理规范(5分)	0	1	3	5
2	瓷坩埚的准备	正确选择瓷坩埚,使用前清洗干净并编号(5分)	0	1	3	5
		瓷坩埚正确灼烧至恒重(10分)	0	—	—	10
3	样品称量	正确使用分析天平(预热、调平、称量、撒落、称量瓶取放、清扫等)(10分)	0	3	6	10
4	样品炭化	会正确判断样品完全炭化(5分)	0	1	3	5
5	样品灰化	正确使用高温炉(5分)	0	1	3	5
		瓷坩埚正确放置于高温炉内(5分)	0	1	3	5
6	冷却	正确使用干燥器(5分)	0	1	3	5
		正确判定干燥器中硅胶的有效性(5分)	0	1	3	5
7	样品恒重	正确判断样品恒重(10分)	0	—	—	10
8	数据处理与报告填写	原始记录及时、规范、整洁(5分)	0	2	4	5
		准确填写结果和检测报告(5分)	0	1	3	5
		数据处理准确,平行性好(5分)	0	2	4	5
		有效数字保留准确(5分)	0	—	—	5
9	其他操作	工作服整洁,及时整理、清洗、回收玻璃器皿及仪器设备(5分)	0	1	3	5
		操作时间控制在规定时间内(5分)	0	1	3	5
		符合安全规范操作(5分)	0	2	4	5
总分						

达标自测

一、单项选择题

1. 测定食品中灰分时,首先准备瓷坩埚,用盐酸(1∶4)煮 1~2 h,洗净晾干后,用( )在坩埚外壁编号。

A. 记号笔 B. $FeCl_3$ 与蓝墨水
C. 墨水 D. $MgCl_2$ 与蓝墨水

2. 以下各化合物不可能存在于灼烧残留物中的是( )。

A. 氯化钠 B. 碳酸钙 C. 蛋白质 D. 氧化铁

3. 用马弗炉灰化样品时,下面操作不正确的是( )。

A. 用坩埚盛装样品
B. 将坩埚与样品在电炉上加热炭化后放入
C. 将坩埚与坩埚盖同时放入炉中炭化
D. 关闭电源后,开启炉门,降低至室温时取出

4. 通常把食品经高温灼烧后的残留物称为( )。

A. 有效物 B. 粗灰分 C. 无机物 D. 有机物

5. 测定食品中的灰分时,不能采用的助灰化方法是( )。

A. 加过氧化氢 B. 提高灰化温度至 800 ℃
C. 加水溶解残渣后继续灰化 D. 加灰化助剂

6. 测定粗灰分时,用以下( )加速灰化的方法时需做空白实验。

A. 去离子水 B. 硝酸 C. 双氧水 D. 硝酸镁

7. 测定灰分时,应先将样品置于电炉上炭化,然后移入马弗炉中于( )中灼烧。

A. 400~500 ℃ B. 500~550 ℃ C. 600 ℃ D. 800 ℃以下

8. 对食品灰分叙述正确的是( )。

A. 灰分中无机物含量与原样品无机物含量相同
B. 灰分是指样品经高温灼烧后的残留物
C. 灰分是指食品中含有的无机成分
D. 灰分是指样品经高温灼烧完全后的残留物

9. 耐碱性好的灰化容器是( )。

A. 瓷坩埚 B. 蒸发皿 C. 石英坩埚 D. 铂坩埚

10. 正确判断灰化完全的方法是( )。

A. 一定要灰化至白色或浅灰色
B. 一定要高温炉温度达到 500~600 ℃时计算时间 5 h
C. 应根据样品的组成、性状观察残灰的颜色
D. 加入助灰剂使其达到白灰色为止

11. 富含脂肪的食品在测定灰分前应先除去脂肪的目的是( )。

A. 防止炭化时发生燃烧 B. 防止炭化不完全
C. 防止脂肪包裹碳粒 D. 防止脂肪挥发

12. 固体食品应粉碎后再进行炭化的目的是( )。

A. 使炭化过程更易进行、更安全 B. 使炭化过程中易于搅拌

C. 使炭化时燃烧完全   D. 使炭化时容易观察

13. 对水分含量较多的食品测定其灰分含量应进行的预处理是( )。

A. 稀释   B. 加助化剂   C. 干燥   D. 浓缩

14. 炭化高糖食品时,加入的消泡剂是( )。

A. 辛醇   B. 双氧化   C. 硝酸镁   D. 硫酸

15. 灼烧后的坩埚应冷却到( )以下时,再移入干燥器中。

A. 500 ℃   B. 200 ℃   C. 100 ℃   D. 室温

二、多项选择题

1. 测定食品灰分时,对较难灰化的样品可加某些助灰剂加速灰化作用,常用的助灰剂有( )。

A. 碳酸铵   B. 盐酸   C. 硝酸

D. 硫酸   E. 过氧化氢

2. 测定灰分含量使用的灰化容器主要有( )。

A. 瓷坩埚   B. 铂坩埚   C. 石英坩埚   D. 容量瓶

3. 测定灰分含量的一般操作步骤分为( )。

A. 瓷坩埚的准备   B. 样品预处理

C. 炭化   D. 灰化

4. 灰分按其溶解性分为( )。

A. 水溶性灰分   B. 水不溶性灰分

C. 酸不溶性灰分   D. 酸溶性灰分

5. 样品灰化前先炭化的目的是( )。

A. 防止在灼烧时,因温度高试样中的水分急剧蒸发使试样飞扬

B. 防止糖、蛋白质、淀粉等易发泡膨胀的物质在高温下发泡膨胀而溢出坩埚

C. 不经炭化而直接灰化,碳粒易被包住,灰化不完全

D. 加速样品灰化

三、判断题

1. 样品测定灰分时,可直接称样后把坩埚放入马弗炉中灼烧;灰化结束后,待炉温降到室温时取出坩埚。 ( )

2. 食品中待测的无机元素通常都与有机物质结合,以金属有机化合物的形式存在于食品中,故都应采用干法消化法破坏有机物,释放出被测成分。 ( )

3. 食品中的灰分含量反映了该食品中固形物含量的多少。 ( )

4. 食品中灰分的无机成分与食品中原来的无机成分并不完全相同。 ( )

5. 通常把食品经高温灼烧后的残留物称为粗灰分。 ( )

6. 测定食品中的灰分时,为了加速灰化可提高灰化温度至 800 ℃。 ( )

7. 测定灰分时,应先将样品置于电炉上炭化,然后移入马弗炉中进行灰化。 ( )

8. 水溶性灰分反映可溶性 K、Na、Ca、Mg 等的氧化物和盐类的含量。 ( )

9. 水不溶性灰分反映 Fe、Al 等氧化物,以及碱土金属的碱式磷酸盐的含量。 ( )

10. 酸不溶性灰分反映环境污染带入的泥沙以及机械物和食品中原来存在的微量 SiO_2 的含量。 ( )

任务五 食品中酸度的测定

【知识目标】

1. 了解食品中酸度的种类和作用。
2. 掌握测定食品中酸度的意义。
3. 掌握总酸度的测定方法。
4. 掌握有效酸度的测定和酸度计的使用方法。

【能力目标】

1. 能够正确使用酸度计测定 pH 值。
2. 会用酸碱滴定法测定食品的总酸度。

【素质目标】

1. 强化依标检测的职业习惯。
2. 培养求实的科学态度、严谨的工作作风,领会工匠精神。
3. 不断增强团队合作精神和集体荣誉感。

【相关标准】

《食品安全国家标准 食品酸度的测定》(GB 5009.239—2016)
《食品安全国家标准 食品中总酸的测定》(GB 12456—2021)
《食品安全国家标准 巴氏杀菌乳》(GB 19645—2010)

【案例导入】

变了味的食醋

2021 年 1 月新疆维吾尔自治区市场监督管理局发布食品安全监督抽检信息通告,通告显示新疆某实业有限公司生产的红花醋(酿造食醋)(规格:380 mL/袋,商标:××;日期:2020/04/01),总酸(以乙酸计)不符合食品安全国家标准规定,检验结果为 3.34 g/100 mL;标准值为≥3.50 g/100 mL。新疆某食品有限公司生产的高粱香醋(·酿造食醋)(规格:1.5 L/瓶;生产日期:2019/03/14)总酸(以乙酸计)不符合食品安全国家标准规定,检验结果为 2.80 g/100 mL;标准值为≥3.50 g/100 mL。

总酸是食醋的品质指标,是反映其特色的重要特征性指标之一。对酿造食醋来说,酸度越高说明发酵程度越高,食醋的酸味也就越浓,质量也就越好。根据《酿造食醋》(GB/T 18187—2000)中规定,固态发酵食醋中总酸最小限量值为 3.50 g/100 mL。总酸含量未达标的原因,可能是生产企业没有严格按照工艺条件生产酿造,或者淋醋后过量加水且出厂检验把关不严,造成产品总酸不符合标签明示要求。

对此次抽检中发现的不合格食醋,自治区市场监督管理局已责成相关地(州、市)市场监管部门立即组织开展处置工作,查清产品流向,采取下架召回不合格产品等措施控制风险;对违法违规行为,依法从严处理;及时将风险防控措施和核查处置情况向社会公示。

案例小结:食品从业人员要树立"做食品,做的是诚心和良心"的理念,要有道德底线,要有食品安全意识和社会责任感。任何时候都不能以任何理由,做出违背职业道德、有损人民健康的事情。

📖 背景知识

一、酸度的概念

1.总酸度

总酸度是指食品中所有酸性成分的总量。它包括未离解的酸的浓度和已离解的酸的浓度,其大小可通过标准碱溶液滴定来测定,总酸度也称可滴定酸度。

2.有效酸度

有效酸度是指被测溶液中氢离子的浓度,准确地说应是溶液中 H^+ 的活度,所对应的是已离解的那部分酸的浓度。有效酸度常称作酸度,用 pH 值表示。其大小可通过酸度计或 pH 试纸来测定。

3.挥发酸

挥发酸是指食品中易挥发的有机酸,如甲酸、醋酸、丁酸等简单低级脂肪酸。挥发酸可通过蒸馏法分离,再通过标准碱溶液滴定来测定。

4.牛乳酸度

牛乳有两种酸度,即外表酸度和真实酸度。

①外表酸度,又称固有酸度,是指刚挤出来的新鲜牛乳本身所具有的酸度,主要来源于鲜牛乳中酪蛋白、白蛋白、柠檬酸盐及磷酸盐等酸性成分。外表酸度在新鲜牛乳中占 0.15% ~ 0.18%(以乳酸计)。

②真实酸度,又称发酵酸度,是指牛乳放置过程中,在乳酸菌作用下乳糖发酵产生了乳酸而升高的那部分酸度。若牛乳的含酸量超过了 0.15% ~0.20%,即认为有乳酸存在。习惯上把含酸量在 0.20% 上的牛乳列为不新鲜牛乳。

外表酸度与真实酸度之和即为牛乳的总酸度(而新鲜牛奶总酸度即为外表酸度),其大小可通过标准碱溶液滴定来测定。

二、食品中酸的种类和作用

食品中酸的种类很多,可分为有机酸和无机酸两类,但主要是有机酸,而无机酸含量很少。通常有机酸部分呈游离状态、部分呈酸式盐状态存在于食品中,而无机酸呈中性盐化合物存在于食品中。食品中常见的有机酸有苹果酸、柠檬酸、酒石酸、草酸、琥珀酸、乳酸及醋酸等。这些有机酸有的是食品原料中固有的,如水果蔬菜及其制品中的有机酸;有的是在食品加工过程中添加进去的,如饮料中的有机酸;有的是在生产、加工、储存中产生的,如酸奶、食醋中的有机酸。果蔬中主要的有机酸为柠檬酸、苹果酸和酒石酸,通常也称为果酸。另外,还有少量的草酸、醋酸、苯甲酸、水杨酸、琥珀酸和延胡索酸等。果蔬中所含有机酸种类较多,但不同果蔬中所含有机酸种类也不同,见表 2-15。

表 2-15　果蔬中主要有机酸种类

果蔬	有机酸种类	果蔬	有机酸种类
苹果	苹果酸、少量柠檬酸	梅	柠檬酸、苹果酸、草酸
桃	苹果酸、柠檬酸、奎宁酸	温州蜜橘	柠檬酸、苹果酸
梨	苹果酸、柠檬酸	柠檬	柠檬酸、苹果酸
葡萄	酒石酸、苹果酸	樱桃	苹果酸
杏	柠檬酸、苹果酸	菠萝	柠檬酸、苹果酸、酒石酸
菠菜	草酸、柠檬酸、苹果酸	甘蓝	柠檬酸、苹果酸、草酸
笋	草酸、酒石酸、乳酸、柠檬酸	番茄	柠檬酸、苹果酸
甜瓜	柠檬酸	甘薯	草酸
莴苣	苹果酸、柠檬酸、草酸	芦笋	柠檬酸、苹果酸

酸类物质在食品中的作用体现在以下三个方面。一是影响食品的气味和味道,如一些具有很浓水果香味的有机酸,能够刺激食欲。二是影响食品的色泽。果蔬中所含色素的色调,与其酸度密切相关,如水果加工过程中降低 pH 值可抑制水果的酶促褐变,从而保持水果的本色。三是影响食品的稳定性,如有机酸可防止维生素 C 的氧化,提高其稳定性。

三、食品酸度的测定意义

1. 测定酸度可判断果蔬的成熟程度

不同种类的水果和蔬菜,酸的含量因成熟度、生长条件而异,一般成熟度越高,酸的含量越低。例如,测出葡萄所含的有机酸中苹果酸高于酒石酸时,说明葡萄还未成熟,因为成熟的葡萄含大量的酒石酸。又如番茄在成熟过程中,总酸度从绿熟期的 0.94% 下降到完熟期的 0.64%,同时糖的含量增加,糖酸比增大,具有良好的口感。故通过对酸度的测定可判断原料的成熟度。

2. 食品中有机酸的种类和含量是判断其质量好坏的一个重要指标

挥发酸的种类是判断某些制品腐败的标准,如某些发酵制品中有甲酸积累,则说明已发生细菌性腐败;挥发酸的含量也是评价某些制品质量好坏的指标,如水果发酵制品中含有 0.1% 以上的醋酸,则说明制品腐败;牛乳及乳制品中乳酸过高时也说明已由乳酸菌发酵而产生腐败。有效酸度也是判断食品质量的指标,如新鲜肉 pH 值为 5.7~6.2,当 pH 值大于 6.7 时,说明肉已变质。

3. 有机酸影响食品的色、香、味及稳定性

果蔬中所含色素的色调,与其酸度密切相关,在一些变色反应中,酸是起很重要作用的成分。如叶绿素在酸性条件下变成黄褐色的脱镁叶绿素,花青素于不同酸度下颜色也不相同。果实及其制品口味取决于糖和酸的种类、含量及其比例,酸度降低则甜味增加,各种水果及其制品正是因为适宜的酸味和甜味使之具有各自独特的风味。同时,水果中适量的挥发酸含量也会带给其特定的香气。另外,食品中有机酸含量高,则其 pH 值低,而 pH 值的高低对食品稳定性有一定影响,降低 pH 值能减弱微生物的抗热性和抑制其生长,所以 pH 值是果蔬罐头杀菌条件的主要依据。在水果加工中,控制介质 pH 值还可抑制水果褐变。有机酸还可以提高维生素 C 的稳定性,防止其氧化。但同时,有机酸能与 Fe、Sn 等金属反应,加快设备和容器

的腐蚀作用,影响制品的风味和色泽。

目前,国家标准对一些典型食品的酸度含量作了专门的规定,见表2-16。

表2-16　典型食品酸度含量国家标准

食品名称	国家标准	酸度要求
浓缩苹果汁(清汁)	GB/T 18963—2012	总酸(以苹果酸计)≥0.7 g/100 mL
巴氏杀菌乳	GB 19645—2010	酸度 12～18°T
啤酒(浓色啤酒、黑色啤酒)	GB/T 4927—2008	总酸≤4.0 mL/100 mL
食醋	GB 2719—2018	总酸(以乙酸计)≥3.5 g/100 mL

四、pH 计法测定生乳及乳制品、淀粉及其衍生物和粮食及制品酸度

1. 测定原理

中和试样溶液至 pH 值为 8.30 所消耗的 0.100 0 mol/L 氢氧化钠体积,经计算确定其酸度。

酚酞指示剂法
(第一法)

2. 仪器

①天平:感量为 0.001 g。

②碱式滴定管:分刻度 0.1 mL,可准确至 0.05 mL。

③pH 计:带玻璃电极和适当的参比电极。

④磁力搅拌器。

⑤高速搅拌器(如均质器)。

⑥恒温水浴锅。

3. 试剂

①氢氧化钠标准溶液(0.100 0 mol/L):称取 0.75 g 于 105～110 ℃电烘箱中干燥至恒重的工作基准试剂邻苯二甲酸氢钾,加 50 mL 无二氧化碳的水溶解,加 2 滴酚酞指示液(10 g/L),用配制好的氢氧化钠溶液滴定至溶液呈粉红色,并保持 30 s。同时做空白试验。

②氮气:纯度为 98%。

③无二氧化碳的蒸馏水:将水煮沸 15 min,逐出二氧化碳,冷却,密闭。

4. 测定步骤

(1)试样制备及称样

将样品全部移入到约两倍于样品体积的洁净干燥容器中(带密封盖),立即盖紧容器,反复旋转振荡,使样品彻底混合。在此操作过程中,应尽量避免样品暴露在空气中。称取 4 g 样品(精确到 0.01 1g)于 250 mL 锥形瓶中。用量筒量取 96 mL 约 20 ℃的无二氧化碳的蒸馏水,使样品复溶,搅拌,然后静置 20 min。

(2)pH 计的校正

①打开电源开关,指示灯亮起,预热 30 min,选择 pH 挡。

②用蒸馏水洗涤电极头,并用滤纸轻轻吸去玻璃电极上的多余水珠。在小烧杯内倒入选择好的已知 pH 值的标准缓冲溶液,将电极浸在标准缓冲溶液中。

③根据标准缓冲液的 pH 值,将量程开关拧到 0～7 或 7～14 开关。

④调节控温旋钮,使旋钮指示的温度与室温同。

⑤调节零点,使指针指在 pH=7 处。

⑥轻轻按下或稍许转动读数开关使开关卡住。调节定位旋钮,使指针恰好指在标准缓冲液的 pH 数值处。放开读数开关,重复操作,直至数值稳定为止。

⑦校正后,切勿再旋动定位旋钮,否则需重新校正。取下标准液小烧杯,用蒸馏水冲洗电极,并用滤纸吸干电极周围的水。

（3）测定

用滴定管向锥形瓶中滴加氢氧化钠标准溶液,同时用 pH 计测定待测样液的 pH 值,直到 pH 值稳定在 8.30±0.01 处 4~5 s。滴定过程中,始终用磁力搅拌器进行搅拌,同时向锥形瓶中吹氮气,防止溶液吸收空气中的二氧化碳。整个滴定过程应在 1 min 内完成。记录所用氢氧化钠溶液的体积 V_1,精确至 0.05 mL。

（4）空白滴定

用 100 mL 无二氧化碳的蒸馏水做空白实验,读取所消耗氢氧化钠标准溶液的体积 V_0。

5. 结果计算

乳粉试样中的酸度数值以(°T)表示,按下式计算:

$$X = \frac{c \times (V_1 - V_0) \times 12}{m \times (1 - \omega) \times 0.1}$$

式中　c——氢氧化钠标准溶液的浓度,mol/L;

　　　V_1——滴定时所消耗氢氧化钠标准溶液的体积,mL;

　　　V_0——空白实验所消耗氢氧化钠标准溶液的体积,mL;

　　　12——12 g 乳粉相当于 100 mL 复原乳(脱脂乳粉应为 9,脱脂乳清粉应为 7);

　　　m——称取样品的质量,g;

　　　ω——试样中水分的质量分数,g/100 g;

　　　$1-\omega$——试样中乳粉质量分数,g/100 g;

　　　0.1——酸度理论定义氢氧化钠的摩尔浓度,mol/L。

以重复性条件下获得的两次独立测定结果的算术平均值表示,结果保留三位有效数字。

注:若以乳酸含量表示样品的酸度,那么样品的乳酸含量(g/100 g)= T×0.009。T 为样品的滴定酸度(0.009 为乳酸的换算系数,即 1 mL 0.1 mol/L 的氢氧化钠标准溶液相当于 0.009 g 乳酸)。

6. 精密度

在重复性条件下获得的两次独立测定结果的绝对差值不得超过算术平均值的 10%。

7. 注意事项

①本方法适用于乳粉酸度的测定。

②新的或久置不用的玻璃电极使用前应在蒸馏水中浸泡 24 h 以上。

③空白实验所消耗的氢氧化钠的体积应不小于零,否则应重新制备和使用符合要求的蒸馏水。

④玻璃电极的玻璃球膜易损坏,操作时应特别小心。如果玻璃膜沾有油污,可先浸入乙醇,然后浸入乙醚或四氯化碳中,最后再浸入乙醇中浸泡,用蒸馏水冲洗干净。

⑤整个实验过程中所用的蒸馏水要求新煮沸并冷却。

⑥pH 计在使用前须校正。

五、酸碱指示剂滴定法测定果蔬制品、饮料、酒类和调味品中总酸

电位滴定仪法
（第三法）

1. 测定原理

根据酸碱中和原理,用碱液滴定试液中的酸,以酚酞为指示剂确定滴定终点。按碱液的消耗量计算食品中的总酸含量。

2. 仪器

①分析天平:感量 0.01 g 和 0.1 mg。

②碱式滴定管:容量 10 mL,最小刻度 0.05 mL。

③碱式滴定管:容量 25 mL,最小刻度 0.1 mL。

④水浴锅。

⑤锥形瓶:100、150、250 mL。

⑥移液管:25、50、100 mL。

⑦均质器。

⑧超声波发生器。

⑨研钵。

⑩组织捣碎机。

3. 试剂

除非另有说明,本方法所用试剂均为分析纯,水为 GB/T 6682 规定的二级水。

①乙醇(C_2H_5OH):95%。

②无二氧化碳的水:将水煮沸 15 min 以逐出二氧化碳,冷却,密闭。

③酚酞指示液(10 g/L):称取 1 g 酚酞,溶于乙醇(95%),用乙醇(95%)稀释至 100 mL。

④氢氧化钠标准滴定溶液(0.1 mol/L):按照 GB/T 5009.1 的要求配制和标定,或购买经国家认证并授予标准物质证书的标准滴定溶液。

⑤氢氧化钠标准滴定溶液(0.01 mol/L):用移液管吸取 100 mL 0.1 mol/L 氢氧化钠标准滴定溶液至容量瓶,用水稀释到 1 000 mL,现用现配,必要时重新标定。

⑥氢氧化钠标准滴定溶液(0.05 mol/L):用移液管吸取 50 mL 0.1 mol/L 氢氧化钠标准滴定溶液至容量瓶,用水稀释到 100 mL,现用现配,必要时重新标定。

4. 测定步骤

（1）试样的制备

①液体样品。

不含二氧化碳的样品:充分混合均匀,置于密闭玻璃容器内。

含二氧化碳的样品:至少取 200 g 样品(精确到 0.01 g)于 500 mL 烧杯中,在减压下摇动 3 ~ 4 min,以除去液体样品中的二氧化碳。

②固体样品。

取有代表性的样品至少 200 g(精确到 0.01 g),置于研钵或组织捣碎机中,加入与样品等量的无二氧化碳水,用研钵研碎或用组织捣碎机捣碎,混匀成浆状后置于密闭玻璃容器内。

③固液混合样品。

按样品的固、液体比例至少取 200 g(精确到 0.01 g)样品,用研钵研碎或用组织捣碎机捣碎,混匀后置于密闭玻璃容器内。

(2)待测溶液的制备

①液体样品。

称取 25 g(精确至 0.01 g)或用移液管吸取 25.0 mL 试样至 250 mL 容量瓶中,用无二氧化碳的水定容至刻度,摇匀。用快速滤纸过滤,收集滤液,用于测定。

②其他样品。

称取 25 g 试样(精确至 0.01 g),置于 150 mL 带有冷凝管的锥形瓶中,加入约 50 mL 80 ℃无二氧化碳的水,混合均匀,置于沸水浴中煮沸 30 min(摇动 2～3 次,使试样中的有机酸全部溶解于溶液中),取出,冷却至室温,用无二氧化碳的水定容至 250 mL,用快速滤纸过滤,收集滤液,用于测定。

(3)样液测定

根据试样总酸的可能含量,使用移液管吸取 25、50 或者 100 mL 试液,置于 250 mL 三角瓶中,加入 2～4 滴酚酞指示液(10 g/L),用 0.1 mol/L 氢氧化钠标准滴定溶液(若为白酒等样品,总酸不超过 4 g/kg,可用 0.01 mol/L 或 0.05 mol/L 氢氧化钠滴定溶液)滴定至微红色 30 s 不褪色。记录消耗 0.1 mol/L 氢氧化钠标准滴定溶液的体积数值。

(4)空白试验

按照步骤(3)的操作,用同体积无二氧化碳的水代替试液做空白试验,记录消耗氢氧化钠标准滴定溶液的体积数值。

5. 结果计算

总酸的含量按下式计算:

$$X = \frac{[c \times (V_1 - V_2)] \times k \times F}{m} \times 1\,000$$

式中　X——试样中总酸的含量,g/kg 或 g/L;

　　　c——氢氧化钠标准滴定溶液的浓度,mol/L;

　　　V_1——滴定试液时消耗氢氧化钠标准滴定溶液的体积,mL;

　　　V_2——空白试验时消耗氢氧化钠标准滴定溶液的体积,mL;

　　　k——酸的换算系数:苹果酸 0.067;乙酸 0.060;酒石酸 0.075;柠檬酸 0.064;柠檬酸(含一分子结晶水)0.070;乳酸 0.090;盐酸 0.036;硫酸 0.049;磷酸 0.049;

　　　F——试液的稀释倍数;

　　　m——试样的质量,g,或吸取试样的体积,mL;

　　　1 000——换算系数。

计算结果以重复性条件下获得的两次独立测定结果的算术平均值表示,结果保留到小数点后两位。

6. 精密度

在重复性条件下获得的两次独立测定结果的绝对差值不得超过算术平均值的 10%。

7. 注意事项

①本方法适用于果蔬制品、饮料(澄清透明类)、白酒、米酒、白葡萄酒、啤酒和白醋中总

酸的测定。对含有 CO_2 的饮料等样品,在测定前须先除去 CO_2,以防干扰。

②试液稀释的用水量应根据样品中总酸含量来慎重选择。为使误差不超过允许范围,一般要求滴定时消耗 0.1 mol/L NaOH 标准溶液不得少于 5 mL,最好在 10 ~ 15 mL。

③样品浸渍、稀释用蒸馏水不能含有 CO_2,因为 CO_2 溶于水会生成酸性的 H_2CO_3,影响滴定终点时酚酞颜色变化。

④若样液有颜色(如带色果汁等),则在滴定前用与样液同体积的不含 CO_2 的蒸馏水稀释或用活性炭脱色。若样液颜色过深或浑浊,则宜用电位滴定法。

⑤各类食品的酸度都以主要酸表示,但是有些食品(如乳品、面包等)也可用中和 100 g(mL)样品所需 0.1 mol/L(乳品)或 1 mol/L(面包)NaOH 溶液毫升数表示,符号为°T。鲜牛乳的酸度为 12 ~ 18°T,面包酸度一般低于 6°T。

⑥若样品酸度较低,可使用 0.01 mol/L 或 0.05 mol/L NaOH 标准溶液进行滴定。

自动电位滴定法　　　　知识拓展——饮食酸碱度
（第三法）　　　　　不以口味的酸和涩来区分

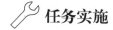 **任务实施**

子任务　牛乳酸度的测定——酚酞指示剂法

1. 任务描述

分小组完成以下任务:

①查阅牛乳的产品质量标准和酸度的测定标准,设计酚酞指示剂法测定牛乳酸度的方案。

②准备酚酞指示剂法测定牛乳酸度所需试剂材料及仪器设备。

③正确对样品进行预处理。

④正确进行样品中酸度的测定。

⑤记录结果并进行分析处理。

⑥依据《食品安全国家标准 巴氏杀菌乳》(GB 19645—2010),判定样品中酸度是否合格。

⑦填写检测报告。

2. 检测工作准备

①查阅产品质量标准《食品安全国家标准 巴氏杀菌乳》(GB 19645—2010)和检测标准《食品安全国家标准 食品酸度的测定》(GB 5009.239—2016),设计酚酞指示剂法测定牛乳酸度的方案。

②准备牛乳酸度测定所需试剂材料及仪器设备。

3. 任务实施步骤

氢氧化钠标准滴定溶液的配制→氢氧化钠标准滴定溶液的标定→制备参比溶液→样品测定→数据处理与报告填写。

(1)氢氧化钠标准滴定溶液的配制(粗配)

①方法一:称取 110 g 氢氧化钠,溶于 100 mL 无二氧化碳的蒸馏水中,摇匀,注入聚乙烯

容器中,密闭放置至溶液清亮。用塑料管量取上层清液 5.4 mL,用无二氧化碳的蒸馏水稀释至 1 000 mL,摇匀。

②方法二:称取 5.5 g 氢氧化钠,粗配成 1 000 mL 溶液,待标定。

（2）氢氧化钠标准滴定溶液的标定

称取 0.75 g 干燥至恒重的工作基准试剂邻苯二甲酸氢钾于 150 mL 锥形瓶中,加 50 mL 无二氧化碳的蒸馏水溶解,加 2 滴酚酞指示剂,用配制好的氢氧化钠溶液滴定至溶液呈粉红色,并保持 30 s 不褪色,记录滴定液的用量 V_1,同时做空白试验,记录滴定液的用量 V_0。平行测定两次,取平均值。

（3）制备参比溶液

向装有等体积相应溶液的锥形瓶中加入 2.0 mL 参比溶液,轻轻转动,使之混合,得到标准参比颜色。如果要测定多个相似的产品,则此参比溶液可用于整个测定过程,但时间不得超过 2 h。

（4）样品测定

称取 10 g(精确到 0.001 g)已混匀的牛乳试样,置于 150 mL 锥形瓶中,加 20 mL 新煮沸冷却至室温的水,混匀,加入 2.0 mL 酚酞指示液,混匀后用氢氧化钠标准溶液滴定(标准溶液稀释 10 倍),观察颜色变化,对照参比溶液。直到颜色与参比溶液的颜色相似,且 5 s 内不消退,即滴定完成。整个滴定过程应在 45 s 内完成。滴定过程中,向锥形瓶中吹氮气,防止溶液吸收空气中的二氧化碳。记录消耗的氢氧化钠标准滴定溶液体积 V_3,同时做空白试验,记录标准滴定溶液体积 V_2。

（5）数据处理与报告填写

将牛乳酸度测定的原始数据填入表 2-17 中,并填写检测报告,见表 2-18。

表 2-17　牛乳酸度测定的原始记录

工作任务		样品名称	
接样日期		检测日期	
检测依据			
邻苯二甲酸氢钾的质量 m/g			
标定消耗氢氧化钠体积 V_1/mL			
标定时空白消耗氢氧化钠体积 V_0/mL			
氢氧化钠标准溶液的浓度 c/(mol·L^{-1})			
氢氧化钠标准溶液浓度的平均值 $\overline{c}$/(mol·L^{-1})			
样品称量质量 m_1/g			
样品消耗氢氧化钠体积 V_3/mL			
样品空白消耗氢氧化钠体积 V_2/mL			
样品酸度 X/(°T)			
样品酸度平均值 $\overline{X}$/(°T)			

表 2-18　牛乳酸度测定的检测报告

样品名称					
产品批号		生产日期		检测日期	
检测依据					
判定依据					
检测项目	单位	检测结果		标准要求	
检测结论					
检测员		复核人			
备注					

4. 任务考核

按照表 2-19 评价工作任务完成情况。

表 2-19　任务考核评价指标

序号	工作任务	评价指标	不合格	合格	良	优
1	检测方案制订	正确选用检测标准及检测方法(5分)	0	1	3	5
		检测方案制订合理规范(5分)	0	1	3	5
2	氢氧化钠标准溶液的标定	正确进行标定操作(10分)	0	3	6	10
3	参比溶液的制备	正确制备参比溶液(10分)	0	—	—	10
4	样品称量	正确使用分析天平(预热、调平、称量、撒落、样品取放、清扫等)(10分)	0	3	6	10
5	样品滴定	规范使用移液管(10分)	0	3	6	10
		正确使用滴定管(10分)	0	3	6	10
6	空白滴定	正确进行空白滴定(5分)	0	1	3	5
7	数据处理与报告填写	原始记录及时、规范、整洁(5分)	0	2	4	5
		准确填写结果和检测报告(5分)	0	1	3	5
		数据处理准确,平行性好(5分)	0	2	4	5
		有效数字保留准确(5分)	0	—	—	5
8	其他操作	工作服整洁,及时整理、清洗、回收玻璃器皿及仪器设备(5分)	0	1	3	5
		操作时间控制在规定时间内(5分)	0	1	3	5
		符合安全规范操作(5分)	0	2	4	5
总分						

达标自测

一、单项选择题

1. 乳粉酸度测定终点判定正确的是(   )。
A. 显微红色,0.5 min 内不褪色
B. 显微红色,2 min 内不褪色
C. 显微红色,1 min 内不褪色
D. 显微红色,不褪色

2. 食品中常见的有机酸很多,通常将柠檬酸、苹果酸以及(   )这类在大多数果蔬中都存在的有机酸称为果酸。
A. 苯甲酸
B. 酒石酸
C. 醋酸
D. 山梨酸

3. pH 计法测饮料的有效酸度是以(   )来判定终点的。
A. pH:7.0
B. pH:8.20
C. 电位突跃
D. 指示剂变色

4. 测定水的酸度时,把水样煮沸,除去溶于水中的二氧化碳,以酚酞作指示剂,测得的酸度称为(   )。
A. 总酸度
B. 酚酞酸度
C. 煮沸温度的酚酞酸度
D. 甲基橙酸度

5. 标定 NaOH 标准溶液所用的基准物是(   )。
A. 草酸
B. NaCl
C. 碳酸钠
D. 邻苯二甲酸氢钾

6. 使用甘汞电极时,应(   )。
A. 把橡皮帽拔出,将其浸没在样液中
B. 不要把橡皮帽拔出,将其浸没在样液中
C. 把橡皮帽拔出,电极浸入样液时使电极内的溶液液面高于被测样液的液面
D. 把橡皮帽拔出后,再将陶瓷砂芯拔出,浸入样液中

7. 有效酸度是指(   )。
A. 用酸度计测出的 pH 值
B. 被测溶液中氢离子总浓度
C. 挥发酸和不挥发酸的总和
D. 样品中未离解的酸和已离解的酸的总和

8. 测定葡萄的总酸度,其测定结果一般以(   )表示。
A. 柠檬酸
B. 苹果酸
C. 酒石酸
D. 乙酸

9. 有机酸的存在影响罐头食品的风味和色泽,主要是因为在金属制品中存在(   )。
A. 有机酸与 Fe、Sn 的反应
B. 有机酸与无机酸的反应
C. 有机酸与香料的反应
D. 有机酸引起的微生物的繁殖

10. 在用标准碱滴定测定含色素的饮料的总酸度前,首先应加入(   )进行脱色处理。
A. 活性炭
B. 硅胶
C. 高岭土
D. 明矾

二、多项选择题

1. 下列说法不正确的是(   )。
A. 酸度就是 pH
B. 酸度就是酸的浓度
C. 酸度和酸的浓度不是一个概念
D. 酸度可以用 pH 值来表示

2.测定食品酸度时,消除二氧化碳的目的及方法是(　　)。

A.稀释用的蒸馏水中不含 CO_2,因为它溶于水生成酸性的 H_2CO_3,影响滴定终点时酚酞的颜色变化,一般的做法是分析前将蒸馏水煮沸并迅速冷却,以除去水中的 CO_2

B.样品中若含有 CO_2 也有影响,所以对含有 CO_2 的饮料样品,在测定前将样品于 45 ℃水浴上加热 30 min,除去二氧化碳,冷却后备用

C.影响测定结果,所以要消除

D.使结合态的挥发酸游离出来

3.常用的酸度计 pH 值校正液有(　　)。

A.邻苯二甲酸氢钾(pH 值:4.01)　　　　　B.磷酸二氢钾(pH 值:6.86)

C.硼砂(pH 值:9.18)　　　　　　　　　　D.蒸馏水

4.食品中的总酸度测定,一般以食品中具有代表性的酸的含量来表示。牛乳酸度以(　　)表示,蔬菜类以(　　)表示,苹果类以(　　)表示,葡萄类以(　　)表示。

A.乳酸　　　　　　　　B.酒石酸　　　　　　　C.草酸

D.苹果酸　　　　　　　E.柠檬酸

5.食品的酸度通常用(　　)来表示。

A.总酸(滴定酸度)　　　　　　　　　　　B.挥发酸度

C.有效酸度　　　　　　　　　　　　　　D.外表酸度

三、判断题

1.酸的强度和酸味的强度是一致的。　　　　　　　　　　　　　　　　　(　　)

2.食品中总酸度常用 pH 计测定。　　　　　　　　　　　　　　　　　　(　　)

3.测定挥发酸含量时,通常通过水蒸气蒸馏把挥发酸分离出来,再用标准碱液滴定。

(　　)

4.浑浊和色深的样品,其有效酸度可用电位法进行测定。　　　　　　　　(　　)

5.挥发酸不包括可用水蒸气蒸馏的乳酸、二氧化碳、二氧化硫等。　　　　(　　)

6.在酸性溶液中 H^+ 浓度就等于酸的浓度。　　　　　　　　　　　　　　(　　)

7.配制 NaOH 标准溶液时,所采用的蒸馏水应为去 CO_2 的蒸馏水。　　　(　　)

8.pH 计测定 pH 值时,用标准 pH 溶液校正仪器,是为了消除温度对测量结果的影响。

(　　)

9.鱼肉中含有大量的脂肪酸,牛乳中脂肪含量也不低,因此测定鱼肉、牛乳中酸度时常以脂肪酸含量表示。　　　　　　　　　　　　　　　　　　　　　　　　　　(　　)

10.有效酸度是指被测溶液中 H^+ 的浓度,准确地说应是溶液中 H^+ 的活度,所反映的是已离解的酸的浓度,其大小可用酸度计来测定。　　　　　　　　　　　　　　(　　)

11.牛乳酸度是指牛乳外表酸度与真实酸度之和,其大小可用标准碱溶液滴定来测定。

(　　)

任务六 食品中脂肪的测定

【知识目标】

1. 了解各类脂肪测定方法的适用范围和原理。
2. 了解测定食品中脂肪的意义。
3. 掌握各类脂肪测定方法的操作步骤。
4. 掌握石油醚、乙醚等有机溶剂的安全使用方法。

【能力目标】

1. 能够正确安装索氏抽提器并了解其操作技能。
2. 会进行有机溶剂的回收。
3. 能根据食品的性质选择合适的脂肪含量测定方法。
4. 会使用索氏提取法、酸水解法等测定食品中的脂肪含量,并能利用该类食品的标准对食品的品质进行判定。

【素质目标】

1. 具有实验室安全操作和规范操作意识。
2. 提高严谨细致、实事求是的意识。
3. 不断提高团队合作能力和沟通能力。

【相关标准】

《食品安全国家标准 食品中脂肪的测定》(GB 5009.6—2016)
《大豆》(GB 1352—2009)

【案例导入】

脂肪不达标乳制品

2021 年 12 月 10 日,四川省市场监督管理局发布《关于 25 批次食品抽检不合格情况的通告(2021 年第 51 号)》,本次通告中涉及 1 批次高钙酸羊奶脂肪含量不达标。脂肪是体内重要的储能和供能物质。脂肪可以构成人体成分,提供和储存能量;可以促进脂溶性维生素的吸收;还能够维持体温、保护脏器。《食品安全国家标准 调制乳》(GB 25191—2010)中规定脂肪在调制乳(全脂产品)中的含量不低于 2.5 g/100 g。对此次抽检中发现的不合格食品,四川省市场监督管理局已责成德阳市市场监督管理局立即组织开展核查处置,督促食品生产企业查清产品流向,采取下架召回不合格产品等措施控制风险;对违法违规行为,依法从严处理;及时将企业采取的风险防控措施和核查处置情况向社会公开。乳制品中脂肪含量不达标的原因,可能是生产企业对原料质量控制不严格,也可能是生产企业未按照产品配方标准生产。

案例小结:食品生产企业要具有良好的职业道德,对产品生产过程认真负责,重视质量,在产品的销售过程中诚信经营,不弄虚作假,时时刻刻把"全心全意为人民服务"的道德精神深深根植于自己心中,唯有加强自身道德约束和增强社会责任感,才能在激烈的市场竞争中立足,才能真正解决我国目前的食品安全问题。

背景知识

一、食品中脂肪的存在形式

食品中脂肪的存在形式有游离态,如动物性脂肪及植物性油脂;食品中也有结合态的脂肪,如天然存在的磷脂、糖脂、脂蛋白及某些加工品(如焙烤食品及麦乳精等)中的脂肪,与蛋白质或碳水化合物形成结合态。对大多数食品来说,游离态脂肪是主要的,结合态脂肪则含量较少。

二、脂肪提取剂的选择

脂肪不溶于水,易溶于有机溶剂。测定脂肪大多采用低沸点的有机溶剂萃取的方法。常用的溶剂有乙醚、石油醚、氯仿-甲醇混合溶剂等。

1. 乙醚

乙醚溶解脂肪的能力强,应用最多。但它沸点低(34.6 ℃),易燃,且可饱和约2%的水分,含水乙醚会同时抽出糖分等非脂成分,所以在使用时,必须采用无水乙醚作提取剂,且要求样品无水分。

2. 石油醚

石油醚沸点比乙醚高,不太易燃;溶解脂肪能力比乙醚弱;吸收水分比乙醚少,允许样品含微量的水分。

3. 氯仿-甲醇

氯仿-甲醇是另一种有效的溶剂,对脂蛋白、磷脂的提取效率较高,特别适用于水产品、家禽、蛋制品等食品脂肪的提取。

食品中的游离脂肪一般都是直接被乙醚、石油醚等有机溶剂抽提,而结合态脂肪不能直接被乙醚、石油醚提取,需在一定条件下进行水解等处理,使之转变为游离脂肪后方能提取。

三、脂肪测定的意义

脂肪含量是一项重要的控制指标,典型食品脂肪含量国家标准见表2-20。

食品中适量的脂类有利于人体健康,除了供给机体能量,还能提供人体必需的脂肪酸(亚油酸、亚麻酸);作为脂溶性维生素的良好溶剂,可促进它们的吸收;可与蛋白质结合成脂蛋白,调节人体生理功能。但摄入过多含脂食品,会对健康产生不利影响,如过量摄入动物的内脏,会导致体内胆固醇增高,从而导致心血管疾病的发生。

脂类在食品加工、储藏过程中的变化对其营养价值的影响已日益受到人们的重视。脂类含量和种类对食品的风味、组织结构、品质、外观、口感等都有直接的影响。例如,蔬菜本身的脂肪含量较低,在生产蔬菜罐头时,添加适量的脂肪可以改善产品的风味,对面包之类的焙烤食品,脂肪含量特别是卵磷脂等成分,对面包心的柔软度、面包的体积及其结构都有影响。

脂类在食品加工、储藏过程中还可能发生水解、氧化、分解、聚合或其他降解作用,引起食品变质。

因此,测定食品中的脂类,不但可以用来评价食品的品质,衡量食品的营养价值,而且对实行工艺监督、生产过程的质量管理、研究食品的储藏方式是否恰当等方面都有重要的意义。

表 2-20　典型食品脂肪含量国家标准

食品名称	国家标准	脂肪含量(g/100 g)
灭菌乳	GB 25190—2010	≥3.1
广式月饼(蛋黄类)	GB/T 19855—2015	≤30
午餐肉罐头(优级品、合格品)	GB/T 13213—2017	≤24.0,≤26.0
火腿肠	GB/T 20712—2006	6 ~ 16
肉松	GB/T 23968—2009	≤10
乳粉	GB 19644—2010	≥26.0

四、脂肪测定的方法

不同种类的食品,由于其中脂肪含量及存在形式不同,因此,测定脂肪的方法也就不同。常用的测定脂肪的方法有索氏抽提法、酸水解法、碱水解法、盖勃氏法等。

1.索氏抽提法(第一法)

(1)测定原理

脂肪易溶于有机溶剂。试样直接用无水乙醚或石油醚等溶剂抽提后,蒸发除去溶剂,干燥,得到游离态脂肪的含量。

(2)仪器

①索氏抽提器(图 2-8)。

②恒温水浴锅。

③分析天平:感量 0.001 g 和 0.000 1 g。

④电热鼓风干燥箱。

⑤干燥器:内装有效干燥剂,如硅胶。

⑥滤纸筒。

⑦蒸发皿。

(3)试剂

①无水乙醚($C_4H_{10}O$)。

②石油醚(C_nH_{2n+2}):石油醚沸程为 30 ~ 60 ℃。

(4)材料

①石英砂。

②脱脂棉。

(5)安全提醒

①乙醚沸点低、易燃,在操作时应注意防火。乙醚在使用过程中,室内应保持良好的通风状态,仪器周围不能有明火,以防止空气中乙醚蒸气引起着火或爆炸。

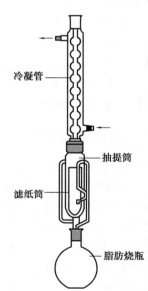

冷凝管

抽提筒

滤纸筒

脂肪烧瓶

图 2-8　索氏抽提器

②回收仪器后,接收瓶内剩下的乙醚必须在水浴上彻底挥发干净,否则放入烘箱后会有发生爆炸的危险。

(6)测定步骤

①滤纸筒的制备。

将滤纸裁成合适大小,以直径为2.0 cm的大试管为模型,将滤纸紧靠试管壁卷成圆筒形,把底端封口,内放一小片脱脂棉,用白细线扎好定型,在100～105 ℃烘箱中烘至恒量(直至两次称量的差不超过2 mg),置于干燥器中备用。

②试样处理。

a. 固体试样:称取充分混匀后的试样2～5 g,准确至0.001 g,全部移入滤纸筒内。

b. 液体或半固体试样:称取混匀后的试样5～10 g,准确至0.001 g,置于蒸发皿中,加入约20 g石英砂,于沸水浴上蒸干后,在电热鼓风干燥箱中于(100±5)℃干燥30 min后,取出,研细,全部移入滤纸筒内。蒸发皿及粘有试样的玻璃棒,均用沾有乙醚的脱脂棉擦净,并将棉花放入滤纸筒内。

③抽提。

将滤纸筒放入索氏抽提器的抽提筒内,连接已干燥至恒重的接收瓶,由抽提器冷凝管上端加入无水乙醚或石油醚至瓶内容积的2/3处,于水浴上加热,使无水乙醚或石油醚不断回流抽提(6～8次/h),一般抽提6～10 h。提取结束时,用磨砂玻璃棒接取1滴提取液,磨砂玻璃棒上无油斑表明提取完毕。

④称量。

取下接收瓶,回收无水乙醚或石油醚,待接收瓶内溶剂剩余1～2 mL时在水浴上蒸干,再于(100±5)℃干燥1 h,放干燥器内冷却0.5 h后称量。重复以上操作直至恒重(直至两次称量的差不超过2 mg)。

(7)结果计算

试样中脂肪的含量按下式计算:

$$X = \frac{m_1 - m_0}{m_2} \times 100$$

式中　X——试样中脂肪的含量,g/100 g;

m_1——恒重后接收瓶和脂肪的含量,g;

m_0——接收瓶的质量,g;

m_2——试样的质量,g;

100——单位换算系数。

计算结果表示到小数点后一位。

(8)精密度

在重复性条件下获得的两次独立测定结果的绝对差值不得超过算术平均值的10%。

(9)注意事项

①索氏抽提法属于经典方法,对大多数样品,测定结果比较可靠,但操作时间长,溶剂消耗量大,适用于游离态脂类含量较高,结合态脂类含量较少,并能烘干磨细,不易吸湿结块的样品的测定。该方法不适用于乳及乳制品的测定。

②样品应干燥后研细,装样品的滤纸筒一定要紧密,不能往外涌样品,否则需重做。放入

滤纸筒的高度不能超过虹吸管,否则,乙醚不能完全浸透样品,使脂肪不能全部提出,引起误差。

③提取时水浴温度不能太高,一般使乙醚刚开始沸腾即可(约 45 ℃),回流速度控制以 8 ~ 12 次/h 为宜。

④乙醚可饱和 2% 的水分,含水乙醚会同时抽出糖分等非脂成分,因此,在实际使用时,必须采用无水乙醚作提取剂,被测样品也必须事先烘干。

⑤冷凝管上端最好连接一个氯化钙干燥管,可以防止空气中水分进入,还可以避免乙醚挥发在空气中,减少实验室环境空气的污染。如无此装置,也可塞一团干脱脂棉球。

⑥抽提是否完全,可用滤纸(或毛玻璃)检查,由抽提管下口滴下的乙醚滴在滤纸(或毛玻璃)上,挥发后不留下油迹,即表明已抽提完全。

⑦提取后在接收瓶烘干称量的过程中,反复加热会因脂类氧化而增重,此时以增重前一次的质量作为恒重质量。为避免脂肪氧化造成误差,对富含脂肪的食品,应在真空干燥箱中干燥。

2. 酸水解法(第二法)

(1)测定原理

食品中的结合态脂肪必须用强酸使其游离出来,游离出的脂肪易溶于有机溶剂。试样经盐酸水解后用无水乙醚或石油醚提取,除去溶剂即得游离态和结合态脂肪的总含量。

(2)仪器

①恒温水浴锅。

②电热板:满足 200 ℃ 高温。

③锥形瓶。

④分析天平:感量为 0.1 g 和 0.001 g。

⑤电热鼓风干燥箱。

(3)试剂

①盐酸溶液(2 mol/L):量取 50 mL 盐酸,加入 250 mL 水中,混匀。

②碘液(0.05 mol/L):称取 6.5 g 碘和 25 g 碘化钾于少量水中溶解,稀释至 1L。

③乙醇(C_2H_5OH)。

④无水乙醚($C_4H_{10}O$)。

⑤石油醚(C_nH_{2n+2}):沸程为 30 ~ 60 ℃。

(4)材料

①蓝色石蕊试纸。

②脱脂棉。

③中速滤纸。

(5)测定步骤

①试样酸水解。

a. 肉制品:称取混匀后的试样 3 ~ 5 g,准确至 0.001 g,置于锥形瓶(250 mL)中,加入 50 mL 2 mol/L 盐酸溶液和数粒玻璃细珠,盖上表面皿,于电热板上加热至微沸,保持 1 h,每 10 min 旋转摇动 1 次。取下锥形瓶,加入 150 mL 热水,混匀,过滤。锥形瓶和表面皿用热水洗净,热水一并过滤。沉淀用热水洗至中性(用蓝色石蕊试纸检验,中性时试纸不变色)。将沉淀和滤纸置于大表面皿上,于(100±5)℃干燥箱内干燥 1 h,冷却。

b. 淀粉:根据总脂肪含量的估计值,称取混匀后的试样 25～50 g,准确至 0.1 g,倒入烧杯并加入 100 mL 水。将 100 mL 盐酸缓慢加到 200 mL 水中,并将该溶液在电热板上煮沸后加入样品液中,加热此混合液至沸腾并维持 5 min,停止加热后,取几滴混合液于试管中,待冷却后加入 1 滴碘液,若无蓝色出现,可进行下一步操作。若出现蓝色,应继续煮沸混合液,并用上述方法不断地进行检查,直至确定混合液中不含淀粉为止,再进行下一步操作。

将盛有混合液的烧杯置于水浴锅(70～80 ℃)中 30 min,不停地搅拌,以确保温度均匀,使脂肪析出。用滤纸过滤冷却后的混合液,并用干滤纸片取出黏附于烧杯内壁的脂肪。为确保定量的准确性,应将冲洗烧杯的水进行过滤。在室温下用水冲洗沉淀和干滤纸片,直至滤液用蓝色石蕊试纸检验不变色。将含有沉淀的滤纸和干滤纸片折叠后,放置于大表面皿上,在(100±5)℃的电热恒温干燥箱内干燥 1 h。

c. 其他食品:

固体试样:称取 2～5 g 样品,准确至 0.001 g,置于 50 mL 试管内,加入 8 mL 水,混匀后再加 10 mL 盐酸。将试管放入 70～80 ℃ 水浴中,每隔 5～10 min 以玻璃棒搅拌 1 次,至试样消化完全为止,40～50 min。

液体试样:称取约 10 g 样品,准确至 0.001 g,置于 50 mL 试管内,加 10 mL 盐酸。将试管放入 70～80 ℃ 水浴中,每隔 5～10 min 以玻璃棒搅拌 1 次,至试样消化完全为止,40～50 min。

②抽提。

a. 肉制品、淀粉:将干燥后的试样装入滤纸筒内,连接已干燥至恒重的接收瓶,由抽提器冷凝管上端加入无水乙醚或石油醚至瓶内容积的 2/3 处,于水浴上加热,使无水乙醚或石油醚不断回流抽提(6～8 次/h),一般抽提 6～10 h。提取结束时,用磨砂玻璃棒接取 1 滴提取液,磨砂玻璃棒上无油斑表明提取完毕。

b. 其他食品:取出试管,加入 10 mL 乙醇,混合。冷却后将混合物移入 100 mL 具塞量筒中,以 25 mL 无水乙醚分数次洗试管,一并倒入量筒中。待无水乙醚全部倒入量筒后,加塞振摇 1 min,小心开塞,放出气体,再塞好,静置 12 min,小心开塞,并用乙醚冲洗塞及量筒口附着的脂肪。静置 10～20 min,待上部液体清晰,吸出上清液于已恒重的锥形瓶内,再加 5 mL 无水乙醚于具塞量筒内,振摇,静置后,仍将上层乙醚吸出,放入原锥形瓶内。

③称量。

取下接收瓶,回收无水乙醚或石油醚,待接收瓶内溶剂剩余 1～2 mL 时在水浴上蒸干,再于(100±5)℃干燥 1 h,放干燥器内冷却 0.5 h 后称量。重复以上操作直至恒重(直至两次称量的差不超过 2 mg)。

(6)结果计算

试样中脂肪的含量按下式计算:

$$X = \frac{m_1 - m_0}{m_2} \times 100$$

式中　X——试样中脂肪的含量,g/100 g;

m_1——恒重后接收瓶和脂肪的含量,g;

m_0——接收瓶的质量,g;

m_2——试样的质量,g;

100——单位换算系数。

计算结果表示到小数点后一位。

(7)精密度

在重复性条件下获得的两次独立测定结果的绝对差值不得超过算术平均值的10%。

(8)注意事项

①本法适用于水果、蔬菜及其制品、粮食及粮食制品、肉及肉制品、蛋及蛋制品、水产及其制品、焙烤食品、糖果等食品中游离态脂肪及结合态脂肪总量的测定。

②固体样品必须充分研磨,液体样品必须充分混匀,以便水解充分。

③水解后加入乙醇的作用是使蛋白质沉淀,降低表面张力,促进脂肪球聚合,还可以使碳水化合物、有机酸等溶解。

④用乙醚提取脂肪时,因乙醇可溶于乙醚,故需要加入石油醚,以降低乙醇在乙醚中的溶解度,使乙醇溶解物残留在水层,使分层清晰。

⑤挥干溶剂后,残留物中如果有黑色焦油状杂质,是分解物与水一同混入所致,会导致测定结果偏大,造成误差。可用等量的乙醚及石油醚溶解后过滤,再次进行挥干溶剂的操作。

知识拓展——脂肪与健康　　　盖勃法(第四法)

🔧 任务实施

子任务　大豆中粗脂肪的测定——索氏抽提法

1. 任务描述

分小组完成以下任务:

①查阅大豆的产品质量标准和脂肪的测定标准,设计索氏抽提法测定大豆粗脂肪的方案。

②准备索氏抽提法测定大豆脂肪所需试剂材料及仪器设备。

③正确对样品进行预处理。

④正确进行样品中脂肪的测定。

⑤记录结果并进行分析处理。

⑥依据《大豆》(GB 1352—2009)判定样品中脂肪含量是否合格。

⑦填写检测报告。

2. 检测工作准备

①查阅产品质量标准《大豆》(GB 1352—2009)和检测标准《食品安全国家标准 食品中脂肪的测定》(GB 5009.6—2016),设计索氏抽提法测定大豆脂肪含量的方案。

②准备大豆脂肪含量测定所需试剂材料及仪器设备。

3.任务实施步骤

步骤:滤纸筒的制备→接收瓶干燥至恒重→试样的制备→抽提→回收溶剂→干燥至恒重→数据处理与报告填写。

（1）滤纸筒的制备

将滤纸裁成合适大小,以直径为 2.0 cm 的大试管为模型,将滤纸紧靠试管壁卷成圆筒形,把底端封口,内放一小片脱脂棉,用白细线扎好定型,在 100～105 ℃ 烘箱中烘至恒量（直至两次称量的差不超过 2 mg）,置于干燥器中备用。

（2）接收瓶干燥至恒重

取洁净的接收瓶,置于 100～105 ℃ 干燥箱中加热 1 h,取出,置干燥器内冷却 0.5 h,称量,并重复干燥至前后两次质量之差不超过 2 mg,即为恒重。

（3）试样的制备

大豆试样用粉碎机粉碎过 40 目筛,在滤纸筒内精密称取 2.000～5.000 g,试样上放一层脱脂棉（必要时拌以海砂）,并将筒的顶端纸边折入筒内,使整个滤纸筒高约 4 cm。

（4）抽提

将滤纸筒装入索氏抽提器的抽提筒内,连接用无水乙醚洗涤过并烘干称重的接收瓶,安装冷凝器,并在冷凝器上口放一漏斗,将无水乙醚经漏斗倒入抽提器中至接收瓶容积的 2/3 处。于水浴上加热,使乙醚的回流速度为 6～8 次/h 为宜,一般抽提 6～10 h（若乙醚不够时,可自冷凝器上端补充）。抽提完,当乙醚刚发生虹吸,即停止加热,取下冷凝器,夹出滤纸筒,再装上冷凝器继续循环蒸馏一次,以洗净抽提筒。继续蒸馏,待抽提筒中乙醚即将回入接收瓶中,立即停止蒸馏。

（5）回收溶剂

取下接收瓶,回收无水乙醚,直至接收瓶中剩 1～2 mL 乙醚时,在水浴上使乙醚完全蒸干。

（6）干燥至恒重

将蒸发后的接收瓶外壁所附的水滴用干布擦干,置烘箱中在（100±5）℃ 干燥约 1 h,放干燥器中冷却 30 min 后称重,并重复干燥至恒重（直至两次称量的差不超过 2 mg）。干燥至恒重的重复操作中,重量本应减轻,但由于被抽提的脂肪氧化反而会再度增重,因此在重量再度增加之前的称量值即可作为恒重值。

（7）数据处理与报告填写

将大豆脂肪含量测定的原始数据填入表 2-21 中,并填写检测报告,见表 2-22。

表 2-21　大豆脂肪含量测定的原始记录

工作任务		样品名称	
接样日期		检测日期	
检测依据			
称样量 m/g			
接收瓶质量 m_0/g			
恒重后接收瓶和脂肪 m_1/g			
样品脂肪含量 X/（g/100 g）			
样品脂肪含量平均值 $\overline{X}$/（g/100 g）			

表 2-22　大豆脂肪含量测定的检测报告

样品名称					
产品批号		生产日期		检测日期	
检测依据					
判定依据					
检测项目	单位		检测结果		标准要求
检测结论					
检测员			复核人		
备注					

4. 任务考核

按照表 2-23 评价工作任务完成情况。

表 2-23　任务考核评价指标

序号	工作任务	评价指标	不合格	合格	良	优
1	检测方案制订	正确选用检测标准及检测方法(5分)	0	1	3	5
		检测方案制订合理规范(5分)	0	1	3	5
2	接收瓶干燥	接收瓶正确烘干至恒重(5分)	0	—	—	5
3	样品称量	正确使用分析天平(预热、调平、称量、撒落、清扫等)(10分)	0	3	6	10
4	抽提	正确使用水浴锅进行水浴加热(5分)	0	2	4	5
		正确加入乙醚提取剂(5分)	0	1	3	5
		正确进行虹吸操作,控制回流速度(5分)	0	—	—	5
		正确判断抽提是否完全(5分)	0	—	—	5
5	回收溶剂	正确回收无水乙醚(5分)	0	1	3	5
6	样品干燥至恒重	正确使用恒温干燥箱和干燥器(5分)	0	1	3	5
		正确判定干燥器中硅胶有效性(5分)	0	1	3	5
		正确判断样品恒重(5分)	0	—	—	5
7	数据处理与报告填写	原始记录及时、规范、整洁(5分)	0	2	4	5
		准确填写结果和检测报告(5分)	0	1	3	5
		数据处理准确,平行性好(5分)	0	2	4	5
		有效数字保留准确(5分)	0	—	—	5

续表

序号	工作任务	评价指标	不合格	合格	良	优
8	其他操作	工作服整洁,及时整理、清洗、回收玻璃器皿及仪器设备(5分)	0	1	3	5
		操作时间控制在规定时间内(5分)	0	1	3	5
		符合安全规范操作(5分)	0	2	4	5
总分						

✍ 达标自测

一、单项选择题

1. 索氏抽提法测定粗脂肪含量要求样品(　　　)。

A. 水分含量小于10%　　　　　　　　　B. 水分含量小于2%

C. 先干燥　　　　　　　　　　　　　　D. 无要求

2. 称取大米样品10.0 g,抽提前的抽提瓶重113.123 0 g,抽提后的抽提瓶重113.280 8 g,残留物重0.157 8 g,则样品中脂肪含量为(　　　)。

A. 15.78%　　　　　B. 1.58%　　　　　C. 1.6%　　　　　D. 0.002%

3. 碱水解法测定乳脂肪含量的时,用(　　　)来破坏脂肪球膜。

A. 乙醚　　　　　　B. 石油醚　　　　　C. 乙醇　　　　　D. 氨水

4. 面包、蛋糕中的脂肪含量用(　　　)方法测定。

A. 索氏抽提　　　　B. 酸水解　　　　　C. 碱水解　　　　D. 盖勃法

5. 用乙醚抽取测定脂肪含量时,要求样品(　　　)。

A. 含有一定量水分　　　　　　　　　　B. 尽量少含有蛋白质

C. 颗粒较大以防被氧化　　　　　　　　D. 经低温脱水干燥

6. 实验室做脂肪提取实验时,应选用下列(　　　)组玻璃仪器。

A. 烧杯、漏斗、容量瓶　　　　　　　　B. 三角烧瓶、冷凝管、漏斗

C. 烧杯、分液漏斗、玻棒　　　　　　　D. 索氏抽取器、接收瓶

7. 用乙醚提取脂肪时,所用的加热方法为(　　　)。

A. 电炉加热　　　　B. 水浴加热　　　　C. 油浴加热　　　　D. 电热套加热

8. 索氏提取法测定脂肪时,抽提时间是(　　　)。

A. 虹吸20次　　　　　　　　　　　　　B. 虹吸产生后2 h

C. 抽提6 h　　　　　　　　　　　　　　D. 用滤纸检查抽提完全为止

9. 索氏抽提器不包括(　　　)。

A. 回流冷凝管　　　B. 提脂管　　　　　C. 提脂烧瓶　　　　D. 容量瓶

10. 用乙醚做提取剂时,说法错误的是(　　　)。

A. 允许样品含少量水　　　　　　　　　B. 样品应干燥

C. 浓稠状样品应加海砂　　　　　　　　D. 应除去过氧化物

二、多项选择题

1. 测定食品中脂肪多采用有机溶剂萃取法,常用的有机溶剂有( )。

A. 乙醚　　　　　　 B. 乙醇　　　　　　　　 C. 石油醚

D. 氯仿-乙醇混合液　　 E. 丙酮-石油醚混合液

2. 下列试样中( )不适合用酸水解法测脂肪含量。

A. 麦乳精　　　　　　 B. 谷物　　　　　　 C. 鱼肉　　　　　　 D. 奶粉

3. 测定花生仁中脂肪含量的常规分析方法是( ),测定牛奶中脂肪含量的常规方法是( )。

A. 索氏提取法　　　　　　　　　　　 B. 酸性乙醚提取法

C. 碱性乙醚提取法　　　　　　　　　 D. 盖勃法

三、判断题

1. 索氏提取装置搭建和拆除时均应先上后下,冷凝水也是上进下出,固定的位置分别为冷凝管和提取器的中间部位。滤纸筒的高度应以挨着冷凝管下端管口为宜。欲把虹吸时间从 10 min/次调为 8 min/次应该适当降低水浴温度。　　　　　　　　　　　( )

2. 索氏提取时,脂肪的恒重与水分测定时样品恒重方法不同,应于 90～91 ℃干燥,直至恒重。　　　　　　　　　　　　　　　　　　　　　　　　　　　　　　　( )

3. 索氏抽提法是分析食品中脂类含量的一种常用方法,可以测定出食品中的游离脂肪和结合态脂肪,故此法测得的脂肪也称为粗脂肪。　　　　　　　　　　　　　( )

4. 乙醚中含有水,能将试样中糖及无机物抽出,造成测量脂肪含量偏高的误差。　( )

5. 测定食品中脂类时,常用的提取剂中无水乙醚和石油醚只能直接提取游离的脂肪。
　　　　　　　　　　　　　　　　　　　　　　　　　　　　　　　　　　( )

6. 索氏抽提法测定的是结合态脂肪,酸水解法测定的是游离态脂肪含量。　　　( )

7. 检查乙醚中是否有过氧化物的方法是在乙醚中加入碘化钾溶液,振摇后观察水层是否出现黄色。　　　　　　　　　　　　　　　　　　　　　　　　　　　　　　( )

8. 用乙醚抽取测定脂肪含量时,要求样品含有一定量水分。　　　　　　　　　( )

9. 乳粉中脂肪的测定宜采用中性乙醚提取法。　　　　　　　　　　　　　　　( )

任务七　食品中碳水化合物的测定

【知识目标】

1. 了解碳水化合物在食品中存在的种类。

2. 了解测定碳水化合物的意义。

3. 掌握各类测定碳水化合物的方法。

【能力目标】

1. 能够正确配制和标定葡萄糖标准溶液、碱性酒石酸铜溶液。

2. 会用直接滴定法测定食品中还原糖的含量。

3. 能对不同样品进行制备。

【素质目标】

1. 增强实验室安全操作和规范操作意识。
2. 培养独立思考、务实求真的学习精神。
3. 不断增强团队合作精神和集体荣誉感。

【相关标准】

《食品安全国家标准 食品中还原糖的测定》（GB 5009.7—2016）

《食品安全国家标准 食品中果糖、葡萄糖、蔗糖、麦芽糖、乳糖的测定》（GB 5009.8—2016）

《食品安全国家标准 食品中淀粉的测定》（GB 5009.9—2016）

【案例导入】

还原糖超标冰糖

2020 年 5 月 22 日，广西壮族自治区市场监督管理局发布最新一期食品安全抽检信息，组织食品安全监督抽检，抽取食糖、豆制品、蜂产品和食品添加剂 4 类食品 119 批次样品，检出 1 批次不合格食品。抽检信息显示，不合格产品为 1 批次食糖，不合格项目为"还原糖分"，检验结果为 0.22 g/100 g，标准值为≤0.08 g/100 g。针对抽查中反映出的主要质量问题，广西壮族自治区市场监管局已责成属地市场监管部门立即组织开展核查处置相关工作。南宁市市场监管局已责令食品经营环节有关单位立即采取下架等措施控制风险，自通告发布之日起 3 个月内向自治区市场监管局报告核查处置情况，并向社会公布。

据介绍，还原糖分是食糖的品质指标之一，反映了食糖中还原糖的含量，还原糖含量会影响食糖的口感、外观等。还原糖分不达标会影响产品本身的风味。还原糖偏高会使白糖吸潮，不耐贮存，影响白糖的质量。造成还原糖超标的可能原因是生产厂家生产工艺及技术管理不严格，或与运输储存环境等有关。

案例小结：对于食品企业，树立正确的道德观念是确保食品安全的重要保障。只有用良心去做食品，用道德塑造形象，企业才能长久发展。加强食品生产企业职业道德和诚信体系建设，树立正确价值观，做到有问题的食品不生产、不参与，看到有问题的食品人人喊打的责任意识。

📖 背景知识

一、碳水化合物的种类

碳水化合物也称糖类，是由 C、H、O 三种元素组成的一类化合物，其大多数分子式可用 $C_m(H_2O)_n$ 表示，这也是碳水化合物名称的由来。糖类是人体的重要能源物质，人体所需能量的 70% 以上都来自糖类。一些糖还能与蛋白质或脂肪结合形成糖蛋白或糖脂等具有重要生理功能的物质。

糖类物质是食品工业的主要原料和辅助材料，是大多数食品的主要成分之一。在不同食品中，碳水化合物的存在形式和含量各不相同，包括单糖、低聚糖和多糖。

单糖是糖的最基本组成单位,低聚糖和多糖是由单糖组成的。食品中主要的单糖有葡萄糖、果糖和半乳糖,它们是含有 6 个碳原子的多羟基醛或多羟基酮,分别称为己醛糖(葡萄糖、半乳糖)和己酮糖(果糖)。

低聚糖分为普通低聚糖和功能性低聚糖两大类,是由 2 ~ 10 个分子的单糖通过糖苷键连接形成的直链或支链的一类糖。蔗糖、乳糖和麦芽低聚糖等属于普通低聚糖,功能性低聚糖包括异类麦芽低聚糖、低聚半乳糖、低聚木糖、低聚果糖等。

多糖是由许多单糖缩合而成的高分子化合物,纤维素、淀粉、果胶等属于多糖。淀粉广泛存在于谷类、豆类及薯类中;纤维素集中于谷类的麸糠和果蔬的表皮中;果胶存在于各类植物的果实中。

在这些碳水化合物中,人体能消化利用的是单糖、双糖和多糖中的淀粉,称为有效碳水化合物;多糖中的纤维素、半纤维素、果胶等由于不能被人体消化利用,被称为无效碳水化合物。但无效碳水化合物能促进肠道蠕动,改善消化系统机能,还能降低血糖和胆固醇,对维持人体健康有重要作用,是人们膳食中不可缺少的成分。

二、碳水化合物的测定意义

碳水化合物是食品工业的主要原料和辅助材料,是大多数食品的主要成分之一。其对改变食品的形态、组织结构、物理化学性质以及色、香、味等感官指标起着十分重要的作用。如食品中糖酸比可以影响食品的口味;糖果中若还原糖含量不够,会出现返砂现象;糖的焦糖化作用及羰氨反应可使食品获得诱人色泽和风味的同时,又能引起食品的褐变等。

知识拓展——
纤维素与身体健康

食品中糖类含量也在一定程度上标志着食品营养价值的高低,是某些食品的主要质量指标。如乳糖是新生婴儿重要的营养成分,在婴儿的消化道内含有较多的乳糖酶,这种乳糖酶能够把乳糖分解成葡萄糖和半乳糖,而半乳糖是构成婴儿脑神经的重要物质。如果用蔗糖代替乳糖,婴儿的大脑发育将会受到影响,因此我国对婴儿专用乳粉中的乳糖有特别的要求。

三、可溶性糖类的提取和澄清

食品中可溶性糖类通常是指葡萄糖、果糖等游离单糖及蔗糖等低聚糖。由于食品材料组成复杂,存在一些干扰物质,在分析时,需要选择合适的提取剂和试剂将可溶性糖提取纯化才能测定。

1. 提取剂选择

提取步骤一般为:先将样品磨碎,再用石油醚提取除去其中的脂类和叶绿素,除去易被水提取的干扰物质,选择水或者其他极性溶剂作为提取剂,得到待测定的糖类样品。

①水为最常用的提取剂。提取时温度控制在 40 ~ 50 ℃,温度过高时,会提取出过多的淀粉和糊精,影响测定结果。另外,还可能提取出所有的氨基酸、色素等,导致测定结果偏高。酸性使糖水解(转化),所以酸性样品应用碳酸钙中和提取,但应控制在中性。为了防止糖类被酶水解,通常加入 $HgCl_2$ 来抑制酶的活性。

②乙醇是一种比较有效的提取溶剂。适用于含酶多的样品,能抑制酶的活性,避免糖被水解,乙醇的浓度一般选择 70% ~ 80%。浓度较高时,蛋白质及淀粉等高分子物质都不能溶解出来。一般来说,至少需要两次方能提取完全。

2. 澄清

为了消除影响糖类测定的干扰物质,果胶、蛋白质等物质,常常采用澄清剂沉淀影响糖类测定的干扰物质。糖类测定时常用的澄清剂是中性醋酸铅、乙酸锌和亚铁氰化钾溶液、硫酸铜和氢氧化钠溶液。

(1)澄清剂的要求

澄清剂能完全除去干扰物质;不会吸附或沉淀糖类;不会改变糖类的比旋光度等理化性质;过剩的澄清剂应不干扰后面的分析操作或易于去除。

(2)澄清剂的种类

①中性醋酸铅:能除去蛋白质、单宁、有机酸、果胶等杂质,还能聚集其他胶体,不会使还原糖从溶液中沉淀出来,在室温下也不会生成可溶性的铅糖。但脱色力差,不能用于深色糖液的澄清。因此,适用于浅色的糖及糖浆制品、果蔬制品、焙烤制品等。

注意:铅有一定毒性,使用时需注意。

②乙酸锌溶液和亚铁氰化钾溶液:利用乙酸锌和亚铁氰化钾生成的亚铁氰酸锌沉淀带走或吸附干扰物质,发生共同沉淀作用。这种澄清剂澄清效果良好,去除蛋白质能力强,适于色泽较浅、富含蛋白质的提取液如乳制品、豆制品等。

③硫酸铜和氢氧化钠溶液:由 10 mL CuSO$_4$ 溶液(69.28 g CuSO$_4$·5H$_2$O 溶于 1 L 水中)与 4 mL 1 mol/L NaOH 溶液组成。在碱性条件下,Cu^{2+} 可使蛋白质沉淀,适用于富含蛋白质的样品的澄清如牛乳。

澄清剂的种类很多,各种澄清剂的性质不同,澄清效果也各不一样,使用澄清剂时应根据样品的种类、干扰成分及含量加以选择,同时还必须考虑所采用的分析方法。如用直接滴定法测定还原糖时,不能用硫酸铜-氢氧化钠溶液澄清样品,以免样品中引入 Cu^{2+};用高锰酸钾滴定法测定还原糖时,不能用乙酸锌-亚铁氰化钾溶液澄清样液,以免样品中引入 Fe^{2+}。

四、碳水化合物的测定方法

1. 直接滴定法测定还原糖(第一法)

(1)测定原理

试样经除去蛋白质后,以亚甲蓝作指示剂,在加热条件下滴定标定过的碱性酒石酸铜溶液(已用还原糖标准溶液标定),根据样品液消耗体积计算还原糖含量。

(2)仪器

①天平:感量为 0.1 mg。

②水浴锅。

③可调温电炉。

④酸式滴定管:25 mL。

(3)标准品

①葡萄糖(C$_6$H$_{12}$O$_6$),CAS:50-99-7,纯度不低于 99%。

②果糖(C$_6$H$_{12}$O$_6$),CAS:57-48-7,纯度不低于 99%。

③乳糖(含水)(C$_6$H$_{12}$O$_6$·H$_2$O),CAS:5989-81-1,纯度不低于 99%。

④蔗糖(C$_{12}$H$_{22}$O$_{11}$),CAS:57-50-1,纯度不低于 99%。

（4）试剂

除非另有说明，本方法所用试剂均为分析纯，水为 GB/T 6682 规定的三级水。

①盐酸溶液（1+1）：量取盐酸 50 mL，加水 50 mL 混匀。

②碱性酒石酸铜甲液：称取硫酸铜 15 g 和亚甲蓝 0.05 g，溶于水中，并稀释至 1 000 mL。

③碱性酒石酸铜乙液：称取酒石酸钾钠 50 g 和氢氧化钠 75 g，溶解于水中，再加入亚铁氰化钾 4 g，完全溶解后，用水定容至 1 000 mL，贮存于橡胶塞玻璃瓶中。

④乙酸锌溶液：称取乙酸锌 21.9 g，加冰乙酸 3 mL，加水溶解并定容于 100 mL。

⑤亚铁氰化钾溶液（106 g/L）：称取亚铁氰化钾 10.6 g，加水溶解并定容至 100 mL。

⑥氢氧化钠溶液（40 g/L）：称取氢氧化钠 4 g，加水溶解后，放冷，并定容至 100 mL。

⑦葡萄糖标准溶液（1.0 mg/mL）：准确称取经过 98～100 ℃烘箱中干燥 2 h 后的葡萄糖 1 g，加水溶解后加入盐酸溶液 5 mL，并用水定容至 1 000 mL。此溶液每毫升相当于 1.0 mg 葡萄糖。

⑧果糖标准溶液（1.0 mg/mL）：准确称取经过 98～100 ℃干燥 2 h 的果糖 1 g，加水溶解后加入盐酸溶液 5 mL，并用水定容至 1 000 mL。此溶液每毫升相当于 1.0 mg 果糖。

⑨乳糖标准溶液（1.0 mg/mL）：准确称取经过 94～98 ℃干燥 2 h 的乳糖（含水）1 g，加水溶解后加入盐酸溶液 5 mL，并用水定容至 1 000 mL。此溶液每毫升相当于 1.0 mg 乳糖（含水）。

⑩转化糖标准溶液（1.0 mg/mL）：准确称取 1.052 6 g 蔗糖，用 100 mL 水溶解，置于具塞锥形瓶中，加盐酸溶液 5 mL，在 68～70 ℃水浴中加热 15 min，放置至室温，转移至 1 000 mL 容量瓶中并加水定容至 1 000 mL，每毫升标准溶液相当于 1.0 mg 转化糖。

（5）安全提醒

①用电炉加热，操作中注意不可用沾水的手去插拔电源插头，以防触电。

②在溶液沸腾状态下滴定时要离锥形瓶稍高些，以防蒸汽烫手。

（6）测定步骤

①试样制备。

含淀粉的食品：称取粉碎或混匀后的试样 10～20 g（精确至 0.001 g），置 250 mL 容量瓶中，加水 200 mL，在 45 ℃水浴中加热 1 h，并时时振摇，冷却后加水至刻度，混匀，静置，沉淀。吸取 200.0 mL 上清液置于另一 250 mL 容量瓶中，缓慢加入乙酸锌溶液 5 mL 和亚铁氰化钾溶液 5 mL，加水至刻度，混匀，静置 30 min，用干燥滤纸过滤，弃去初滤液，取后续滤液备用。

酒精饮料：称取混匀后的试样 100 g（精确至 0.01 g）置于蒸发皿中，用氢氧化钠溶液中和至中性，在水浴上蒸发至原体积的 1/4 后，移入 250 mL 容量瓶中，缓慢加入乙酸锌溶液 5 mL 和亚铁氰化钾溶液 5 mL，加水至刻度，混匀，静置 30 min，用干燥滤纸过滤，弃去初滤液，取后续滤液备用。

碳酸饮料：称取混匀后的试样 100 g（精确至 0.01 g）于蒸发皿中，在水浴上微热搅拌除去二氧化碳后，移入 250 mL 容量瓶中，用水洗涤蒸发皿，洗液并入容量瓶，加水至刻度，混匀后备用。

其他食品：称取粉碎后的固体试样 2.5～5 g（精确至 0.001 g）或混匀后的液体试样 5～25 g（精确至 0.001 g），置于 250 mL 容量瓶中，加 50 mL 水，缓慢加入乙酸锌溶液 5 mL 和亚铁氰化钾溶液5 mL,加水至刻度,混匀,静置30 min,用干燥滤纸过滤,弃去初滤液,取后续滤液备用。

②碱性酒石酸铜溶液的标定。

吸取碱性酒石酸铜甲液5.0 mL和碱性酒石酸铜乙液5.0 mL,于150 mL锥形瓶中,加水10 mL,加入玻璃珠2~4粒,从滴定管中加葡萄糖或其他还原糖标准溶液约9 mL,控制在2 min中内加热至沸腾,趁热以0.5滴/s的速度继续滴加葡萄糖或其他还原糖标准溶液,直至溶液蓝色刚好褪去为终点,记录消耗葡萄糖(或其他还原糖标准溶液)的总体积,同时平行操作3份,取其平均值,计算每10 mL(碱性酒石酸甲、乙液各5 mL)碱性酒石酸铜溶液相当于葡萄糖(或其他还原糖)的质量(mg)。

③试样溶液预测。

吸取碱性酒石酸铜甲液5.0 mL和碱性酒石酸铜乙液5.0 mL于150 mL锥形瓶中,加水10 mL,加入玻璃珠2~4粒,控制在2 min内加热至沸腾并保持,以先快后慢的速度从滴定管中滴加试样溶液,并保持沸腾状态,待溶液颜色变浅时,以0.5滴/s的速度滴定,直至溶液蓝色刚好褪去为终点,记录样品溶液消耗体积。当样液中还原糖浓度过高时,应适当稀释后再进行正式测定,使每次滴定消耗样液的体积控制在与标定碱性酒石酸铜溶液时所消耗的还原糖标准溶液的体积相近,约10 mL;当浓度过低时则直接加入10 mL样品液,免去加水10 mL,再用还原糖标准溶液滴定至终点,记录消耗的体积,与标定时消耗的还原糖标准溶液体积之差相当于10 mL样液中所含还原糖的量。

④试样溶液测定。

吸取碱性酒石酸铜甲液5.0 mL和碱性酒石酸铜乙液5.0 mL,置于150 mL锥形瓶中,加水10 mL,加入玻璃珠2~4粒,从滴定管滴加比预测体积少1 mL的试样溶液至锥形瓶中,控制在2 min内加热至沸腾,保持沸腾并继续以0.5滴/s的速度滴定,直至蓝色刚好褪去为终点,记录样液消耗体积,同方法平行操作三份,得出平均消耗体积V。

(7)结果计算

试样中还原糖的含量(以某种还原糖计)按下式计算:

$$X = \frac{m_1}{m \times F \times V/250 \times 1\,000} \times 100$$

式中　X——试样中还原糖的含量(以某种还原糖计),g/100 g;

　　　m_1——碱性酒石酸铜溶液(甲、乙液各一半)相当于某种还原糖的质量,mg;

　　　m——试样质量,g;

　　　F——系数,对含淀粉类食品、碳酸饮料、其他食品为1;酒精饮料为0.80;

　　　V——测定时平均消耗试样溶液体积,mL;

　　　250——定容体积,mL;

　　　1 000——换算系数。

当浓度过低时,试样中还原糖的含量(以某种还原糖计)按下式计算:

$$X = \frac{m_2}{m \times F \times 10/250 \times 1\,000}$$

式中　X——试样中还原糖的含量(以某种还原糖计),g/100 g;

　　　m_2——标定时体积与加入样品后消耗的还原糖标准溶液体积之差相当于某种还原糖

的质量,mg;

m——试样质量,g;

F——系数,对含淀粉食品、碳酸饮料、其他食品为1;酒精饮料为0.80;

10——样液体积,mL;

250——定容体积,mL;

1 000——换算系数。

还原糖含量不低于 10 g/100 g 时,计算结果保留三位有效数字;还原糖含量低于10 g/100 g 时,计算结果保留两位有效数字。

（8）精密度

在重复性条件下获得的两次独立测定结果的绝对差值不得超过算术平均值的5%。

（9）其他

当称样量为 5 g 时,定量限为 0.25 g/100 g。

（10）注意事项

①此法是目前最常用的测定还原糖的方法,其特点是试剂用量少,操作简单、快速,滴定终点明显,适用于各类食品中还原糖的测定。但测定深色试样（如酱油、深色果汁等）时,因色素干扰,终点难以判断,影响准确性。另外,因碱性酒石酸铜的氧化能力较强,可将醛糖和酮糖都氧化,所以本法测得的是总还原糖量,包括葡萄糖、果糖、乳糖、麦芽糖等,只是结果用葡萄糖或其他转化糖的方式表示。

②在样品处理时,不能用铜盐作为澄清剂,以免样液中引入 Cu^{2+},得到错误的结果。

③碱性酒石酸铜甲液和乙液应分别储存,临用时才混合,否则酒石酸钾钠铜络合物长期在碱性条件下会慢慢分解析出氧化亚铜沉淀,使试剂有效浓度降低。

④为消除氧化亚铜沉淀对滴定终点观察的干扰,在碱性酒石酸铜乙液中加入少量亚铁氰化钾,使之与氧化亚铜生成可溶性的无色络合物,而不再析出红色沉淀。

⑤滴定必须在沸腾条件下进行,其原因:一是可以加快还原糖与 Cu^{2+} 的反应速度;二是亚甲蓝变色反应是可逆的,还原型亚甲蓝遇空气中氧时又会被氧化为氧化型;三是氧化亚铜极不稳定,易被空气中氧所氧化。保持反应液沸腾可防止空气进入,避免亚甲蓝和氧化亚铜被氧化而增加耗糖量。

⑥滴定时不能随意摇动锥形瓶,更不能把锥形瓶从热源上取下来滴定,以防止空气进入反应溶液中。

⑦样品溶液预测的目的:一是本法对样品溶液中还原糖浓度有一定要求（0.1% 左右1 mg/mL）,测定时样品溶液的消耗体积应与标定葡萄糖标准溶液时消耗的体积相近,通过预测可了解样品溶液浓度是否合适,浓度过大或过小应加以调整,使预测时消耗样液量在 10 mL左右;二是通过预测可知道样液大概消耗量,以便在正式测定时,预先加入比实际用量少 1 mL左右的样液,只留下 1 mL 左右样液在后续滴定时加入,以保证在 1 min 内完成后续滴定工作,提高测定的准确度。

⑧为了提高测定的准确度,要求用哪种还原糖表示结果就用相应的还原糖标定碱性酒石酸铜溶液,如用葡萄糖表示结果就用葡萄糖标准溶液标定碱性酒石酸铜溶液。

⑨在这种方法下,测定条件（如加热时间、滴定速度、溶液的碱度、反应的程度等）对测定结果有影响,因此应严格按照规定条件操作。

2.酸水解-莱因-埃农氏法测定蔗糖(第二法)

（1）测定原理

本法适用于各类食品中蔗糖的测定。试样经除去蛋白质后，其中蔗糖经盐酸水解转化为还原糖，按还原糖测定。水解前后的差值乘以相应的系数即为蔗糖含量。

高锰酸钾滴定法测定还原糖(第二法)

（2）仪器

①天平：感量为 0.1 mg。

②水浴锅。

③可调温电炉。

④酸式滴定管：25 mL。

（3）标准品

葡萄糖（$C_6H_{12}O_6$，CAS 号：50-99-7）标准品：纯度不低于 99%，或经国家认证并授予标准物质证书的标准物质。

（4）试剂

①乙酸锌溶液：称取乙酸锌 21.9 g，加冰乙酸 3 mL，加水溶解并定容至 100 mL。

②亚铁氰化钾溶液：称取亚铁氰化钾 10.6 g，加水溶解并定容至 100 mL。

③盐酸溶液（1+1）：量取盐酸 50 mL，缓慢加入 50 mL 水中，冷却后混匀。

④氢氧化钠（40 g/L）：称取氢氧化钠 4 g，加水溶解后，放冷，加水定容至 100 mL。

⑤甲基红指示液（1 g/L）：称取甲基红盐酸盐 0.1 g，用 95% 乙醇溶解并定容至 100 mL。

⑥氢氧化钠溶液（200 g/L）：称取氢氧化钠 20 g，加水溶解后，放冷，加水并定容至 100 mL。

⑦碱性酒石酸铜甲液：称取硫酸铜 15 g 和亚甲蓝 0.05 g，溶于水中，加水定容至 1 000 mL。

⑧碱性酒石酸铜乙液：称取酒石酸钾钠 50 g 和氢氧化钠 75 g，溶解于水中，再加入亚铁氰化钾 4 g，完全溶解后，用水定容至 1 000 mL，贮存于橡胶塞玻璃瓶中。

⑨葡萄糖标准溶液（1.0 mg/mL）：称取经过 98 ～ 100 ℃烘箱中干燥 2 h 后的葡萄糖 1 g（精确到 0.001 g），加水溶解后加入盐酸 5 mL，并用水定容至 1 000 mL。此溶液每毫升相当于 1.0 mg 葡萄糖。

（5）测定步骤

①试样的制备和保存。

a. 固体样品：取有代表性样品至少 200 g，用粉碎机粉碎，混匀，装入洁净容器，密封，标明标记。

b. 半固体和液体样品：取有代表性样品至少 200 g(mL)，充分混匀，装入洁净容器，密封，标明标记。

②保存。

蜂蜜等易变质试样于 0 ～ 4 ℃保存。

③试样处理。

a. 含蛋白质食品：称取粉碎或混匀后的固体试样 2.5 ～ 5 g（精确到 0.001 g）或液体试样 5 ～ 25 g（精确到 0.001 g），置于 250 mL 容量瓶中，加水 50 mL，缓慢加入乙酸锌溶液 5 mL 和亚铁氰化钾溶液 5 mL，加水至刻度，混匀，静置 30 min，用干燥滤纸过滤，弃去初滤液，取后续

99

滤液备用。

　　b. 含大量淀粉的食品：称取粉碎或混匀后的试样 10～20 g（精确到 0.001 g），置于 250 mL 容量瓶中，加水 200 mL，在 45 ℃水浴中加热 1 h，并时时振摇，冷却后加水至刻度，混匀，静置，沉淀。吸取 200 mL 上清液于另一 250 mL 容量瓶中，缓慢加入乙酸锌溶液 5 mL 和亚铁氰化钾溶液 5 mL，加水至刻度，混匀，静置 30 min，用干燥滤纸过滤，弃去初滤液，取后续滤液备用。

　　c. 酒精饮料：称取混匀后的试样 100 g（精确到 0.01 g），置于蒸发皿中，用 40 g/L 氢氧化钠溶液中和至中性，在水浴上蒸发至原体积的 1/4 后，移入 250 mL 容量瓶中，缓慢加入乙酸锌溶液 5 mL 和亚铁氰化钾溶液 5 mL，加水至刻度，混匀，静置 30 min，用干燥滤纸过滤，弃去初滤液，取后续滤液备用。

　　d. 碳酸饮料：称取混匀后的试样 100 g（精确到 0.01 g）于蒸发皿中，在水浴上微热搅拌除去二氧化碳后，移入 250 mL 容量瓶中，用水洗蒸发皿，洗液并入容量瓶，加水至刻度，混匀后备用。

　　④酸水解。

　　a. 吸取 2 份试样各 50.0 mL，分别置于 100 mL 容量瓶中。

　　b. 转化前：一份用水稀释至 100 mL。

　　c. 转化后：另一份加（1+1）盐酸 5 mL，在 68～70 ℃水浴中加热 15 min，冷却后加甲基红指示液 2 滴，用 200 g/L 氢氧化钠溶液中和至中性，加水至刻度。

　　⑤标定碱性酒石酸铜溶液。

　　吸取碱性酒石酸铜甲液 5.0 mL 和碱性酒石酸铜乙液 5.0 mL 于 150 mL 锥形瓶中，加水 10 mL，加入 2～4 粒玻璃珠，从滴定管中加葡萄糖标准溶液约 9 mL，控制在 2 min 中内加热至沸腾，趁热以 0.5 滴/s 的速度滴加葡萄糖，直至溶液颜色刚好褪去，记录消耗的葡萄糖总体积，同时平行操作三份，取其平均值，计算每 10 mL（碱性酒石酸甲、乙液各 5 mL）碱性酒石酸铜溶液相当于葡萄糖的质量（mg）。

　　注：也可以按上述方法标定 4～20 mL 碱性酒石酸铜溶液（甲、乙液各一半）来适应试样中还原糖的浓度变化。

　　⑥试样溶液的预滴定。

　　吸取碱性酒石酸铜甲液 5.0 mL 和碱性酒石酸铜乙液 5.0 mL 于同一 150 mL 锥形瓶中，加入蒸馏水 10 mL，放入 2～4 粒玻璃珠，置于电炉上加热，使其在 2min 内沸腾，保持沸腾状态 15 s，滴入样液至溶液蓝色完全褪尽为止，读取所用样液的体积。

　　⑦试样溶液的精确滴定。

　　吸取碱性酒石酸铜甲液 5.0 mL 和碱性酒石酸铜乙液 5.0 mL 于同一 150 mL 锥形瓶中，加入蒸馏水 10 mL，放入几粒玻璃珠，将从滴定管中放出的转化前样液或转化后样液（比预测滴定的体积少 1 mL）置于电炉上，使其在 2 min 内沸腾，维持沸腾状态 2 min，以 0.5 滴/s 的速度徐徐滴入样液，溶液蓝色完全褪尽即为终点，分别记录转化前样液和转化后样液消耗的体积 V。

　　（6）结果计算

　　①转化糖的含量。

　　试样中转化糖的含量（以葡萄糖计）按下式进行计算：

$$R = \frac{A}{m \times \dfrac{50}{250} \times \dfrac{V}{100} \times 1\,000} \times 100$$

式中　R——试样中转化糖的质量分数，g/100 g；

A——碱性酒石酸铜溶液（甲、乙液各一半）相当于葡萄糖的质量，mg；

m——样品的质量，g；

50——酸水解中吸取样液体积，mL；

250——试样处理中样品定容体积，mL；

V——滴定时平均消耗试样溶液体积，mL；

100——酸水解中定容体积，mL；

1 000——换算系数；

100——换算系数。

②蔗糖的含量。

试样中蔗糖的含量 X 按下式计算：

$$X = (R_2 - R_1) \times 0.95$$

式中　X——试样中蔗糖的质量分数，g/100 g；

R_2——转化后转化糖的质量分数，g/100 g；

R_1——转化前转化糖的质量分数，g/100 g；

0.95——转化糖（以葡萄糖计）换算为蔗糖的系数。

蔗糖含量不低于 10 g/100 g 时，结果保留三位有效数字，蔗糖含量低于 10 g/100 g 时，结果保留两位有效数字。

（7）精密度

在重复性条件下获得的两次独立测定结果的绝对差值不得超过算术平均值的 10%。

（8）其他

当称样量为 5 g 时，定量限为 0.24 g/100 g。

（9）注意事项

①蔗糖水解条件较低，在本方法所列条件下，蔗糖水解，其他双糖和淀粉等不水解，原有的单糖不被破坏。

②在此方法中，水解条件必须严格控制。为防止果糖分解，样品溶液体积、酸的浓度及用量、水解温度和水解时间都不能随意改动，到达规定时间后应迅速冷却。

高效液相色谱法测定食品中果糖、葡萄糖、蔗糖、麦芽糖、乳糖（第一法）

③用还原糖法测定蔗糖时，为减少误差，测得的还原糖应以转化糖表示，故用直接法滴定时，碱性酒石酸铜溶液的标定需采用转化糖标准溶液进行标定。

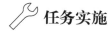 **任务实施**

子任务　硬糖中还原糖的测定

1. 任务描述

分小组完成以下任务：

①查阅硬糖的产品质量标准和还原糖的测定标准，设计测定硬糖中还原糖含量的方案。

②准备测定硬糖中还原糖含量所需试剂材料及仪器设备。

③正确对样品进行预处理。

④正确进行样品中还原糖含量的测定。

⑤记录结果并进行分析处理。

⑥依据《糖果 硬质糖果》(SB/T 10018—2017),判定样品中还原糖含量是否合格。

⑦填写检测报告。

2. 检测工作准备

①查阅产品质量标准《糖果 硬质糖果》(SB/T 10018—2017)和检测标准《食品安全国家标准 食品中还原糖的测定》(GB 5009.7—2016),设计测定硬糖中还原糖含量的方案。

②准备硬糖中还原糖含量测定所需试剂材料及仪器设备。

3. 任务实施步骤

步骤:样品处理→标定碱性酒石酸铜溶液→样品溶液的预测→样品溶液的测定→数据处理与报告填写。

(1)样品处理

准确称取 1 g(精确到 0.001 g)硬糖样品于烧杯中,加约 50 mL 水溶解后,转入 250 mL 容量瓶中,缓慢加入 5 mL 乙酸锌溶液和 5 mL 亚铁氰化钾溶液,加水至刻度,混匀。沉淀,静止 30 min,过滤,弃去初始滤液,剩下滤液备用。

(2)标定碱性酒石酸铜溶液

吸取 5.00 mL 碱性酒石酸铜甲液及 5.00 mL 乙液,置于 150 mL 锥形瓶中,加水 10 mL,加入玻璃珠 2 粒,从滴定管滴加约 9 mL 葡萄糖标准溶液,控制在 2 min 内加热至沸腾,趁沸腾以 0.5 滴/s 的速度继续滴加葡萄糖标准溶液或其他还原糖标准溶液,直至溶液蓝色刚好褪去即为终点,记录消耗葡萄糖标准溶液的总体积,同时平行操作 3 份,取其平均值,计算每 10 mL(甲、乙液各 5 mL)碱性酒石酸铜溶液相当于葡萄糖的质量(mg)。

(3)样品溶液的预测

吸取 5.00 mL 碱性酒石酸铜甲液及 5.00 mL 乙液,置于 150 mL 锥形瓶中,加水 10 mL,加入玻璃珠 2 粒,控制在 2 min 内加热至沸腾并保持,以先快后慢的速度,从滴定管中滴加样品溶液,并保持溶液沸腾状态,待溶液颜色变浅时,以 0.5 滴/s 的速度滴定,直至溶液蓝色刚好褪去即为终点,记录样液消耗体积(样品中还原糖浓度根据预测加以调节,以 0.1 g/100 g 为宜,即控制样液消耗体积在 10 mL 左右,否则误差大)。

(4)样品溶液的测定

吸取 5.00 mL 碱性酒石酸铜甲液及 5.00 mL 乙液,置于 150 mL 锥形瓶中,加水 10 mL,加入玻璃珠 2 粒,用滴定管加入比预测体积少 1 mL 的样品溶液,控制在 2 min 内加热至沸腾,保持沸腾并继续以 0.5 滴/s 的速度滴定,直至蓝色刚好褪去为终点,记录样液消耗体积。同方法平行操作 3 次,取平均消耗体积。

(5)数据处理与报告填写

将硬糖中还原糖含量测定的原始数据填入表 2-24 中,并填写检测报告,见表 2-25。

表 2-24　硬糖中还原糖含量测定的原始记录

工作任务			样品名称		
接样日期			检测日期		
检测依据					
样品质量 m/g					
标定	标定消耗葡萄糖标准溶液体积 V_1/mL				
	平均消耗葡萄糖标准溶液的体积 $\overline{V_1}/mL$				
	10 mL 碱性酒石酸铜溶液相当于葡萄糖的质量平均值 m_1/mg				
正式滴定	消耗样品溶液体积 V/mL				
	消耗样品溶液体积平均值 $\overline{V}/mL$				
样品中还原糖含量(以葡萄糖计) $X/(g/100\ g)$					

表 2-25　硬糖中还原糖含量测定的检测报告

样品名称				
产品批号		生产日期		检测日期
检测依据				
判定依据				
检测项目	单位	检测结果		标准要求
检测结论				
检测员		复核人		
备注				

4. 任务考核

按照表 2-26 评价工作任务完成情况。

表2-26　任务考核评价指标

序号	工作任务	评价指标	不合格	合格	良	优
1	检测方案制订	正确选用检测标准及检测方法(5分)	0	1	3	5
		检测方案制订合理规范(5分)	0	1	3	5
2	样品称量	正确使用分析天平(预热、调平、称量、撒落、样品取放、清扫等)(10分)	0	3	6	10
3	样品处理	正确溶解、沉淀和定容(5分)	0	2	4	5
		过滤操作规范(5分)	0	1	3	5
4	碱性酒石酸铜溶液的标定	正确进行标定操作(10分)	0	3	6	10
5	样品溶液的预测	正确进行预滴定操作(10分)	0	3	6	10
6	样品溶液的测定	规范使用移液管(5分)	0	1	3	5
		正确使用滴定管(10分)	0	3	6	10
7	数据处理与报告填写	原始记录及时、规范、整洁(5分)	0	2	4	5
		准确填写结果和检测报告(5分)	0	1	3	5
		数据处理准确,平行性好(5分)	0	2	4	5
		有效数字保留准确(5分)	0	—	—	5
8	其他操作	工作服整洁,及时整理、清洗、回收玻璃器皿及仪器设备(5分)	0	1	3	5
		操作时间控制在规定时间内(5分)	0	1	3	5
		符合安全规范操作(5分)	0	2	4	5
总分						

达标自测

一、单项选择题

1. 酸水解法测定淀粉含量时,加入盐酸和水后,在沸水浴中水解6 h用(　　)检查淀粉是否水解完全。

　　A. 碘液　　　　　　　　　　　　　　B. 氢氧化钠

　　C. 酚酞　　　　　　　　　　　　　　D. 硫代硫酸钠溶液

2. 糕点总糖测定过程中,转化以后把反应溶液(　　)定容,再滴定。

　　A. 直接　　　　　　　　　　　　　　B. 用 NaOH 中和后

　　C. 用 NaOH 调至强碱性后　　　　　　D. 以上均可

3. 奶糖的糖分测定时常选用(　　)作为澄清剂。

　　A. 中性乙酸铅　　　　　　　　　　　B. 乙酸锌与亚铁氰化钾

　　C. 草酸钾　　　　　　　　　　　　　D. 硫酸钠

4. 食品中淀粉的测定,样品水解处理时应选用( )装置。

A. 回流   B. 蒸馏   C. 分馏   D. 提取

5. 直接滴定法测还原糖时,滴定终点显出( )物质的砖红色。

A. 酒石酸钠   B. 次甲基蓝   C. 酒石酸钾   D. 氧化亚铜

6. 测定乳品样品中的糖类,需在样品提取液中加醋酸铅溶液,其作用是( )。

A. 脱脂   B. 沉淀蛋白质   C. 沉淀糖类   D. 除矿物质

7. ( )测定是糖类定量的基础。

A. 还原糖   B. 非还原糖   C. 淀粉   D. 葡萄糖

8. 斐林试剂容量法测定还原糖含量时,常用( )作指示剂。

A. 酚酞   B. 百里酚酞   C. 石蕊   D. 次甲基蓝

9. 直接滴定法测定食品中还原糖含量时,以下澄清剂不适合使用的是( )。

A. 中性醋酸铅   B. 碱性醋酸铅

C. 醋酸锌和亚铁氰化钾   D. $CuSO_4$-NaOH

10. 直接滴定法在滴定过程中( )。

A. 边加热边振摇   B. 加热沸腾后取下滴定

C. 加热保持沸腾,无须振摇   D. 无须加热沸腾即可滴定

11. 下列各种糖中,不具有还原性的是( )。

A. 麦芽糖   B. 乳糖   C. 葡萄糖   D. 蔗糖

二、多项选择题

1. 碱性酒石酸铜甲液的成分是( )。

A. 硫酸铜   B. 酒石酸钾钠   C. 氢氧化钠

D. 次甲基蓝   E. 亚铁氰化钾

2. 碱性酒石酸铜乙液的成分是( )。

A. 硫酸铜   B. 酒石酸钾钠   C. 氢氧化钠

D. 次甲基蓝   E. 亚铁氰化钾

3. 用直接滴定法测定食品中还原糖含量时,影响测定结果的因素有( )。

A. 滴定速度   B. 热源强度

C. 煮沸时间   D. 样品预测次数

4. 用直接滴定法测定食品中还原糖含量时,要求样品测定和碱性酒石酸铜标定条件一致,需采取下列方法中的( )。

A. 滴定用锥形瓶规格、质量一致   B. 加热用的电炉功率一致

C. 进行样品预测定   D. 控制滴定速度一致

E. 标定葡萄糖标准溶液

5. 测定还原糖含量时常用的澄清剂有( )。

A. 中性乙酸铅   B. 乙酸锌和亚铁氰化钾

C. 乙醚   D. 硫酸铜和氢氧化钠

三、判断题

1. 直接滴定法测定豆奶粉中还原糖含量时,由于此样品含有较多的蛋白质,为减少测定时蛋白质产生的干扰,应先选用硫酸铜-氢氧化钠溶液作为澄清剂来除去蛋白质。 ( )

2. 还原糖含量测定时,样品预滴定步骤应为:准确吸取费林试剂甲、乙液各 5.00 mL 置于 250 mL 锥形瓶中,加水 10 mL,以先慢后快的速度从滴定管中滴加试样溶液,待溶液颜色变浅时,以每秒 2 滴的速度滴定至溶液蓝色刚好褪去,记录样液消耗总体积。 （　　）

3. 碱性酒石酸铜甲液和乙液应分别放置,用时再混合。 （　　）

4. 高锰酸钾滴定法测还原糖时不受样品颜色的限制,但需用特制的高锰酸钾法糖类检索表。 （　　）

5. 蔗糖的测定可通过分别测定水解前后样品溶液中还原糖含量,用其差值乘上一个换算系数进行。 （　　）

6. 奶糖的糖分测定时常选用乙酸锌与亚铁氰化钾作为澄清剂。 （　　）

7. 测定乳品样品中的糖类,需在样品提取液中加醋酸铅溶液,其作用是沉淀蛋白质。 （　　）

8. 斐林试剂容量法测定还原糖含量时,常用次甲基蓝作指示剂。 （　　）

9. 在直接滴定法测定食品还原糖含量时,影响测定结果的主要操作因素有反应液碱度、滴定速度、热源强度、沸腾时间。 （　　）

10. 直接滴定法测定还原糖含量的时候,滴定必须在沸腾的条件下进行,原因是本反应以次甲基蓝的氧化态蓝色变为无色的还原态,来指示滴定终点。次甲基蓝变色反应是可逆的,还原型次甲基蓝遇氧气又会被氧化成蓝色氧化型,此外氧化亚铜极其不稳定,易被空气中氧气氧化,滴定过程中应保持沸腾,使上升蒸汽阻止氧气进入,避免次甲基蓝和氧化亚铜被氧化。 （　　）

11. 直接滴定法测还原糖中所用的澄清剂是乙酸锌和亚铁氰化钾的混合液,而高锰酸钾法所用的澄清剂为碱性硫酸铜溶液。 （　　）

任务八　食品中蛋白质和氨基酸的测定

【知识目标】

1. 了解蛋白质的组成及蛋白质系数概念。
2. 了解测定蛋白质和氨基酸态氮的意义。
3. 掌握凯氏定氮法、酸度计法的操作方法。

【能力目标】

1. 能够正确使用酸度计、磁力搅拌器及滴定管等仪器。
2. 会用凯氏定氮法测定食品中蛋白质的含量。
3. 会用酸度计法测定食品中氨基酸态氮的含量。
4. 能依据相关标准并结合测定结果判定食品的品质。

【素质目标】

1. 能正确表达自我意见,并与他人良好沟通。

2. 培养求实的科学态度、严谨的工作作风，领会工匠精神。

3. 增强开拓创新、团结协作的职业素质。

【相关标准】

《食品安全国家标准　食品中蛋白质的测定》（GB 5009.5—2016）

《食品安全国家标准　食品中氨基酸态氮的测定》（GB 5009.235—2016）

【案例导入】

三聚氰胺事件

从 2008 年 3 月开始，患结石的婴儿陆续出现。2008 年 9 月 8 日甘肃兰州晨报等媒体首先以"某奶粉品牌"为名，爆料毒奶粉事件，三鹿却仍无回应。9 月 11 日三鹿作为毒奶粉的始作俑者，被新华网曝光，社会哗然，不过事后"我们的所有产品都是没有问题的"成为三鹿各方对毒奶粉事件的统一口径。9 月 12 日三鹿集团声称此事件是不法奶农为获取更多的利润而向鲜奶中掺入三聚氰胺导致的，石家庄市政府执行指令力度不大。9 月 16 日政府公布检测结果，发现 22 家企业 69 批次婴幼儿奶粉有不同含量的三聚氰胺。随后又开展了全国液态奶三聚氰胺专项检查，蒙牛、伊利、光明在一些抽检产品批次中发现三聚氰胺，引发了乳制品行业地震。此事件暴露出原料乳检测制度的缺陷、法制不健全、政府监管缺位、企业道德缺失等问题。

案例小结："三聚氰胺事件"是发生在我国的一起非常严重的法律意识淡漠、违法添加有毒有害物质的食品安全事件。食品安全不仅是道德问题，更是涉及法律层面的重大社会问题。我们要熟悉《中华人民共和国食品安全法》及其他相关的法律法规，自觉抵制不良生产、不良经营行为，争做知法、懂法、守法的好公民。

📖 **背景知识**

一、蛋白质的组成及蛋白质系数

蛋白质是复杂的含氮有机化合物，由 20 多种氨基酸通过肽链连接起来，相对分子质量可达到数万至百万，并具有复杂的立体结构。所含主要化学元素为 C、H、O、N，有些蛋白质还含有少量 P、Cu、Fe、I 等元素，但含氮是蛋白质区别于其他有机化合物的主要标志。蛋白质在食品中的含量变化范围很宽，动物来源和豆类食品是优良的蛋白质资源，不同种类食品的蛋白质含量不同。一般说来，动物性食品的蛋白质含量高于植物性食品，如牛肉中蛋白质含量为20.0% 左右，猪肉 9.5%，兔肉 21.2%，鸡肉 21.5%，牛乳 3.3%，带鱼 18.1%，大豆 36.5%，面粉 9.9%，菠菜 2.4%，黄瓜 0.8%，苹果 0.4%。

蛋白质的平均含氮量一般为 16%，也就是 1 份氮相当于 6.25 份蛋白质，此数值称为蛋白质换算系数。各种蛋白质的含氮量稍有不同，所以换算系数也有差别。

二、蛋白质测定的意义

蛋白质是生命的物质基础，是构成生物体细胞组织的重要成分，是生物体发育及修补组织的原料，其对调节生理功能、维持新陈代谢起着极其重要的作用。人及动物只能从食品得到蛋白质及其分解产物,构成自身的蛋白质,故蛋白质是人体重要的营养物质,也是食品中重要的营养指标之一,尤其是乳制品类的决定性指标,国家标准对一些典型食品的蛋白质含量作了专门的规定,见表2-27。蛋白质在决定食品的色、香、味以及组织形态和结构上也有重要的作用。测定食品中蛋白质的含量,对于评价食品的营养价值,合理开发利用食品资源,指导生产,优化食品配方,提高产品质量等具有重要的意义。

表2-27 典型食品蛋白质含量国家标准

食品名称	国家标准	蛋白质含量(g/100 g)
月饼(广式果仁类、肉与肉制品、 水产制品类)	GB/T 19855—2015	≥5
猪肉糜类罐头(午餐肉罐头)	GB/T 13213—2017	优级品≥12.0 合格品≥10.0
芝麻	GB/T 11761—2021	≥19.0
乳粉	GB 19644—2010	≥非脂乳固体的34%
生乳	GB 19301—2010	≥2.8
火腿肠	GB/T 20712—2006	特级≥12 优级≥11 普通级≥10 无淀粉产品≥14
含乳饮料	GB/T 21732—2008	配制≥1.0 发酵≥1.0 乳酸菌饮料≥0.7

蛋白质被酶、酸或碱水解的最终产物为氨基酸。氨基酸对人体的生理功能有着极其重要的作用,常会因其在体内缺乏而导致患病或通过补充而增强了新陈代谢作用。随着食品科学的发展和营养知识的普及,食物蛋白质中必需氨基酸含量的高低及氨基酸的构成,越来越得到人们的重视。为提高蛋白质的生理功效而进行食品氨基酸互补和强化的理论,对食品加工工艺的改革,对保健食品的开发及合理配膳等工作都具有积极的指导作用。因此,食品及其原料中氨基酸的分离、鉴定和定量也具有极其重要的意义。

三、蛋白质的测定方法——凯氏定氮法(第一法)

测定蛋白质的方法可分为两大类:一类是利用蛋白质的共性,即含氮量、肽键和折射率等测定蛋白质含量;另一类是利用蛋白质中特定氨基酸残基、酸性或碱性基团以及芳香基团等测定蛋白质含量。蛋白质测定最常用的方法是凯氏定氮法,它是测定总有机氮的最准确和操作较简便的方法之一,在国内外应用普遍,也是蛋白质测定的国家标准分析方法。此外,双缩脲分光光度比色法、染料结合分光光度比色法、酚试剂法等也常用于蛋白质含量的测定,由于方法简便快捷,多用于生产单位质量控制分析。近年来,国外常采用红外检测仪对蛋白质进行快速定量分析。

1. 测定原理

食品中的蛋白质在催化加热条件下被分解,产生的氨与硫酸结合生成硫酸铵。碱化蒸馏使氨游离,用硼酸吸收后以硫酸或盐酸标准滴定溶液滴定,根据酸的消耗量计算氮含量,再乘以换算系数,即为蛋白质的含量。

2. 仪器

①天平:感量为 1 mg。

②定氮蒸馏装置:如图 2-9 所示。

③自动凯氏定氮仪。

3. 试剂

除非另有说明,本方法所用试剂均为分析纯,水为 GB/T 6682 规定的三级水。

①硼酸溶液(20 g/L):称取 20 g 硼酸,加水溶解后并稀释至 1 000 mL。

②氢氧化钠溶液(400 g/L):称取 40 g 氢氧化钠加水溶解后,放冷,并稀释至 100 mL。

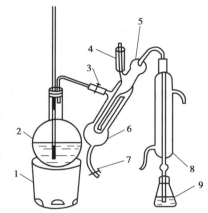

图 2-9　定氮蒸馏装置

1—电炉;2—水蒸气发生器(2 L 烧瓶);
3—螺旋夹;4—小玻杯及棒状玻塞;
5—反应室;6—反应室外层;
7—橡皮管及螺旋夹;8—冷凝管;
9—蒸馏液接收瓶

③0.050 0 mol/L 硫酸标准滴定溶液或 0.050 0 mol/L 盐酸标准滴定溶液。

④甲基红乙醇溶液(1 g/L):称取 0.1 g 甲基红,溶于 95% 乙醇,用 95% 乙醇稀释至 100 mL。

⑤亚甲基蓝乙醇溶液(1 g/L):称取 0.1 g 亚甲基蓝,溶于 95% 乙醇,用 95% 乙醇稀释至 100 mL。

⑥溴甲酚绿乙醇溶液(1 g/L):称取 0.1 g 溴甲酚绿,溶于 95% 乙醇,用 95% 乙醇稀释至 100 mL。

⑦A 混合指示液:2 份甲基红乙醇溶液与 1 份亚甲基蓝乙醇溶液临用时混合。

⑧B 混合指示液:1 份甲基红乙醇溶液与 5 份溴甲酚绿乙醇溶液临用时混合。

⑨硫酸铜($CuSO_4 \cdot 5H_2O$)。

⑩硫酸钾(K_2SO_4)。

4. 安全提醒

①因为消化过程温度可达 400 ℃,所以操作时要注意避免烫伤。

②消化过程会产生二氧化硫等有毒气体,一定要在通风橱中进行,还要保持实验室通风良好,避免中毒。

③消化结束后,不要把定氮瓶直接放在实验台上,一是温度高会烫坏实验台,二是定氮瓶遇冷会炸裂。应把定氮瓶放在木质的支架上,直到冷却至室温。

5. 测定步骤

(1)试样处理

称取充分混匀的固体试样 0.2 ~ 2 g,半固体试样 2 ~ 5 g 或液体试样 10 ~ 25 g(相当于 30 ~ 40 mg 氮),精确至 0.001 g。

(2)样品消化

将称好的样品移入干燥的定氮瓶中,加入 0.4 g 硫酸铜、6 g 硫酸钾及 20 mL 硫酸,轻摇后于瓶口放一小漏斗,将瓶以 45°斜支于有小孔的石棉网上。小心加热,待内容物全部碳化,泡沫完全停止后,加强火力,并保持瓶内液体微沸,至液体呈蓝绿色并澄清透明后,再继续加热 0.5~1 h。取下放冷,小心加入 20 mL 水,放冷后,移入 100 mL 容量瓶中,并用少量水清洗定氮瓶,洗液并入容量瓶中,再加水至刻度,混匀备用。同时做试剂空白试验。

(3)安装定氮蒸馏装置

按图 2-14 装好定氮蒸馏装置,向水蒸气发生器内装水至 2/3 处,加入数粒玻璃珠,加甲基红乙醇溶液数滴及数毫升硫酸,以保持水呈酸性,加热煮沸水蒸气发生器内的水并保持沸腾。

(4)样品消化液的蒸馏和吸收

向接收瓶内加入 10.0 mL 硼酸溶液及 1~2 滴 A 混合指示剂或 B 混合指示剂,并使冷凝管的下端插入液面下,根据试样中氮含量,准确吸取 2.0~10.0 mL 试样处理液由小玻杯注入反应室,以 10 mL 水洗涤小玻杯并使之流入反应室内,随后塞紧棒状玻塞。将 10.0 mL 氢氧化钠溶液倒入小玻杯,提起玻塞使其缓缓流入反应室,立即将玻塞盖紧,并水封。夹紧螺旋夹,开始蒸馏。蒸馏 10 min 后移动蒸馏液接收瓶,液面离开冷凝管下端,再蒸馏 1 min。然后用少量水冲洗冷凝管下端外部,取下蒸馏液接收瓶。

(5)滴定

尽快以硫酸或盐酸标准滴定溶液滴定接收瓶中的蒸馏液至终点,如用 A 混合指示液,终点颜色为灰蓝色;如用 B 混合指示液,终点颜色为浅灰红色。同时做空白试验。

自动凯氏定氮法:称取充分混匀的固体试样 0.2~2 g、半固体试样 2~5 g 或液体试样 10~25 g(相当于 30~40 mg 氮),精确至 0.001 g,置于消化管中,再加入 0.4 g 硫酸铜、6 g 硫酸钾及 20 mL 硫酸于消化炉进行消化。当消化炉温度达 420 ℃之后,继续消化 1 h,此时消化管中的液体呈绿色透明状,取出冷却后加入 50 mL 水,于自动凯氏定氮仪(使用前加入氢氧化钠溶液,盐酸或硫酸标准溶液以及含有混合指示剂 A 或 B 的硼酸溶液)上实现自动加液、蒸馏、滴定和记录滴定数据的过程。

6. 结果计算

试样中蛋白质的含量按下式计算:

$$X = \frac{(V_1 - V_2) \times c \times 0.014}{m \times V_3/100} \times F \times 100$$

式中　X——试样中蛋白质的含量,g/100 g;

　　　V_1——试液消耗硫酸或盐酸标准滴定液的体积,mL;

　　　V_2——空白实验消耗硫酸或盐酸标准滴定液的体积,mL;

　　　c——硫酸或盐酸标准滴定溶液浓度,mol/L;

　　　0.014——1.0 mL 硫酸或盐酸标准滴定溶液相当的氮的质量,g;

　　　m——试样的质量,g;

　　　V_3——吸取消化液的体积,mL;

　　　F——蛋白质换算系数;

　　　100——换算系数。

蛋白质含量不低于 21 g/100 g 时,结果保留三位有效数字;蛋白质含量低于 1 g/100 g 时,结果保留两位有效数字。

注:当只检测氮含量时,不需要乘蛋白质换算系数 F。

7.精密度

在重复条件下获得的两次独立测定结果的绝对差值不得超过算术平均值的10%。

8.其他

本方法当称样量为5.0 g时,检出限为8 mg/100 g。

9.注意事项

①本方法不适用于添加无机含氮物质、有机非蛋白质含氮物质的食品测定。所用试剂溶液应用无氨蒸馏水配制。

②消化时不要用强火,应保持和缓沸腾,注意不断转动定氮瓶,以便利用冷凝酸液将附在瓶内壁上的固体残渣洗下并促进其消化完全。

③样品中若含脂肪较多时,消化过程中易产生大量泡沫,为防止泡沫溢出瓶外,在开始消化时应用小火加热,并时时摇动;或者加入少量辛醇或液体石蜡或硅油消泡剂,并同时注意控制热源强度。

④当样品消化液不易澄清透明时,可将凯氏烧瓶冷却,加入30%过氧化氢2~3 mL后再继续加热消化。

⑤若取样量较大,如干试样超过5 g,可按每克试样5 mL的比例增加硫酸用量。

⑥一般消化至消化液呈透明后,继续消化30 min即可,但对于含有特别难以氨化的氮化合物的样品,如含赖氨酸、组氨酸、色氨酸、酪氨酸或脯氨酸等,需适当延长消化时间。有机物如分解完全,消化液呈蓝色或浅绿色,但含铁量多时,呈较深的绿色。

⑦蒸馏装置不能漏气。

⑧蒸馏前若加碱量不足,消化液呈蓝色,不生成氢氧化铜沉淀,此时需再增加氢氧化钠用量。氢氧化铜在70~90 ℃时发黑。

⑨蒸馏完毕后,应先将冷凝管下端提离液面清洗管口,再蒸1 min后关掉热源。否则可能造成吸收液倒吸。

燃烧法(第三法)

知识拓展——蛋白质的
其他测定方法

四、氨基酸态氮的测定——酸度计法(第一法)

氨基酸中的氮含量称为"氨基酸态氮",与测定蛋白质相比,氨基酸中的氮可以直接测定。测定方法有酸度计法和比色法。

1.测定原理

利用氨基酸的两性作用,加入甲醛以固定氨基的碱性,使羧基显示出酸性,用氢氧化钠标准溶液滴定后定量,以酸度计测定终点。

2.仪器

①酸度计(附磁力搅拌器)。

②10 mL 微量碱式滴定管。

③分析天平:感量0.1 mg。

3.试剂

除非另有说明,本方法所用试剂均为分析纯,水为 GB/T 6682—2008 规定的三级水。

①酚酞指示液：称取酚酞 1 g，溶于 95% 的乙醇中，用 95% 乙醇稀释至 100 mL。

②0.05 mol/L 氢氧化钠标准滴定溶液：称取 110 g 氢氧化钠于 250 mL 的烧杯中，加 100 mL 的水，振摇使之溶解成饱和溶液，冷却后置于聚乙烯的塑料瓶中，密塞，放置数日，澄清后备用。取上层清液 2.7 mL，加适量新煮沸过的冷蒸馏水至 1 000 mL，摇匀。

③甲醛（36% ~38%）：应不含有聚合物（没有沉淀且溶液不分层）。

④邻苯二甲酸氢钾（$HOOCC_6H_4COOH$）：基准物质。

4. 安全提醒

①甲醛有毒易挥发，实验时要佩戴口罩，在通风橱中操作，保持实验室通风良好。

②插入电极时不要触及磁力搅拌器的搅拌子，以免碰坏。

5. 测定步骤

（1）氢氧化钠标准滴定溶液的标定

准确称取约 0.36 g 在 105~110 ℃ 干燥至恒重的基准邻苯二甲酸氢钾，加 80 mL 新煮沸过的水，使之溶解，加 2 滴酚酞指示液（10 g/L），用氢氧化钠溶液滴定至溶液呈微红色，30 s 不褪色。记下耗用氢氧化钠溶液体积，同时做空白试验。

（2）试样测定

①酱油试样。

称量 5.0 g（或吸取 5.0 mL）试样于 50 mL 的烧杯中，用水分数次洗入 100 mL 容量瓶中，加水至刻度，混匀后吸取 20.0 mL 置于 200 mL 烧杯中，加 60 mL 水，开动磁力搅拌器，用 0.050 mol/L 氢氧化钠标准溶液滴定至酸度计指示 pH 值为 8.2，记下消耗氢氧化钠标准滴定溶液的毫升数，可计算总酸含量。加入 10.0 mL 甲醛溶液，混匀。再用氢氧化钠标准滴定溶液继续滴定至 pH 值为 9.2，记下消耗氢氧化钠标准滴定溶液的毫升数。同时取 80 mL 水，先用 0.050 mol/L 氢氧化钠标准溶液滴定至 pH 值为 8.2，再加入 10.0 mL 甲醛溶液，用氢氧化钠标准滴定溶液滴定至 pH 值为 9.2，做试剂空白试验。

②酱及黄豆酱样品。

将酱或黄豆酱样品搅拌均匀后，放入研钵中，在 10 min 内迅速研磨至无肉眼可见颗粒，装入磨口瓶中备用。用已知重量的称量瓶称取搅拌均匀的样品 5.0 g，用 50 mL 80 ℃ 左右的蒸馏水分数次洗入 100 mL 烧杯中，冷却后，转入 100 mL 容量瓶中，用少量水分次洗涤烧杯，洗液并入容量瓶中，并加水至刻度，混匀后过滤。吸取滤液 10.0 mL，置于 200 mL 烧杯中，加 60 mL 水，开动磁力搅拌器，用 0.050 mol/L 氢氧化钠标准溶液滴定至酸度计指示 pH 值为 8.2，记下消耗氢氧化钠标准滴定溶液的毫升数，可计算总酸含量。加入 10.0 mL 甲醛溶液，混匀。再用氢氧化钠标准滴定溶液继续滴定至 pH 值为 9.2，记下消耗氢氧化钠标准滴定溶液的毫升数。同时取 80 mL 水，先用 0.050 mol/L 氢氧化钠标准溶液调节至 pH 值为 8.2，再加入 10.0 mL 甲醛溶液，用氢氧化钠标准滴定溶液滴定至 pH 值为 9.2，做试剂空白试验。

6. 结果计算

①氢氧化钠标准滴定溶液的浓度按下式计算：

$$c = \frac{m}{(V_1 - V_2) \times 0.204\ 2}$$

式中　c——氢氧化钠标准滴定溶液的实际浓度，mol/L；

　　　m——基准邻苯二甲酸氢钾的质量，g；

　　　V_1——氢氧化钠标准溶液的用量体积，mL；

　　　V_2——空白实验中氢氧化钠标准溶液的用量体积，mL；

0.204 2——与 1.00 mL 氢氧化钠标准滴定溶液 $[c(\text{NaOH}) = 1.000 \text{ mol/L}]$ 相当的基准邻苯二甲酸氢钾的质量,g。

②试样中氨基酸态氮的含量按下式进行计算:

$$X_1 = \frac{(V_3 - V_4) \times c \times 0.014}{m \times V_5/V_6} \times 100$$

或

$$X_2 = \frac{(V_3 - V_4) \times c \times 0.014}{V \times V_5/V_6} \times 100$$

式中　X_1——试样中氨基酸态氮的含量,g/100 g;

　　　X_2——试样中氨基酸态氮的含量,g/100 mL;

　　　V_3——测定用试样稀释液加入甲醛后消耗氢氧化钠标准滴定溶液的体积,mL;

　　　V_4——试剂空白实验加入甲醛后消耗氢氧化钠标准滴定溶液的体积,mL;

　　　c——氢氧化钠标准滴定溶液的浓度,mol/L;

　　　0.014——与 1.00 mL 氢氧化钠标准滴定溶液 $[c(\text{NaOH}) = 1.000 \text{ mol/L}]$ 相当的氮的质量,g;

　　　m——称取试样的质量,g;

　　　V——吸取试样的体积,mL;

　　　V_5——试样稀释液的取用量,mL;

　　　V_6——试样稀释液的定容体积,mL;

　　　100——单位换算系数。

计算结果保留两位有效数字。

7. 精密度

在重复性条件下获得的两次独立测定结果的绝对差值不得超过算术平均值的10%。

8. 注意事项

①本方法准确快速,适用于以粮食和其副产品豆饼、麸皮等为原料酿造或配制的酱油,以粮食为原料酿造的酱类,以黄豆、小麦粉为原料酿造的豆酱类食品中游离氨基酸态氮的测定。

②对于浑浊和色泽深的样液可不经处理而直接测定。

③每次测定之前应用标准的缓冲液对酸度计进行校正,使用完毕后要注意正确维护电极,以保证电极的使用寿命。

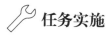 **任务实施**

比色法(第二法)

子任务一　豆奶饮料中蛋白质的测定——凯氏定氮法

1. 任务描述

分小组完成以下任务:

①查阅豆奶饮料的产品质量标准和蛋白质的测定标准,设计凯氏定氮法测定豆奶饮料中蛋白质含量的方案。

②准备测定豆奶饮料中蛋白质含量所需试剂材料及仪器设备。

③正确对样品进行预处理。

④正确进行样品中蛋白质含量的测定。

⑤记录结果并进行分析处理。

⑥依据《植物蛋白饮料 豆奶和豆奶饮料》(GB/T 30885—2014),判定样品中蛋白质含量是否合格。

⑦填写检测报告。

2. 检测工作准备

①查阅产品质量标准《植物蛋白饮料 豆奶和豆奶饮料》(GB/T 30885—2014)和检测标准《食品安全国家标准 食品中蛋白质的测定》(GB 5009.5—2016),设计测定豆奶饮料中蛋白质含量的方案。

②准备豆奶饮料中蛋白质含量测定所需试剂材料及仪器设备。

3. 任务实施步骤

步骤:样品消化→碱法蒸馏和硼酸吸收→盐酸滴定→数据处理与报告填写。

(1)样品消化

准确称取豆奶饮料20 g(精确至0.001 g),小心移入干燥洁净的500 mL凯氏烧瓶中,加入硫酸铜0.4 g、硫酸钾6 g和浓硫酸20 mL,轻轻摇匀,并将其以45°斜支于有小孔的石棉网上。用电炉以小火加热,待内容物全部炭化,泡沫停止产生后,加大火力,保持瓶内液体微沸,至液体变蓝绿色呈透明状态后,再继续加热微沸0.5～1 h。取下放冷,小心加入20 mL蒸馏水,放冷后移入100 mL容量瓶中,并用少量蒸馏水洗凯氏烧瓶,洗液并入容量瓶中,再加水至刻度,混匀备用。同时做试剂空白试验。

(2)碱法蒸馏和硼酸吸收

按要求装好凯氏定氮装置,准确吸取样品消化稀释液10 mL于反应室内,以10 mL蒸馏水洗涤小玻杯并使之流入反应室内,随后塞紧棒状玻塞。将10.0 mL氢氧化钠溶液倒入小玻杯,提起玻塞使其缓缓流入反应室,立即将玻塞盖紧,并水封。夹紧螺旋夹,开始蒸馏。冷凝管下端预先插入盛有10 mL 20 g/L硼酸吸收液的液面下。蒸馏至吸收液中所加的混合指示剂变为绿色时开始计时,继续蒸馏10 min后,将冷凝管尖端提离液面再蒸馏1 min,用蒸馏水冲洗冷凝管尖端后停止蒸馏。

(3)盐酸滴定

馏出液用0.050 0 mol/L HCl标准溶液滴定至浅灰红色为终点。同时做试剂空白。

(4)数据处理与报告填写

将豆奶饮料中蛋白质含量测定的原始数据填入表2-28中,并填写检测报告,见表2-29。

表2-28 豆奶饮料中蛋白质含量测定的原始记录

工作任务		样品名称	
接样日期		检测日期	
检测依据			
样品质量 m/g			
盐酸标准溶液浓度 c/(mol·L^{-1})			
吸取消化液的体积 V_3/mL(mol·L^{-1})			

续表

样品滴定	滴定管初读数/mL		
	滴定管末读数/mL		
	样品消耗盐酸标准溶液体积 V_1/mL		
空白滴定	滴定管初读数/mL		
	滴定管末读数/mL		
	试剂空白试验消耗盐酸标准溶液体积 V_2/mL		
样品中蛋白质含量 X/(g/100 g)			
样品中蛋白质含量平均值 $\overline{X}$/(g/100 g)			

表 2-29　豆奶饮料中蛋白质含量测定的检测报告

样品名称					
产品批号		生产日期		检测日期	
检测依据					
判定依据					
检测项目	单位		检测结果		标准要求
检测结论					
检测员			复核人		
备注					

4. 任务考核

按照表 2-30 评价工作任务完成情况。

表 2-30　任务考核评价指标

序号	工作任务	评价指标	不合格	合格	良	优
1	检测方案制订	正确选用检测标准及检测方法(5 分)	0	1	3	5
		检测方案制订合理规范(5 分)	0	1	3	5
2	样品称量	正确使用分析天平(预热、调平、称量、撒落、样品取放、清扫等)(10 分)	0	3	6	10

续表

序号	工作任务	评价指标	不合格	合格	良	优
3	样品消化	安全正确地添加浓硫酸(5分)	0	—	—	5
		规范使用移液管(5分)	0	1	3	5
		消化操作安全正确(5分)	0	2	4	5
		正确判断样品消化是否完全(5分)	0	1	3	5
4	蒸馏	正确使用阀门夹(5分)	0	1	3	5
		按正确顺序熟练操作(5分)	0	1	3	5
5	样品溶液的测定	正确使用滴定管(10分)	0	3	6	10
		滴定终点判断正确(5分)	0	—	—	5
6	数据处理与报告填写	原始记录及时、规范、整洁(5分)	0	2	4	5
		准确填写结果和检测报告(5分)	0	1	3	5
		数据处理准确,平行性好(5分)	0	2	4	5
		有效数字保留准确(5分)	0	—	—	5
7	其他操作	工作服整洁,及时整理、清洗、回收玻璃器皿及仪器设备(5分)	0	1	3	5
		操作时间控制在规定时间内(5分)	0	—	3	5
		符合安全规范操作(5分)	0	2	4	5
总分						

子任务二　酱油中氨基酸态氮的测定

1. 任务描述

分小组完成以下任务:

①查阅酱油的产品质量标准和氨基酸态氮的测定标准,设计测定酱油中氨基酸态氮含量的方案。

②准备测定酱油中氨基酸态氮含量所需试剂材料及仪器设备。

③正确对样品进行预处理。

④正确进行样品中氨基酸态氮含量的测定。

⑤记录结果并进行分析处理。

⑥依据《食品安全国家标准 酱油》(GB 2717—2018),判定样品中氨基酸态氮是否合格。

⑦填写检测报告。

2. 检测工作准备

①查阅产品质量标准《食品安全国家标准 酱油》(GB 2717—2018)和检测标准《食品安全国家标准 食品中氨基酸态氮的测定》(GB 5009.235—2016),设计测定酱油中氨基酸态氮含量的方案。

②准备酱油中氨基酸态氮含量测定所需试剂材料及仪器设备。

3. 任务实施步骤

步骤:样品预处理→样品滴定→空白滴定→数据处理与报告填写。

(1)样品预处理

准确吸取酱油 5.0 mL,置于 100 mL 容量瓶中,加水至刻度混匀。

(2)样品滴定

吸取 20.0 mL 酱油样品稀释液,置于 200 mL 烧杯中,加水 60 mL,插入已校正的酸度计,开动磁力搅拌器,用 0.05 mol/L NaOH 标准溶液滴定至酸度计指示 pH 值＝8.2,记录消耗氢氧化钠标准溶液的体积(按总酸计算公式,可以算出酱油的总酸含量)。

向上述溶液中,准确加入甲醛溶液 10 mL,混匀。继续用 0.05 mol/L NaOH 标准溶液滴定至 pH＝9.2,记录消耗氢氧化钠标准溶液的体积,供计算氨基酸态氮含量用。

(3)空白滴定

取水 80 mL,先用 0.05 mol/L 氢氧化钠标准溶液滴定至 pH 值＝8.2(记录消耗氢氧化钠标准溶液的毫升数,此为测总酸的试剂空白试验);再加入 10 mL 甲醛溶液,继续用 0.05 mol/L NaOH 标准溶液滴定至酸度计指示 pH 值＝9.2。第二次所用氢氧化钠标准溶液体积为测定氨基酸态氮的试剂空白试验。

(4)数据处理与报告填写

将酱油中氨基酸态氮含量测定的原始数据填入表 2-31 中,并填写检测报告,见表 2-32。

表 2-31　酱油中氨基酸态氮含量测定的原始记录

工作任务		样品名称	
接样日期		检测日期	
检测依据			
样品质量 m/g			
氢氧化钠标准溶液浓度 c/(mol·L^{-1})			
样品定容体积 V_4/mL			
样品稀释液取用量 V_3/mL			
测定用样品稀释液加入甲醛后消耗氢氧化钠标准溶液的体积 V_1/mL			
试剂空白试验加入甲醛后消耗氢氧化钠标准溶液的体积 V_2/mL			
样品中氨基酸态氮含量 X/(g/100 g)			
样品中氨基酸态氮含量平均值 $\overline{X}$/(g/100 g)			

表 2-32 酱油中氨基酸态氮含量测定的检测报告

样品名称					
产品批号		生产日期		检测日期	
检测依据					
判定依据					
检测项目	单位		检测结果		标准要求
检测结论					
检测员			复核人		
备注					

4. 任务考核

按照表 2-33 评价工作任务完成情况。

表 2-33 任务考核评价指标

序号	工作任务	评价指标	不合格	合格	良	优
1	检测方案制订	正确选用检测标准及检测方法(5分)	0	1	3	5
		检测方案制订合理规范(5分)	0	1	3	5
2	样品预处理	正确使用分析天平(预热、调平、称量、撒落、样品取放、清扫等)(10分)	0	3	6	10
		正确使用容量瓶稀释定容(5分)	0	—	—	5
3	样品滴定	正确进行酸度计校正(5分)	0	—	—	5
		正确使用磁力搅拌器(5分)	0	1	3	5
		规范使用移液管(10分)	0	3	6	10
		正确使用滴定管(10分)	0	3	6	10
		滴定终点判断正确(5分)	0	—	—	5
4	空白滴定	正确进行空白滴定(5分)	0	1	3	5
5	数据处理与报告填写	原始记录及时、规范、整洁(5分)	0	2	4	5
		准确填写结果和检测报告(5分)	0	1	3	5
		数据处理准确,平行性好(5分)	0	2	4	5
		有效数字保留准确(5分)	0	—	—	5
6	其他操作	工作服整洁,及时整理、清洗、回收玻璃器皿及仪器设备(5分)	0	1	3	5
		操作时间控制在规定时间内(5分)	0	1	3	5
		符合安全规范操作(5分)	0	2	4	5
总分						

达标自测

一、单项选择题

1. 实验室组装蒸馏装置,应选用以下(　　)组玻璃仪器。
A. 三角烧瓶、橡皮塞、冷凝管
B. 圆底烧瓶、冷凝管、定氮管
C. 三角烧瓶、冷凝管、定氮管
D. 圆底烧瓶、定氮管、凯氏烧瓶

2. 蛋白质测定中,下列做法正确的是(　　)。
A. 消化时硫酸钾用量要大
B. 蒸馏时 NaOH 要过量
C. 滴定时速度要快
D. 消化时间要长

3. 凯氏定氮法中测定蛋白质样品消化,加(　　)使有机物分解。
A. 盐酸
B. 硝酸
C. 硫酸
D. 混合酸

4. 蛋白质测定时消化用硫酸铜作用是(　　)。
A. 氧化剂
B. 还原剂
C. 催化剂
D. 提高液温

5. 用电位滴定法测定氨基酸含量时,加入甲醛的目的是(　　)。
A. 固定氨基
B. 固定羟基
C. 固定氨基和羟基
D. 以上都不是

6. 下列氨基酸测定操作错误的是(　　)。
A. 用 pH 值为 6.86 和 9.18 的标准缓冲溶液校正酸度计
B. 用 NaOH 溶液准确地中和样品中的游离酸
C. 应加入 10 mL 甲酸溶液
D. 用 NaOH 标准溶液滴至 pH 值为 9.20

7. 消化完毕时,溶液应呈(　　)。
A. 灰色
B. 蓝绿色
C. 蓝色
D. 粉色

8. 凯氏定氮法碱化蒸馏后,用(　　)作吸收液。
A. 氢氧化钠
B. 硫酸铜
C. 硫酸钾
D. 硼酸

9. 样品经消化进行蒸馏之前加入氢氧化钠的目的是(　　)。
A. 为了使消化液呈碱性,氨可以游离出来
B. 加速蛋白质的分解
C. 加速有机物质的分解
D. 催化作用

10. 凯氏定氮过程中,防止氨损失的方法不包括(　　)。
A. 加入 NaOH 一定要过量,否则氨气蒸出不完全
B. 夹紧废液蝴蝶夹后再通蒸汽
C. 硼酸吸收液的温度没有要求
D. 蒸馏完毕后,应先将冷凝管下端提离液面,再蒸 1 min,将附着在尖端的吸收液完全洗入吸收瓶内,再将吸收瓶移开

11. 凯氏定氮法测定的食品蛋白质含量为粗蛋白含量,原因是(　　)。
A. 食品中除了蛋白质还有其他的含氮物质(核酸、生物碱、含氮类脂、含氮色素等),因此凯氏定氮法测出的是食品中总有机氮的含量
B. 有机物分解不彻底
C. 最终结果为氮含量

D. 过程中氨的损失较大

12. 食品中蛋白质含量用凯氏定氮法测定时,应选用下列( )装置。

A. 回流 B. 蒸馏 C. 提取 D. 分馏

二、多项选择题

1. 用微量凯氏定氮法测定食品中蛋白质含量时,在蒸馏过程中应注意( )。

A. 先加40%氢氧化钠,再安装好硼酸吸收液

B. 火焰要稳定

C. 冷凝水在进水管中的流速应控制适当、稳定

D. 蒸馏一个样品后,应立即清洗蒸馏器至少2次

E. 加消化液和加40%氢氧化钠的动作要慢

2. 用微量凯氏定氮法测定食品中蛋白质含量时,在消化过程中应注意( )。

A. 称样准确、有代表性 B. 在通风柜内进行

C. 不要转动凯氏烧瓶 D. 消化的火力要适当

E. 烧瓶中放入几颗玻璃球

3. 凯氏定氮法的主要操作步骤分为( )四个步骤。

A. 消化 B. 蒸馏 C. 吸收 D. 滴定

4. 采用凯氏定氮法,添加 $CuSO_4$ 和 K_2SO_4 的作用是( )。

A. 催化

B. 作碱性反应的指示剂、消化终点的指示剂

C. 显色

D. 提高溶液的沸点,加速有机物的分解

5. 浓硫酸的作用是( )。

A. 脱水 B. 氧化

C. 加速蛋白质的分解 D. 缩短消化时间

三、判断题

1. 双指示剂甲醛滴定法测味精中氨基酸态氮含量时,加入甲醛的目的是固定羟基及羧基。取两份等量样液,用氢氧化钠溶液滴定至终点时,一份含中性红的样液应由红色变为淡蓝色,另一份含百里酚酞的应由无色变为琥珀色。 ( )

2. 蛋白质测定加碱蒸馏时,应先向反应室加入适量20%的 NaOH 溶液,再加入 10 mL 样品后,水封,通蒸汽进行蒸馏。 ( )

3. 凯氏定氮法消化时,有机物分解过程中的颜色变化为刚加入浓硫酸时为无色,炭化后为棕色,消化完全时消化液应呈褐色。 ( )

4. 凯氏定氮测定蛋白时,消化过程中加入 K_2SO_4 是为了提高消化温度。 ( )

5. 蛋白质测定蒸馏过程中,接收瓶内的液体是硼酸。 ( )

6. 凯氏定氮法是通过对样品总氮量的测定换算出蛋白质的含量,这是因为含氮是蛋白质区别于其他有机化合物的主要标志。 ( )

7. 凯氏定氮法消化过程中 H_2SO_4 的作用是使蛋白质分解,将有机氮转化为氨。 ( )

8. 消化加热应注意,含糖或脂肪多的样品应加入辛醇或液体石蜡或硅油作消泡剂。

( )

9. 凯氏定氮法用盐酸标准溶液滴定吸收液,溶液由蓝色变为微红色。　　　　　（　　）

10. 食品中氨基酸态氮含量的测定方法有电位滴定法,该方法的作用原理是利用氨基酸的两性性质,甲醛的作用是固定氨基。　　　　　　　　　　　　　　　　（　　）

11. 凯氏定氮法测定蛋白质含量的方法是测出样品中的总含氮量再乘以相应的蛋白质系数而求出蛋白质含量。　　　　　　　　　　　　　　　　　　　　　　　（　　）

任务九　食品中维生素的测定

【知识目标】

1. 了解维生素的种类及测定意义。

2. 掌握测定维生素 A、维生素 D、抗坏血酸、维生素 B_1 的操作方法。

【能力目标】

1. 能够运用不同分析方法对食品中常见维生素的含量进行测定。

2. 能正确处理检验数据,并根据测定结果和相关标准正确评价食品品质。

【素质目标】

1. 培养善于发现问题、解决问题的职业素质。

2. 培养求实的科学态度、严谨的工作作风,领会工匠精神。

3. 不断增强团队合作精神和集体荣誉感。

【相关标准】

《食品安全国家标准　食品中维生素 A、D、E 的测定》(GB 5009.82—2016)

《食品安全国家标准　食品中维生素 B_1 的测定》(GB 5009.84—2016)

《食品安全国家标准　食品中抗坏血酸的测定》(GB 5009.86—2016)

《食品安全国家标准　食品中胡萝卜素的测定》(GB 5009.83—2016)

【案例导入】

"咪可"辅食维生素 A 不合格

2020 年 12 月 23 日,国家市场监督管理总局官方通报了 15 批次抽检不合格食品,通报显示,标称江西某生物科技有限公司生产的"咪可"牌钙铁锌营养米乳(460 g/罐,2020/8/12),维生素 A 检出值为 9.66 μg RE/100kJ,低于国家标准最低限值 31%,约为产品包装标签明示值的 54.27%。同样标称该公司生产的"咪可"牌原味营养米粉(460 g/罐,2020/8/12),维生素 A 检出值为 9.73 μg RE/100 kJ,低于国家标准最低限值 30.5%,是产品包装标签明示值的 55.6%。

市场监管总局表示,维生素 A 是人类必需的脂溶性维生素。缺乏维生素 A 可引起夜盲症和干眼症等症状。《食品安全国家标准　婴幼儿谷类辅助食品》(GB 10769—2010)中规定,婴幼儿谷物辅助食品维生素 A 含量应为 14 ~ 43 μg RE/100 kJ,且《食品安全国家标准 预包装特殊膳食用食品标签》(GB 13432—2013)中规定,营养成分的实际含量不应低于标签明示值的80%。本次不合格样品实际检测含量既不符合食品安全国家标准要求,也不符合产品标签标示要求。

据专家介绍,特殊膳食食品中维生素 A 不达标,可能是生产企业所使用的原料质量不达标;也可能是受生产工艺条件的限制,在生产加工过程中产生损耗;还可能是企业对相关法规标准的理解不够透彻,或者企业未按标签明示值的要求添加。市场监管总局已严格按照《中华人民共和国食品安全法》等规定,及时启动核查处置工作,对抽检中发现的不合格产品,依法开展调查处理。

案例小结:从事食品相关工作,必须把人民健康放在首位,要遵守国家法律法规,要以诚信为本,不能利欲熏心,守住道德底线和法律底线。

📖 背景知识

一、维生素的种类

维生素是维持人体正常生命活动所必需的一类低分子量有机化合物。维生素种类很多,目前已确认的有 30 多种,其中被认为对维持人体健康和促进发育至关重要的有 20 余种。虽然不能供给机体热能,也不是构成组织的基本原料,需要量极少,但是维生素作为辅酶参与调节代谢过程,缺乏任何一种维生素都会导致相应的疾病。大多数维生素在人体中不能合成,需要从食物中摄取以满足正常的生理需要。

根据维生素的溶解性质可将其分为脂溶性维生素和水溶性维生素两大类。脂溶性维生素有维生素 A、维生素 D、维生素 E、维生素 K 等,在生物体内的存在和吸收都与脂肪有关。而水溶性维生素又可分为维生素 C 和 B 族维生素两类。在这些维生素中,人体比较容易缺乏而在营养上又较重要的维生素有维生素 A、维生素 D、维生素 E、维生素 B_1、维生素 B_2、维生素 B_5（烟酸）、维生素 B_6、维生素 C。

二、测定意义

食品中各种维生素的含量主要取决于食品的品种,此外,还与食品的工艺及贮存等条件有关,许多维生素对光、热、氧、pH 值敏感,因而加工工艺条件不合理或贮存不当都会造成维生素的损失。由于没有任何一种食品含有可以满足人体所需的全部维生素,故人们必须靠合理搭配日常饮食,来获取适量的各种维生素。测定食品中维生素的含量,在评价食品的营养价值,开发和利用富含维生素的食品资源;指导人们合理调整膳食结构,防止维生素缺乏症;研究维生素在食品加工、贮存等过程中的稳定性,指导人们制定合理

知识拓展——食品加工中保护维生素的有效措施

的工艺条件及贮存条件,最大限度地保留各种维生素;监督维生素强化食品的强化剂量,防止因摄入过多而引起维生素中毒等方面具有十分重要的意义和作用。

三、脂溶性维生素的测定方法

测定脂溶性维生素时,通常先用皂化法处理样品,水洗去除类脂物。然后用有机溶剂提取脂溶性维生素(不皂化物),浓缩后溶于适当的溶剂后测定。在皂化和浓缩时,为防止维生

素的氧化分解,常加入抗氧化剂(如焦性没食子酸、维生素 C 等)。对于某些液体样品或脂肪含量低的样品,可以先用有机溶剂萃取出脂类,然后再进行皂化处理;对于维生素 A、维生素 D、维生素 E 共存的样品,或杂质含量高的样品,在皂化提取后,还需进行层析分离。分析操作一般要在避光条件下进行。

反相高效液相色谱法测定食品中
维生素 A 和维生素 E(第一法)

食品中胡萝卜素的测定

四、水溶性维生素的测定方法

测定水溶性维生素时,一般在酸性溶液中进行前处理。维生素 B_1、B_2 通常采用酸水解,或经淀粉酶、木瓜蛋白酶等酶解作用,使结合态维生素游离出来,再将它们从食物中提取出来。维生素 C 通常采用草酸或草酸-乙酸直接提取。在一定浓度的酸性介质中,可以消除某些还原性杂质对维生素 C 的破坏。

1. 2,6-二氯靛酚滴定法测定抗坏血酸(第三法)

(1)测定原理

用蓝色的碱性染料2,6-二氯靛酚标准溶液对含 L(+)-抗坏血酸的试样酸性浸出液进行氧化还原滴定,2,6-二氯靛酚被还原为无色,当到达滴定终点时,多余的 2,6-二氯靛酚在酸性介质中显浅红色,由 2,6-二氯靛酚的消耗量计算样品中 L(+)-抗坏血酸的含量。

高效液相色谱法测定
抗坏血酸(第一法)

(2)标准品

L(+)-抗坏血酸标准品($C_6H_8O_6$):纯度不低于99%。

(3)试剂

除非另有说明,本方法所用试剂均为分析纯,水为 GB/T 6682 规定的三级水。

①偏磷酸溶液(20 g/L):称取 20 g 偏磷酸,用水溶解并定容至 1 L。

②草酸溶液(20 g/L):称取 20 g 草酸,用水溶解并定容至 1 L。

③碳酸氢钠($NaHCO_3$)。

④2,6-二氯靛酚(2,6-二氯靛酚钠盐)溶液:称取碳酸氢钠 52 mg 溶解在 200 mL 热蒸馏水中,然后称取 2,6-二氯靛酚 50 mg 溶解在上述碳酸氢钠溶液中。冷却并用水定容至 250 mL,过滤至棕色瓶内,于 4～8 ℃环境中保存。每次使用前,用标准抗坏血酸溶液标定其滴定度。

⑤白陶土(或高岭土):对抗坏血酸无吸附性。

⑥L(+)-抗坏血酸标准溶液(1.000 mg/mL):称取 100 mg(精确至 0.1 mg)L(+)-抗坏血酸标准品,溶于偏磷酸溶液或草酸溶液并定容至 100 mL。该贮备液在 2～8 ℃避光条件下可保存一周。

(4)测定步骤

①2,6-二氯靛酚溶液的标定。

准确吸取 1 mL 抗坏血酸标准溶液于 50 mL 锥形瓶中,加入 10 mL 偏磷酸溶液或草酸溶液,摇匀,用2,6-二氯靛酚溶液滴定至粉红色,保持 15 s 不褪色为止。同时另取 10 mL 偏磷酸溶液或草酸溶液做空白试验。

②试液制备。

称取具有代表性样品的可食部分 100 g,放入粉碎机中,加入 100 g 偏磷酸溶液或草酸溶液,迅速捣成匀浆。准确称取 10~40 g 匀浆样品(精确至 0.01 g)于烧杯中,用偏磷酸溶液或草酸溶液将样品转移至 100 mL 容量瓶,并稀释至刻度,摇匀后过滤。若滤液有颜色,可按每克样品加 0.4 g 白陶土脱色后再过滤。

③滴定。

准确吸取 10 mL 滤液于 50 mL 锥形瓶中,用标定过的 2,6-二氯靛酚溶液滴定,直至溶液呈粉红色且 15 s 不褪色为止。同时做空白试验。

(5)结果计算

①2,6-二氯靛酚溶液的滴定度按下式计算:

$$T = \frac{c \times V}{V_1 - V_0}$$

式中　T——2,6-二氯靛酚溶液的滴定度,即每毫升 2,6-二氯靛酚溶液相当于抗坏血酸的毫克数,mg/mL;

　　c——抗坏血酸标准溶液的质量浓度,mg/mL;

　　V——吸取抗坏血酸标准溶液的体积,mL;

　　V_1——滴定抗坏血酸标准溶液消耗 2,6-二氯靛酚溶液的体积,mL;

　　V_0——滴定空白消耗 2,6-二氯靛酚溶液的体积,mL。

②试样中 L(+)-抗坏血酸含量按下式计算:

$$X = \frac{(V - V_0) \times T \times A}{m} \times 100$$

式中　X——试样中 L(+)-抗坏血酸含量,mg/100 g;

　　V——滴定试样所消耗 2,6-二氯靛酚溶液的体积,mL;

　　V_0——空白试验所消耗 2,6-二氯靛酚溶液的体积,mL;

　　T——2,6-二氯靛酚溶液的滴定度,即每毫升 2,6-二氯靛酚溶液相当于抗坏血酸的毫克数,mg/mL;

　　A——稀释倍数;

　　m——试样质量,g。

计算结果以重复性条件下获得的两次独立测定结果的算术平均值表示,结果保留三位有效数字。

(6)精密度

在重复性条件下获得的两次独立测定结果的绝对差值,在 L(+)-抗坏血酸含量大于 20 mg/100 g 时不得超过算术平均值的 2%。在 L(+)-抗坏血酸含量小于或等于 20 mg/100 g 时不得超过算术平均值的 5%。

(7)注意事项

①本方法适用于水果、蔬菜及其制品中 L(+)-抗坏血酸的测定,整个检测过程应在避光条件下进行。

②样品采取后,应浸泡在已知量的 20 g/L 草酸或偏磷溶液中,抑制抗坏血酸氧化酶的活

性,以防止维生素 C 氧化损失。测定时整个操作过程要迅速,防止抗坏血酸被氧化。

③若样品滤液颜色较深,影响滴定终点观察,可加入白陶土再过滤。白陶土使用前应测定回收率。

④若样品中含有 Fe^{2+}、Cu^{2+}、Sn^{2+}、亚硫酸盐、硫代硫酸盐等还原性杂质时,结果会偏高。

2. 荧光分光光度法测定维生素 B_1(第二法)

(1)测定原理

硫胺素在碱性铁氰化钾溶液中被氧化成噻嘧色素,在紫外线照射下,噻嘧色素发出荧光,在给定的条件下,以及没有其他荧光物质干扰时,此荧光之强度与噻嘧色素量成正比,即与溶液中硫胺素量成正比。如试样中含杂质过多,应经过离子交换剂处理,使硫胺素与杂质分离,然后以所得溶液用于测定。

(2)仪器

①荧光分光光度计。

②离心机:转速不低于 4 000 r/min。

③pH 计:精度 0.01。

④电热恒温箱。

⑤盐基交换管或层析柱(60 mL,300 mm×10 mm 内径)。

⑥天平:感量为 0.01 g 和 0.01 mg。

(3)标准品

盐酸硫胺素($C_{12}H_{17}ClN_4OS \cdot HCl$),CAS:67-03-8,纯度:≥99.0%。

(4)试剂

除非另有说明,本方法所用试剂均为分析纯,水为 GB/T 6682 规定的二级水。

①0.1 mol/L 盐酸溶液:移取 8.5 mL 盐酸,用水稀释并定容至 1 000 mL,摇匀。

②0.01 mol/L 盐酸溶液:量取 0.1 mol/L 盐酸溶液 50 mL,用水稀释并定容至 500 mL,摇匀。

③2 mol/L 乙酸钠溶液:称取 272 g 乙酸钠,用水溶解并定容至 1 000 mL,摇匀。

④混合酶液:称取 1.76 g 木瓜蛋白酶、1.27 g 淀粉酶,加水定容至 50 mL,涡旋,使其呈混悬状液体,冷藏保存。临用前再次摇匀后使用。

⑤氯化钾溶液(250 g/L):称取 250 g 氯化钾,用水溶解并定容至 1 000 mL,摇匀。

⑥酸性氯化钾(250 g/L):移取 8.5 mL 盐酸,用 250 g/L 氯化钾溶液稀释并定容至 1 000 mL,摇匀。

⑦氢氧化钠溶液(150 g/L):称取 150 g 氢氧化钠,用水溶解并定容至 1 000 mL,摇匀。

⑧铁氰化钾溶液(10 g/L):称取 1 g 铁氰化钾,用水溶解并定容至 100 mL,摇匀,于棕色瓶内保存。

⑨碱性铁氰化钾溶液:移取 4 mL 10 g/L 铁氰化钾溶液⑧,用 150 g/L 氢氧化钠溶液稀释至 60 mL,摇匀。用时现配,避光使用。

⑩乙酸溶液:量取 30 mL 冰乙酸,用水稀释并定容至 1 000 mL,摇匀。

⑪0.01 mol/L 硝酸银溶液:称取 0.17 g 硝酸银,用 100 mL 水溶解后,于棕色瓶中保存。

⑫0.1 mol/L 氢氧化钠溶液:称取 0.4 g 氢氧化钠用水溶解并定容至 100 mL,摇匀。

⑬溴甲酚绿溶液(0.4 g/L):称取 0.1 g 溴甲酚绿,置于小研钵中,加入 1.4 mL 0.1 mol/L

氢氧化钠溶液研磨片刻,再加入少许水继续研磨至完全溶解,用水稀释至 250 mL。

⑭活性人造沸石:称取 200 g 0.25 mm(40 目)~0.42 mm(60 目)的人造沸石于 2 000 mL 试剂瓶中,加入 10 倍于其体积的接近沸腾的热乙酸溶液,振荡 10 min,静置后,弃去上清液,再加入热乙酸溶液,重复一次;再加入 5 倍于其体积的接近沸腾的热 250 g/L 氯化钾溶液,振荡 15 min,倒出上清液;再加入乙酸溶液,振荡 10 min,倒出上清液;反复洗涤直至不含氯离子。氯离子的定性鉴别方法:取 1 mL 上述上清液(洗涤液)于 5 mL 试管中,加入几滴 0.01 mol/L 硝酸银溶液,振荡,观察是否有浑浊产生,如果有浑浊说明还含有氯离子,继续用水洗涤,直至不含氯离子为止。将此活性人造沸石于水中冷藏保存备用。使用时,倒入适量于铺有滤纸的漏斗中,沥干水后称取约 8.0 g,倒入充满水的层析柱中。

(5)标准溶液配制

①维生素 B₁ 标准储备液(100 μg/mL):准确称取经氯化钙或者五氧化二磷干燥 24 h 的盐酸硫胺素 112.1 mg(精确至 0.1 mg),相当于硫胺素为 100 mg,用 0.01 mol/L 盐酸溶液溶解,并稀释至 1 000 mL,摇匀。于 0~4 ℃冰箱内避光保存,保存期为 3 个月。

②维生素 B₁ 标准中间液(10.0 μg/mL):将标准储备液用 0.01 mol/L 盐酸溶液稀释 10 倍,摇匀,在冰箱中避光保存。

③维生素 B₁ 标准使用液(0.100 μg/mL):准确移取维生素 B₁ 标准中间液 1.00 mL,用水稀释、定容至 100 mL,摇匀。临用前配制。

(6)测定步骤

①试样预处理。

用匀浆机将样品均质成匀浆,于冰箱中冷冻保存,用时将其解冻混匀使用。干燥试样取不少于 150 g,将其全部充分粉碎后备用。

②提取。

准确称取适量试样(估计其硫胺素含量 10~30 μg,一般称取 2~10 g 试样),置于 100 mL 锥形瓶中,加入 50 mL 0.1 mol/L 盐酸溶液,使得样品分散开,将样品放入恒温箱中于 121 ℃ 水解 30 min,结束后,凉至室温后取出。用 2 mol/L 乙酸钠溶液调节 pH 值至 4.0~5.0,或者用 0.4 g/L 溴甲酚绿溶液为指示剂,滴定至溶液由黄色转变为蓝绿色。

酶解:于水解液中加入 2 mL 混合酶液,于 45~50 ℃ 温箱中保温过夜(16 h)。待溶液凉至室温后,转移至 100 mL 容量瓶中,用水定容至刻度,混匀、过滤,即得提取液。

③净化。

装柱:根据待测样品的数量,取适量处理好的活性人造沸石,经滤纸过滤后,放在烧杯中。用少许脱脂棉铺于盐基交换管(或层析柱)的底部,加水将棉纤维中的气泡排出,关闭柱塞,加入约 20 mL 水,再加入约 8.0 g(以湿重计,相当于干重 1.0~1.2 g)经预先处理的活性人造沸石,要求保持盐基交换管中液面始终高过活性人造沸石。活性人造沸石柱床的高度对维生素 B 测定结果有影响,高度应不低于 45 mm。

样品提取液的净化:准确加入 20 mL 上述提取液于上述盐基交换管(或层析柱)中,使通过活性人造沸石的硫胺素总量为 2~5 μg,流速约为 1 滴/s。加入 10 mL 近沸腾的热水冲洗盐基交换管,流速约为 1 滴/s,弃去淋洗液,如此重复 3 次。于交换管下放置 25 mL 刻度试管用于收集洗脱液,分两次加入 20 mL 温度约为 90 ℃ 的酸性氯化钾溶液,每次 10 mL,流速为 1 滴/s。待洗脱液凉至室温后,用 250 g/L 酸性氯化钾定容,摇匀,即为试样净化液。

标准溶液的处理:重复上述操作,取 20 mL 维生素 B₁ 标准使用液(0.1 μg/mL)代替试样提取液,同时用盐基交换管(或层析柱)净化,即得到标准净化液。

④氧化。

将 5 mL 试样净化液分别加入 A、B 两支已标记的 50 mL 离心管中。在避光条件下将 3 mL 150 g/L 氢氧化钠溶液加入离心管 A,将 3 mL 碱性铁氰化钾溶液加入离心管 B,涡旋 15 s;然后各加入 10 mL 正丁醇,将 A、B 管同时涡旋 90 s。静置分层后吸取上层有机相于另一套离心管中,加入 2~3 g 无水硫酸钠,涡旋 20 s,使溶液充分脱水,待测定。

用标准的净化液代替试样净化液重复"④氧化"的操作。

⑤荧光测定条件。

激发波长:365 nm;发射波长:435 nm;狭缝宽度:5 nm。

⑥依次测定下列荧光强度。

a. 试样空白荧光强度(试样反应管 A);

b. 标准空白荧光强度(标准反应管 A);

c. 试样荧光强度(试样反应管 B);

d. 标准荧光强度(标准反应管 B)。

(7)结果计算

试样中维生素 B₁(以硫胺素计)的含量按下式计算:

$$X = \frac{(U - U_b) \times c \times V}{(S - S_b)} \times \frac{V_1 \times f}{V_2 \times m} \times \frac{100}{1\ 000}$$

式中　X——试样中维生素 B₁(以硫胺素计)的含量,mg/100 g;

　　　U——试样荧光强度;

　　　U_b——试样空白荧光强度;

　　　S——标准管荧光强度;

　　　c——硫胺素标准使用液的浓度,μg/mL;

　　　V——用于净化的硫胺素标准使用液体积,mL;

　　　S_b——标准管空白荧光强度;

　　　V_1——试样水解后定容得到的提取液之体积,mL;

　　　f——试样提取液的稀释倍数;

　　　V_2——试样用于净化的提取液体积,mL;

　　　m——试样质量,g。

注:试样中测定的硫胺素含量乘以换算系数 1.121,即得盐酸硫胺素的含量。

维生素 B₁ 标准在 0.2~10 μg 之间呈线性关系,可以用单点法计算结果,否则用标准工作曲线法。以重复性条件下获得的两次独立测定结果的算术平均值表示,结果保留三位有效数字。

(8)精密度

在重复性条件下获得的两次独立测定结果的绝对差值不得超过算术平均值的 10%。

(9)其他

检出限为 0.04 mg/100 g,定量限为 0.12 mg/100 g。

（10）注意事项

①本方法适用于各类食品中维生素 B_1 的测定，但不适用于含有吸附维生素 B_1 物质和有影响硫色素荧光物质的样品。

②硫色素在光照下会被破坏，因此维生素 B_1 被氧化后，反应瓶应用黑布遮盖或在暗室下进行氧化和荧光测定。

③一般食品中的维生素 B_1 有游离型的，也有结合型的，常与淀粉、蛋白质等高分子化合物结合在一起，故需要酸和酶水解，使结合型的维生素 B_1 转化为游离型的，再进行测定。

④可在加入酸性氯化钾后停止实验，因为维生素 B_1 在此溶液中比较稳定。

⑤样品与铁氰化钾溶液混合后，所呈现的黄色应至少保持 15 s，否则应再滴加铁氰化钾溶液 1～2 滴。因为样品中如含有还原性物质，而铁氰化钾用量不够时，维生素 B_1 氧化不完全，测定误差较大。但过多的铁氰化钾会破坏硫色素，故其用量应控制适宜。

⑥氧化是操作的关键步骤，操作中应保持滴加试剂迅速一致。

⑦谷类物质不需酶分解，样品粉碎后用 250 g/L 酸性氯化钾直接提取，氧化测定。

 **任务实施**

子任务　青椒中抗坏血酸的测定——2,6-二氯靛酚滴定法

1. 任务描述

分小组完成以下任务：

①查阅食品中抗坏血酸的测定标准，设计 2,6-二氯靛酚滴定法测定青椒中抗坏血酸的方案。

②准备 2,6-二氯靛酚滴定法测定抗坏血酸所需试剂材料及仪器设备。

③正确对样品进行预处理。

④正确进行样品中抗坏血酸含量的测定。

⑤结果记录及分析处理。

⑥填写检测报告。

2. 检测工作准备

①查阅检测标准《食品安全国家标准　食品中抗坏血酸的测定》（GB 5009.86—2016），设计 2,6-二氯靛酚滴定法测定青椒中抗坏血酸的方案。

②准备青椒中抗坏血酸测定所需试剂材料及仪器设备。

3. 任务实施步骤

步骤：2,6-二氯靛酚溶液标定→样液提取→样液测定→数据处理与报告填写。

（1）2,6-二氯靛酚溶液标定

吸 1 mL 抗坏血酸标准溶液于 50 mL 锥形瓶中，加 10 mL 草酸，用染料 2,6-二氯靛酚滴定至溶液呈粉红色，在 15 s 内不褪色为终点，记录消耗染料的体积，同时做空白试验。

（2）样液提取

称取新鲜的具有代表性青椒样品的可食部分 100.000 g，迅速置于组织捣碎机中，用移液管准确加入 20 g/L 草酸溶液 100 mL，快速打成匀浆后，称取匀浆 20.00 g，加入适量的（10～20 mL）草酸，搅匀，小心转移至 100 mL 容量瓶中，用草酸稀释定容，摇匀静置一段时间后过滤，取中间滤液备用。

（3）样液测定

吸取 10 mL 样品滤液于 50 mL 锥形瓶中，用已标定过的 2,6-二氯靛酚溶液滴定至粉红色，且 15 s 内不褪色为止。同时做空白试验。

（4）数据处理与报告填写

将青椒中抗坏血酸含量测定的原始数据填入表 2-34 中，并填写检测报告，见表 2-35。

表 2-34　青椒中抗坏血酸含量测定的原始记录

工作任务		样品名称			
接样日期		检测日期			
检测依据					
样品质量 m/g					
抗坏血酸标准溶液的质量浓度 c/(mg·mL^{-1})					
2,6-二氯靛酚溶液标定	吸取抗坏血酸标准溶液的体积 V/mL				
	滴定管初读数/mL				
	滴定管末读数/mL				
	消耗 2,6-二氯靛酚溶液体积 V_1/mL				
	标定时空白试验消耗 2,6-二氯靛酚溶液体积 V_0/mL				
1 mL 2,6-二氯靛酚溶液相当于 L(+)-抗坏血酸的毫克数 T/(mg·mL^{-1})					
T 平均值/(mg·mL^{-1})					
吸取样品滤液体积/mL					
样品测定	滴定管初读数/mL				
	滴定管末读数/mL				
	样品消耗 2,6-二氯靛酚溶液体积 V_3/mL				
	空白试验消耗 2,6-二氯靛酚溶液体积 V_4/mL				
样品中 L(+)-抗坏血酸含量 X/(mg/100 g)					
样品中 L(+)-抗坏血酸含量平均值 $\overline{X}$/(mg/100 g)					

表 2-35 青椒中抗坏血酸含量测定的检测报告

样品名称				
产品批号		生产日期		检测日期
检测依据				
判定依据				
检测项目	单位	检测结果		青椒中抗坏血酸的范围
结果评价				
检测员		复核人		
备注				

4. 任务考核

按照表 2-36 评价工作任务完成情况。

表 2-36 任务考核评价指标

序号	工作任务	评价指标	不合格	合格	良	优
1	检测方案制订	正确选用检测标准及检测方法(5 分)	0	1	3	5
		检测方案制订合理规范(5 分)	0	1	3	5
2	2,6-二氯靛酚溶液标定	正确进行标定操作(10 分)	0	3	6	10
3	样液提取	正确使用分析天平(预热、调平、称量、撒落、样品取放、清扫等)(10 分)	0	3	6	10
		正确使用容量瓶进行定容(5 分)	0	—	—	5
		过滤操作规范(5 分)	0	1	3	5
4	样液测定	规范使用移液管(10 分)	0	3	6	10
		正确使用滴定管(10 分)	0	3	6	10
5	空白滴定	正确进行空白滴定(5 分)	0	1	3	5
6	数据处理与报告填写	原始记录及时、规范、整洁(5 分)	0	2	4	5
		准确填写结果和检测报告(5 分)	0	1	3	5
		数据处理准确,平行性好(5 分)	0	2	4	5
		有效数字保留准确(5 分)	0	—	—	5
7	其他操作	工作服整洁,及时整理、清洗、回收玻璃器皿及仪器设备(5 分)	0	1	3	5
		操作时间控制在规定时间内(5 分)	0	1	3	5
		符合安全规范操作(5 分)	0	2	4	5
总分						

达标自测

一、单项选择题

1. 测饮料中 L(+)-抗坏血酸含量时,加草酸溶液的作用是( )。

A. 调节溶液 pH 值   B. 防止维生素 C 氧化损失

C. 吸收样品中的维生素 C   D. 参与反应

2. 若要检测食品中的胡萝卜素,样品保存时必须在( )条件下保存。

A. 低温   B. 恒温   C. 避光   D. 高温

3. 分光光度计打开电源开关后,下一步的操作正确的是( )。

A. 预热 20 min

B. 调节"O"电位器,使电表针指向"O"

C. 选择工作波长

D. 调节 100% 电位器,使电表指针至透光 100%

4. 不同维生素均具有各自特定生理功能,下列属于维生素 C 的功能是( )。

A. 抗神经炎、预防脚气病、预防唇及舌发炎

B. 预防癞皮病、形成辅酶的成分、与氨基酸代谢有关

C. 预防皮肤病、促进脂类代谢

D. 预防及治疗坏血病、促进细胞间质生长

5. 下列不是维生素 A 的测定方法的是( )。

A. 三氯化锑比色法   B. 紫外分光光度法

C. 荧光法   D. 2,6-二氯靛酚法

6. 以下属于水溶性维生素的是( )。

A. 维生素 A_1 B. 维生素 B_{12} C. 维生素 D_2 D. 维生素 K_2

7. 用标准的 2,6-二氯靛酚染料溶液滴定含维生素 C 溶液,滴定至溶液呈( )于 15 s 内不褪色为终点。

A. 粉红色   B. 蓝色   C. 无色   D. 绿色

8. 硫胺素常以( )的形式出现,为白色结晶,比较耐热,特别在酸性介质中相当稳定。

A. 乙酸盐   B. 硝酸盐   C. 盐酸盐   D. 硫酸盐

二、多项选择题

1. 维生素的特性包括( )。

A. 维生素或其前体化合物都在天然食物中存在

B. 不能供给机体热能,也不是构成组织的基本原料

C. 主要功用是通过作为辅酶的成分调节代谢过程,需要量极小

D. 一般在体内不能合成或合成量不能满足生理需要,必须经常从食物中摄取

E. 长期缺乏任何一种维生素都会导致相应的疾病

2. 维生素根据其物理特性分为( )。

A. 脂溶性维生素   B. 水溶性维生素

C. 酯类维生素   D. 醚类维生素

3. 预防维生素 D 缺乏的方法有( )。

A. 适当户外活动

B. 食用富含维生素 D 的食物

C. 食用适量的维生素

D. 在医生指导下,适量补以维生素 D 制剂

4. 测定食品中维生素的意义包括(   )。

A. 有助于评价食品的营养价值,开发利用富含维生素的食品资源

B. 指导人们合理调整膳食结构,防止维生素缺乏症

C. 研究维生素在食品加工、贮藏等过程中的稳定性,指导相关人员制定合理的工艺条件及贮存条件,最大限度地保留各种维生素

D. 监督维生素强化食品的强化剂量

5. 以下关于脂溶性维生素的说法正确的是(   )。

A. 不溶于水,易溶于有机溶剂

B. 维生素 A、D 对酸不稳定,对碱稳定

C. 维生素 K 对热稳定,但容易被光、氧化剂及醇破坏

D. 维生素 A、D、E、K 耐热性较好

三、判断题

1. 用比色法测定维生素 A 时,所生成的蓝色配合物很稳定。   (   )

2. 总抗坏血酸的测定通常采用 2,6-二氯靛酚滴定法。   (   )

3. 测定维生素 A 和维生素 E 的含量进行皂化法处理样品时,加入抗坏血酸的目的是抗氧化,防止维生素 A 和维生素 E 氧化损失。   (   )

4. 用比色法测定维生素 A 时,所生成的蓝色配合物很稳定。   (   )

5. 维生素 A、D 都对酸不稳定,两者易于被氧化。   (   )

6. 维生素 E 在碱性条件下较稳定,对热与光都较稳定,但是易于氧化。   (   )

7. 测定脂溶性维生素的常用分析方法有高效液相色谱法和比色法。   (   )

8. 水溶性维生素在碱性介质中稳定,在酸性条件下不稳定。   (   )

9. β-胡萝卜素是类胡萝卜素之一,也是橘黄色脂溶性化合物,它是自然界中最普遍存在也是最稳定的天然色素。   (   )

10. 维生素 B_2,又称核黄素,是我国居民膳食中最容易缺乏的维生素。   (   )

任务十　食品中重金属及其他矿物质元素的测定

【知识目标】

1. 了解矿物质元素的种类及测定意义。

2. 掌握食品中重要矿物质元素的测定方法。

3. 掌握样品前处理的操作技能。

【能力目标】

1. 能够运用不同的分析方法对食品中重要矿物质元素的含量进行测定。

2.能正确选择处理样品的方法。

3.能依据相关标准并结合测定结果判定食品的品质。

【素质目标】

1.增强严谨细致、团结协作的职业素养。

2.增强实验室安全操作和安全防护意识。

3.养成规范操作、爱护仪器的习惯。

【相关标准】

《食品安全国家标准　食品中钙的测定》(GB 5009.92—2016)

《食品安全国家标准　食品中铅的测定》(GB 5009.12—2017)

《食品安全国家标准　食品中铜的测定》(GB 5009.13—2017)

《食品安全国家标准　食品中锌的测定》(GB 5009.14—2017)

【案例导入】

"镉大米"再现

2020年3月20日,海南省市场监督管理局发布的食品不合格情况通告显示,海南某实业发展有限公司生产销售的黄花粘(大米),镉(以 Cd 计)检测值为 0.38 mg/kg,标准规定为不大于 0.2 mg/kg,不符合食品安全国家标准规定。虽然国家对大米加强了监管力度,同时,多方专家也在不断寻求解决镉超标办法,但是大米镉超标的问题并没有彻底解决,近年来的食品抽检信息中仍有大米镉超标的通报,仅近一年内就有多地检出大米镉超标。

据专家介绍,镉是一种重金属元素,在冶金、塑料、电子等行业应用广泛,而大米中的镉主要来自环境污染。据悉,镉是一种能在人体和环境中长期蓄积的有毒重金属物质,通过食物进入人体是最主要的暴露途径。如果长期大量摄入镉超标的大米,会导致慢性镉中毒,主要危害肾脏和骨骼:严重的可导致肾衰竭;对骨骼的影响则是导致骨软化和骨质疏松。数十年前震惊世界的日本"痛痛病"即是慢性镉中毒的典型事件,表现为腰、手、脚等关节疼痛、骨痛等。

尽管国家早已对大米制定了严格的质量标准,仍然有一些不法商家为了牟利把毒大米隐藏在市场当中销售,重金属超标大米、过期大米、发霉大米、长虫大米、陈年米、工业米与市场中质量较好、符合食品安全标准的大米一同销售,让消费者防不胜防。

案例小结:作为食品从业人员,要深刻理解环境污染将导致空气、水和土壤中的有毒有害物质在食品中累积,继而威胁食品安全和生命健康,要充分认识到人与自然环境的相互依存关系,从自身做起,保护生态环境,保障食品安全。

📖 背景知识

一、矿物质元素的种类

食品中所含的元素有 50 多种,除 C、H、O、N 四种构成水分和有机物质的元素以外,其他的元素统称为矿物质元素。从营养学的角度,矿物质元素可分为必需元素、非必需元素和有毒元素三类;从人体需要的角度,可分为常量元素(含量在 0.01% 以上)、微量元素(含量低于 0.01%)两类。

常量元素需求比例较大,如钾、钠、钙、镁、磷、氯、硫等,这些元素的摄入需要通过食品来补充,在正常饮食下,不做限量要求。

人体必需的微量元素有铁、铜、锌、锰、锡、碘、氟、硒等,微量元素在一定浓度范围内有助于维持人体健康,但当含量低于需要的浓度时,会导致人体组织功能减弱,甚至受到损害。但若浓度高于特定范围,则可能导致不同程度的中毒反应。因此对其摄入需要限量。

有毒元素,如汞、镉、铅、砷等,极小的剂量即可导致机体呈现毒性反应,而且具有蓄积性,半衰期都很长,随着在人体内蓄积量增加,机体会出现各种中毒反应。

二、测定矿物质元素含量的意义

测定食品中重金属及其他矿物质元素的含量,对于评价食品的营养价值、开发和生产强化食品具有指导意义,同时有利于食品加工工艺的改进和食品质量的提高。测定食品中重金属元素含量,可以了解食品污染情况,以便采取相应措施,查清和控制污染源,以保证食品安全和消费者的健康。

三、矿物质元素的测定方法

测定方法:食品中矿物质元素的检测方法有很多,而尤其以比色法、原子吸收分光光度法用得最多。比色法由于设备简单,能达到食品中矿物质检测标准要求的灵敏度,故一直被广泛采用;原子吸收分光光度法由于它的选择性好,灵敏度高,测定过程简便快捷,可同时测定多种元素,故而成为矿物质测定中最常用的方法。

1. EDTA 滴定法测定钙含量(第二法)

(1)测定原理

在适当的 pH 值范围内,钙与 EDTA(乙二胺四乙酸二钠)形成金属络合物。以 EDTA 滴定,在达到当量点时溶液呈现游离指示剂的颜色。根据 EDTA 用量,计算钙的含量。

(2)仪器

①分析天平:感量为 1 mg 和 0.1 mg。

②可调式电热炉。

③可调式电热板。

④马弗炉。

(3)标准品

碳酸钙($CaCO_3$,CAS 号 471-34-1):纯度高于 99.99% 或经国家认证并授予标准物质证书的一定浓度的钙标准溶液。

(4)试剂

除非另有规定,本方法所用试剂均为分析纯,水为 GB/T 6682 规定的三级水。

①氢氧化钾溶液(1.25 mol/L):称取 70.13 g 氢氧化钾,用水稀释至 1 000 mL,混匀。

②硫化钠溶液(10 g/L):称取 1 g 硫化钠,用水稀释至 100 mL,混匀。

③柠檬酸钠溶液(0.05 mol/L):称取 14.7 g 柠檬酸钠,用水稀释至 1 000 mL,混匀。

④乙二胺四乙酸二钠溶液:称取 4.5 g EDTA,用水稀释至 1 000 mL,混匀,贮存于聚乙烯

瓶中,4 ℃保存。使用时稀释 10 倍即可。

⑤钙红指示剂:称取 0.1 g 钙红指示剂,用水稀释至 100 mL,混匀。

⑥盐酸溶液(1+1):量取 500 mL 盐酸,与 500 mL 水混合均匀。

⑦硝酸(HNO_3):优级纯。

⑧高氯酸($HClO_4$):优级纯。

⑨钙标准储备液(100.0 mg/L):准确称取 0.249 6 g(精确至 0.000 1 g)碳酸钙,加盐酸溶液(1+1)溶解,移入 1 000 mL 容量瓶中,加水定容至刻度,混匀。

(5)测定步骤

①试样制备。

a.粮食、豆类样品:样品去除杂物后,粉碎,储于塑料瓶中。

b.蔬菜、水果、鱼类、肉类等样品:样品用水洗净,晾干,取可食部分,制成匀浆,储于塑料瓶中。

c.饮料、酒、醋、酱油、食用植物油、液态乳等液体样品:将样品摇匀。

②试样消解。

a.湿法消解:准确称取固体试样 0.2 ~ 3 g(精确至 0.001 g)或准确移取液体试样 0.500 ~ 5.00 mL 于带刻度的消化管中,加入 10 mL 硝酸、0.5 mL 高氯酸,在可调式电热炉上消解(参考条件:120 ℃/0.5 ~ 1 h、升至 180 ℃/2 ~ 4 h、升至 200 ~ 220 ℃)。若消解液呈棕褐色,再加硝酸,消解至冒白烟,消化液呈无色透明或略带黄色。取出消化管,冷却后用水定容至 25 mL,再根据实际测定需要稀释,并在稀释液中加入一定体积的镧溶液(20 g/L),使其在最终稀释液中的浓度为 1 g/L,混匀备用,此为试样待测液。同时做试剂空白试验。也可使用锥形瓶,置于可调式电热板上,按上述操作方法进行湿法消解。

b.干法灰化:准确称取固体试样 0.5 ~ 5 g(精确至 0.001 g)或准确移取液体试样 0.500 ~ 10.0 mL 于坩埚中,小火加热,炭化至无烟,转移至马弗炉中,于 550 ℃灰化 3 ~ 4 h,冷却后取出。对于灰化不彻底的试样,加数滴硝酸,小火加热,小心蒸干,再转入 550 ℃马弗炉中,继续灰化 1 ~ 2 h,至试样呈白灰状,冷却后取出,用适量硝酸溶液(1+1)溶解转移至刻度管中,用水定容至 25 mL。根据实际测定需要进行稀释,并在稀释液中加入一定体积的镧溶液,使其在最终稀释液中的浓度为 1 g/L,混匀备用,此为试样待测液。同时做试剂空白试验。

③滴定度(T)的测定。

吸取 0.500 mL 钙标准储备液(100.0 mg/L)于试管中,加 1 滴硫化钠溶液(10 g/L)和 0.1 mL 柠檬酸钠溶液(0.05 mol/L),加 1.5 mL 氢氧化钾溶液(1.25 mol/L),加 3 滴钙红指示剂,立即以稀释 10 倍的 EDTA 溶液滴定至指示剂由紫红色变成蓝色为止,记录所消耗的稀释 10 倍的 EDTA 溶液的体积。根据滴定结果计算出每毫升稀释 10 倍的 EDTA 溶液相当于钙的毫克数,即滴定度(T)。

④试样及空白滴定。

分别吸取 0.100 ~ 1.00 mL(根据钙的含量而定)试样消化液及空白液于试管中,加 1 滴硫化钠溶液(10 g/L)和 0.1 mL 柠檬酸钠溶液(0.05 mol/L),加 1.5 mL 氢氧化钾溶液(1.25 mol/L),加 3 滴钙红指示剂,立即以稀释 10 倍的 EDTA 溶液滴定,至指示剂由紫红色变成蓝色为止,记录所消耗的稀释 10 倍的 EDTA 溶液的体积。

（6）结果计算

试样中钙的含量按下式计算：

$$X = \frac{T \times (V_1 - V_0) \times V_2 \times 1\,000}{m \times V_3}$$

式中　X——试样中钙的含量，mg/kg 或 mg/L；

　　　T——EDTA 滴定度，mg/mL；

　　　V_1——滴定试样溶液时所消耗的稀释 10 倍的 EDTA 溶液的体积，mL；

　　　V_0——滴定空白溶液时所消耗的稀释 10 倍的 EDTA 溶液的体积，mL；

　　　V_2——试样消化液的定容体积，mL；

　　　$1\,000$——换算系数；

　　　m——试样质量或移取体积，g 或 mL；

　　　V_3——滴定用试样待测液的体积，mL。

计算结果保留三位有效数字。

（7）精密度

在重复性条件下获得的两次独立测定结果的绝对差值不得超过算术平均值的 10%。

（8）其他

以称样量 4 g（或 4 mL）定容至 25 mL，吸取 1.00 mL 试样消化液测定时，方法的定量限为 100 mg/kg（或 100 mg/L）。

（9）注意事项

①加入指示剂后立即滴定，不宜放置时间太久，否则终点不明显。

②如用湿法消化的溶液，测定时所加氢氧化钾溶液的量不够，要相应增加氢氧化钾溶液的量，须使溶液保持 pH 值为 12 ~ 14，否则滴定达不到终点。

③如食物中含有很多磷酸盐，钙在碱性条件下会生成磷酸钙沉淀，使终点不灵敏，可采用返滴定法。

④样品中若含有少量铁、铜、锌、镍等，会产生干扰，主要是对指示剂起封闭作用，可加入氰化钠掩蔽，如果样品中含有高价金属，加入少量盐酸羟胺，可使高价金属还原为低价，以消除高价金属的影响，同时还可稳定指示剂的颜色。

⑤所有玻璃器皿均需用硝酸溶液（1+5）浸泡过夜，再用自来水反复冲洗干净。

⑥在采样和试样制备过程中，应避免试样污染。

2. 火焰原子吸收光谱法测定铅（第三法）

（1）测定原理

试样经处理后，铅离子在一定 pH 条件下与二乙基二硫代氨基甲酸钠（DDTC）形成络合物，经 4-甲基-2-戊酮（MIBK）萃取分离，导入原子吸收光谱仪中，经火焰原子化，在 283.3 nm 处测定吸光度。在一定浓度范围内铅的吸光度值与铅含量成正比，与标准系列比较定量。

（2）仪器

①原子吸收光谱仪：配火焰原子化器，附铅空心阴极灯。

②分析天平：感量 0.1 mg 和 1 mg。

③可调式电热炉或可调式电热板。

（3）标准品

硝酸铅［$Pb(NO_3)_2$，CAS 号：10099-74-8］：纯度高于 99.99% 或经国家认证并授予标准物质证书的一定浓度的铅标准溶液。

（4）试剂

除非另有说明，本方法所用试剂均为分析纯，水为 GB/T 6682 规定的二级水。

①高氯酸（$HClO_4$）：优级纯。

②4-甲基-2-戊酮（MIBK，$C_6H_{12}O$）。

③硝酸溶液（5+95）：量取 50 mL 硝酸，加入到 95 0mL 水中，混匀。

④硝酸溶液（1+9）：量取 50 mL 硝酸，加入到 450 mL 水中，混匀。

⑤硫酸铵溶液（300 g/L）：称取 30 g 硫酸铵，用水溶解并稀释至 100 mL，混匀。

⑥柠檬酸铵溶液（250 g/L）：称取 25 g 柠檬酸铵，用水溶解并稀释至 100 mL，混匀。

⑦溴百里酚蓝水溶液（1 g/L）：称取 0.1 g 溴百里酚蓝，用水溶解并稀释至 100 mL，混匀。

⑧DDTC 溶液（50 g/L）：称取 5 g DDTC，用水溶解并稀释至 100 mL，混匀。

⑨氨水溶液（1+1）：吸取 100mL 氨水，加入 100 mL 水，混匀。

⑩盐酸溶液（1+11）：吸取 10mL 盐酸，加入 110 mL 水，混匀。

⑪铅标准储备液（1 000 mg/L）：准确称取 1.598 5 g（精确至 0.000 1 g）硝酸铅，用少量硝酸溶液（1+9）溶解，移入 1 000 mL 容量瓶，加水至刻度，混匀。

⑫铅标准使用液（10.0 mg/L）：准确吸取铅标准储备液（1 000 mg/L）1.00 mL 于 100 mL 容量瓶中，加硝酸溶液（5+95）至刻度，混匀。

（5）测定步骤

①试样制备。

a. 粮食、豆类样品：样品去除杂物后，粉碎，储于塑料瓶中。

b. 蔬菜、水果、鱼类、肉类等样品：样品用水洗净，晾干，取可食部分，制成匀浆，储于塑料瓶中。

c. 饮料、酒、醋、酱油、食用植物油、液态乳等液体样品：将样品摇匀。

②试样前处理。

湿法消解：称取固体试样 0.2～3 g（精确至 0.001 g）或准确移取液体试样 0.500～5.00 mL 于带刻度的消化管中，加入 10 mL 硝酸和 0.5 mL 高氯酸，在可调式电热炉上消解（参考条件：120 ℃/0.5～1 h；升至 180 ℃/2～4 h，升至 200～220 ℃）。若消化液呈棕褐色，再加少量硝酸，消解至冒白烟，消化液呈无色透明或略带黄色，取出消化管，冷却后用水定容至 10 mL，混匀备用。同时做试剂空白试验。也可使用锥形瓶，将其置于可调式电热板上，按上述操作方法进行湿法消解。

③仪器参考条件。

根据各自仪器性能将仪器调至最佳状态。参考条件参见《食品安全国家标准 食品中铅的测定》（GB 5009.12—2017）附录 C。

④标准曲线的制作。

分别吸取铅标准使用液 0、0.250、0.500、1.00、1.50 和 2.00 mL（相当 0、2.50、5.00、10.0、15.0 和 20.0 μg 铅）于 125 mL 分液漏斗中，补加水至 60 mL。加 2 mL 柠檬酸铵溶液（250 g/L），溴百里酚蓝水溶液（1 g/L）3～5 滴，用氨水溶液（1+1）调节 pH 值至溶液由黄变蓝，加硫酸铵溶液（300 g/L）10 mL，DDTC 溶液（1 g/L）10 mL，摇匀。放置 5 min 左右，加入 10 mL MIBK，剧烈振摇提取 1 min，静置分层后，弃去水层，将 MIBK 层放入 10 mL 带塞刻度管中，得到标准系列溶液。

将标准系列溶液按质量由低到高的顺序分别导入火焰原子化器，原子化后测其吸光度值，以铅的质量为横坐标，吸光度值为纵坐标，制作标准曲线。

⑤试样溶液的测定。

将试样消化液及试剂空白溶液分别置于 125 mL 分液漏斗中,补加水至 60 mL。加 2 mL 柠檬酸铵溶液(250 g/L),溴百里酚蓝水溶液(1 g/L)3～5 滴,用氨水溶液(1+1)调节 pH 值至溶液由黄变蓝,加硫酸铵溶液(300 g/L)10 mL,DDTC 溶液(1 g/L)10 mL,摇匀。放置 5 min 左右,加入 10 mL MIBK,剧烈振摇提取 1 min,静置分层后,弃去水层,将 MIBK 层放入 10 mL 带塞刻度管中,得到试样溶液和空白溶液。

将试样溶液和空白溶液分别导入火焰原子化器,原子化后测其吸光度值,与标准系列比较定量。

(6)结果计算

试样中铅的含量按下式计算:

$$X = \frac{m_1 - m_0}{m_2}$$

式中　X——试样中铅的含量,mg/kg 或 mg/L;

　　　m_1——试样溶液中铅的质量,μg;

　　　m_0——空白溶液中铅的质量,μg;

　　　m_2——试样称样量或移取体积,g 或 mL。

当铅含量不低于 10.0 mg/kg(或 mg/L)时,计算结果保留三位有效数字;当铅含量低于 10.0 mg/kg(或 mg/L)时,计算结果保留两位有效数字。

(7)精密度

在重复性条件下获得的两次独立测定结果的绝对差值不得超过算术平均值的 20%。

(8)其他

以称样量 0.5 g(或 0.5 mL)计算,方法的检出限为 0.4 mg/kg(或 0.4 mg/L),定量限为 1.2 mg/kg(或 1.2 mg/L)。

(9)注意事项

①本方法是《食品安全国家标准　食品中铅的测定》(GB 5009.12—2017)中的第三法,适用于各类食品中铅含量的测定。

②以称样量 0.5 g(或 0.5 mL)计算,方法的检出限为 0.4 mg/kg(或 0.4 mg/L),定量限为 1.2 mg/kg(或 1.2 mg/L)。

③用氨水调节 pH 值时,溶液刚刚变蓝即为终点,加多加少都会影响测定结果。

④MIBK 作为萃取溶剂,萃取完直接测定,必须准确添加。

⑤将 MIBK 层转移至刻度试管中时,可能会带入少量水层溶液,在原子吸收测定时,吸液管不要插到刻度试管底部,以免吸到水层溶液。

⑥所有玻璃器皿均需用硝酸(1+5)浸泡过夜,再用自来水反复冲洗干净。

⑦在采样和试样制备过程中,应避免试样污染。

石墨炉原子吸收光谱法测定铜(第三法)

二硫腙比色法测定锌(第四法)

知识拓展——重金属与电感耦合等离子体发射光谱法

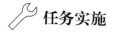**任务实施**

子任务一 茶叶中铅的测定——火焰原子吸收光谱法

1. 任务描述

分小组完成以下任务：

①查阅铅的测定标准，设计茶叶中铅的测定方案。

②准备铅的测定所需试剂材料及仪器设备。

③正确对样品进行预处理。

④正确进行样品中铅含量的测定。

⑤记录结果并进行分析处理。

⑥依据《食品安全国家标准 食品中污染物限量》（GB 2762—2022），判定样品中铅含量是否合格。

⑦填写检测报告。

2. 检测工作准备

①查阅《茶叶卫生标准的分析方法》（GB/T 5009.57—2003）和检测标准《食品安全国家标准 食品中铅的测定》（GB 5009.12—2017），设计火焰原子吸收光谱法测定茶叶中铅含量的方案。

②准备铅的测定所需试剂材料及仪器设备。

3. 任务实施步骤

步骤：试样制备→试样湿法消解→萃取分离→仪器参数设置→上机测定→数据处理与报告填写。

（1）试样制备

将茶叶研碎成均匀的样品。

（2）试样湿法消解

称取研碎的茶叶试样 0.2～3 g（精确至 0.001 g）置于带刻度的消化管中，加入 10 mL 硝酸和 0.5 mL 高氯酸，在可调式电热炉上消解（参考条件：120 ℃/0.5～1 h；升至 180 ℃/2～4 h，升至 200～220 ℃）。待消化液呈无色透明或略带黄色时，取出消化管，冷却后用水定容至 10 mL，混匀备用。同时做试剂空白试验。

（3）萃取分离

①试样萃取分离。

将试样消化液及试剂空白溶液分别置于 125 mL 分液漏斗中，补加水至 60 mL。加 2 mL 柠檬酸铵溶液（250 g/L），溴百里酚蓝水溶液（1 g/L）3～5 滴，用氨水溶液（1+1）调节 pH 值至溶液由黄变蓝，加硫酸铵溶液（300 g/L）10 mL，DDTC 溶液（1 g/L）10 mL，摇匀。放置 5 min 左右，加入 10 mL MIBK，剧烈振摇提取 1 min，静置分层后，弃去水层，将 MIBK 层放入 10 mL 带塞刻度管中，得到试样溶液和空白溶液。

②标准溶液萃取分离。

分别吸取铅标准使用液 0、0.250、0.500、1.00、1.50 和 2.00 mL（相当于 0、2.50、5.00、10.0、15.0 和 20.0 μg 铅）于 125 mL 分液漏斗中，补加水至 60 mL。用与分离试样相同的方法进行萃取。

（4）仪器参数设置

根据所用仪器型号将仪器调至最佳状态。

（5）上机测定

①标准曲线制作。将标准系列溶液按质量由低到高的顺序分别导入火焰原子化器，原子化后测其吸光度值，以铅的质量为横坐标，吸光度值为纵坐标，制作标准曲线。

②样品测定。将试样溶液和空白溶液分别导入火焰原子化器，原子化后测其吸光度值，与标准系列比较定量。

（6）数据处理与报告填写

将茶叶中铅测定的原始数据填入表 2-37 中，并填写检测报告，见表 2-38。

表 2-37　茶叶中铅测定的原始记录

工作任务			样品名称					
接样日期			检测日期					
检测依据								
标准曲线	铅标准使用液浓度/$(mg \cdot L^{-1})$							
	编号	1	2	3	4	5	6
	吸取铅标准溶液体积/mL						
	相当于铅的质量/μg						
	吸光度						
	曲线方程及相关系数						
取样量 m/g								
试样溶液中铅的质量 m_1/μg								
空白溶液中铅的质量 m_0/μg								
试样中铅的含量 X/(mg/kg)								
试样中铅含量平均值 $\overline{X}(mg/kg)$								

表 2-38　茶叶中铅测定的检测报告

样品名称					
产品批号		生产日期		检测日期	
检测依据					
判定依据					
检测项目	单位	检测结果		茶叶中铅的限量标准要求	
检测结论					
检测员			复核人		
备注					

4.任务考核

按照表2-39评价工作任务完成情况。

表2-39 任务考核评价指标

序号	工作任务	评价指标	不合格	合格	良	优
1	检测方案制订	正确选用检测标准及检测方法(5分)	0	1	3	5
		检测方案制订合理规范(5分)	0	1	3	5
2	试样称取	正确使用电子天平进行称量(5分)	0	2	4	5
3	试样湿法消解	能正确进行湿法消解(5分)	0	2	4	5
		正确使用容量瓶进行定容(5分)	0	—	—	5
4	标准系列溶液制备	正确使用移液管(5分)	0	2	4	5
		正确配制标准系列溶液,标液不得污染(5分)	0	1	3	5
5	萃取分离	正确使用分液漏斗,加料顺序正确,加有机试剂及时盖上(5分)	0	5	10	15
		正确进行振摇,并放气,操作过程中无试剂污染(5分)				
		分层清晰、正确取液,具塞刻度管及时盖上(5分)				
6	标准曲线制作	正确绘制标准曲线(5分)	0	3	6	10
		正确求出吸光度值与铅的质量关系的一元线性回归方程(5分)				
7	上机测量	能正确操作仪器(开关燃气、助燃气,点火)(5分)	0	1	3	5
		正确测量标样、样液和空白液(5分)	0	2	4	5
8	数据处理与报告填写	原始记录及时、规范、整洁(5分)	0	2	4	5
		准确填写结果和检测报告(5分)	0	1	3	5
		数据处理准确,平行性好(5分)	0	1	3	5
9	其他操作	工作服整洁,及时整理、清洗、回收玻璃器皿及仪器设备(5分)	0	1	3	5
		操作时间控制在规定时间内(5分)	0	1	3	5
		符合安全规范操作(5分)	0	2	4	5
		总分				

子任务二 乳粉中钙的测定——EDTA滴定法

1.任务描述

分小组完成以下任务:

①查阅钙的测定标准,设计乳粉中钙的测定方案。

②准备钙的测定所需试剂材料及仪器设备。

③正确进行样品中钙含量的测定。

④记录结果并进行分析处理。

⑤填写检测报告。

2. 检测工作准备

①查阅乳粉中钙含量的范围和检测标准《食品安全国家标准　食品中钙的测定》(GB 5009.92—2016),设计 EDTA 滴定法测定乳粉中钙含量的方案。

②准备钙的测定所需试剂材料及仪器设备。

3. 任务实施步骤

步骤:样品预处理→滴定度(T)的测定→样品消化液的滴定→空白滴定→数据处理与报告填写。

(1)样品预处理

称取 2～4 g 均匀乳粉样品置于坩埚中,用小火炭化至无黑烟。将坩埚移入 550～600 ℃ 高温电炉中灰化,直至灰分呈灰白色。待炉温降至 200 ℃ 以下时取出坩埚。冷却后加入 20 mL 盐酸(6 mol/L),加热溶解灰分。将灰分转入 100 mL 容量瓶中,用少量水洗净坩埚,洗液并入容量瓶中,最后加水至刻度,混合均匀得样品消化液。同时做试剂空白试验。

(2)滴定度(T)的测定

吸取 0.500 mL 钙标准储备液(100.0 mg/L)两份分别置于试管中,分别加 1 滴硫化钠溶液(10 g/L)和 0.1 mL 柠檬酸钠溶液(0.05 mol/L),加 1.5 mL 氢氧化钾溶液(1.25 mol/L),加 3 滴钙红指示剂,立即以稀释 10 倍的 EDTA 溶液滴定,至指示剂由紫红色变蓝色为止,记录所消耗的稀释 10 倍的 EDTA 溶液的体积。根据滴定结果计算出每毫升 EDTA 溶液相当于钙的毫克数,即滴定度(T)。

(3)样品消化液的滴定

吸取 1.00 mL 样品消化液置于试管中,加 1 滴硫化钠溶液(10 g/L)和 0.1 mL 柠檬酸钠溶液(0.05 mol/L),加 1.5 mL 氢氧化钾溶液(1.25 mol/L),加 3 滴钙红指示剂,立即以稀释 10 倍的 EDTA 溶液滴定,至指示剂由紫红色变蓝色为止,记录所消耗的稀释 10 倍的 EDTA 溶液的体积。

(4)空白滴定

吸取 1.00 mL 试剂空白液置于试管中,按照与样品滴定同样的方法操作,做空白实验,记录所消耗的稀释 10 倍的 EDTA 溶液的体积。

(5)数据记录与报告填写

将乳粉中钙测定的原始数据填入表 2-40 中,并填写检测报告,见表 2-41。

表 2-40　乳粉中钙测定的原始记录

工作任务		样品名称	
接样日期		检测日期	
检测依据			
重复次数		1	2
取样量 m/g			

续表

试样消化液的定容体积 V_2/mL		
滴定用试样待测液体积 V_3/mL		
试样消耗稀释 10 倍的 EDTA 溶液体积 V_1/mL		
空白消耗稀释 10 倍的 EDTA 溶液体积 V_0/mL		
试样中钙的含量 X/(mg·kg^{-1})		
试样中钙含量的平均值 $\overline{X}$(mg·kg^{-1})		

表 2-41　乳粉中钙测定的检测报告

样品名称				
产品批号		生产日期		检测日期
检测依据				
判定依据				
检测项目	单位	检测结果		乳粉中钙含量的范围
结果评价				
检测员		复核人		
备注				

4. 任务考核

按照表 2-42 评价工作任务完成情况。

表 2-42　任务考核评价指标

序号	工作任务	评价指标	不合格	合格	良	优
1	检测方案制订	正确选用检测标准及检测方法(5分)	0	1	3	5
		检测方案制订合理规范(5分)	0	1	3	5
2	试样称取	正确使用电子天平进行称量(5分)	0	3	6	10
		电子天平的使用规范、整洁(5分)				
3	试样炭化	会正确使用电热板进行炭化(5分)	0	2	4	5
4	试样灰化	会正确使用高温炉,并能设置好温度和时间(5分)	0	1	3	5
		坩埚正确放置于高温炉内(5分)	0	2	4	5
		正确使用容量瓶进行定容(5分)	0	—	—	5

续表

序号	工作任务	评价指标	不合格	合格	良	优
5	滴定度的测定	正确使用滴定管(检漏、润洗、排气泡、调零)(10分)	0	3	6	10
		准确判断滴定终点(5分)	0	—	—	5
6	样品滴定	会正确进行样品的吸取(移液管的润洗、握法、取样、放液、读数正确)(10分)	0	3	6	10
		准确判断样品滴定终点(5分)	0	—	—	5
7	数据处理与报告填写	原始记录及时、规范、整洁(5分)	0	2	4	5
		准确填写结果和检测报告(5分)	0	1	3	5
		数据处理准确,平行性好(5分)	0	1	3	5
8	其他操作	工作服整洁,及时整理、清洗、回收玻璃器皿及仪器设备(5分)	0	1	3	5
		操作时间控制在规定时间内(5分)	0	1	3	5
		符合安全规范操作(5分)	0	2	4	5
总分						

✎ 达标自测

一、单项选择题

1. 使用原子吸收分光光度法测量样品中金属元素的含量时,样品预处理要达到的主要目的是( )。

A. 使待测金属元素成为基态原子

B. 使待测金属元素与其他物质分离

C. 使待测金属元素成为离子存在于溶液中

D. 除去样品中有机物

2. EDTA 滴定法测定食品中的钙时,pH 值应控制在( )范围内。

A. 3 ~ 6   B. 6 ~ 8   C. 9 ~ 11   D. 12 ~ 14

3. 测定食品中( )含量时,一般不能用干法灰化法处理样品。

A. Pb   B. Cu   C. Zn   D. Hg

4. 有些元素其极小的剂量即可导致机体呈现毒性反应,而且人体中具有蓄积性,当蓄积量增加,机体会出现各种中毒反应,这样的元素称为( )。

A. 常量元素   B. 微量元素   C. 有毒元素   D. 限量元素

5. 原子吸收分光光度法是测定食品中( )的方法。

A. 维生素   B. 蛋白质   C. 元素   D. 碳水化合物

6. 空心阴极灯的( )部分由待测元素制备。

A. 阳极   B. 阴极   C. 填充气体   D. 灯座

7. 石墨炉原子吸收光度法的特点是( )。

A. 灵敏度高   B. 速度快   C. 操作简便   D. 原子化温度高

8. 火焰原子吸收光谱法测定矿质元素时,常用的助燃气体是( )。

A. 空气-乙炔   B. 空气-丙烷   C. 空气-氢气   D. 空气-甲烷

9. 下列属于人体必需常量矿质元素的是( )。

A. Pb   B. K   C. O   D. Fe

10. 下面测定食品中钙含量的滴定操作不正确的是( )。

A. 用碱式滴定管盛 $KMnO_4$ 标准溶液

B. 用烧杯装需滴定的沉淀物

C. 边滴定边用玻璃棒搅动

D. 读取弯月面两侧的最高点数

二、多项选择题

1. 原子吸收分光光度法与紫外-可见分光光度计的主要区别是( )。

A. 检测器不同   B. 光源不同   C. 吸收池不同   D. 单色器不同

2. 元素从营养学的角度可分为( )。

A. 必需元素   B. 非必需元素   C. 有毒元素   D. 限量元素

3. 元素测定时通常用( )先将有机物质破坏掉,释放出被测元素。

A. 灰化法   B. 萃取法   C. 湿化法   D. 蒸馏法

4. 下列元素中( )是有毒元素。

A. 汞   B. 镉   C. 铅   D. 砷

5. 下列属于重金属的是( )。

A. 金   B. 银   C. 铜   D. 铅

三、判断题

1. 食品中待测的无机元素一般情况下都与有机物质结合,以金属有机化合物的形式存在于食品中,故都应采用干法消化法破坏有机物,释放出被测成分。 ( )

2. 用原子吸收分光光度法可以测定矿物元素的含量。 ( )

3. 原子吸收分光光度法测定金属元素时,火焰原子化法比石墨炉原子化法重现性更好。 ( )

4. 矿物质在体内能维持酸碱平衡。 ( )

5. 食品中的矿物质组成就是灰分,所以可以用灰分来表示矿物质的含量。 ( )

6. 微量元素是指按食品卫生的要求有一定限量规定的元素。 ( )

7. 生活中我们要经常补充微量元素,补得越多越好。 ( )

8. 常量元素是指含量在 0.01% 以上的元素。 ( )

9. 从营养学的角度,元素可分为常量元素、微量元素两类。 ( )

10. 从人体需要的角度,元素分为必需元素、非必需元素和有毒元素三类。 ( )

任务十一　食品中护色剂的测定

【知识目标】

1. 了解护色剂的种类及作用。
2. 了解护色剂在食品中的最大使用量及危害。
3. 掌握食品中亚硝酸盐和硝酸盐的测定方法。

【能力目标】

1. 能够运用不同分析方法测定食品中重要矿物质元素的含量。
2. 能正确配制亚硝酸钠和硝酸钠标准使用液。
3. 会正确使用分光光度计。
4. 能依据相关标准并结合测定结果判定食品的品质。

【素质目标】

1. 培养独立思考、务实求真的学习精神。
2. 强化实验室安全意识。
3. 培养善于发现问题、解决问题的职业素质。

【相关标准】

《食品安全国家标准　食品中亚硝酸盐与硝酸盐的测定》（GB 5009.33—2016）
《食品安全国家标准　食品添加剂使用标准》（GB 2760—2014）
《火腿肠》（GB/T 20712—2006）

【案例导入】

亚硝酸钠中毒事件

2020年10月15日，淮安区人民法院公开审理了被告人衡某某、徐某某在制作卤菜时添加超过安全标准300多倍的亚硝酸钠致三人食物中毒的案件。被告人衡某某、徐某某夫妻二人在淮安市淮安区茭陵乡无证经营了一家卤菜店，5月10日，茭陵乡村民刘某某在二人经营的卤菜店购买了猪耳朵等食品回家食用后，家中三人食物中毒。当天，淮安市市场监督管理局茭陵分局到衡某某店内搜查，现场提取了相关熟肉制品，经淮安区综合检测中心检验，食品中的亚硝酸钠含量严重超标。亚硝酸钠有弱防腐作用，少量的亚硝酸钠加入肉类中可以起到一定的增色作用，过量食用则会严重危害健康。被告人违反了国家关于食品安全的管理规定，超限量滥用食品添加剂亚硝酸钠，生产、销售不符合安全标准的食品，足以造成严重食物中毒事故或者其他严重食源性疾病，其行为已构成生产、销售不符合安全标准的食品罪。

案例小结：目前少数食品经营者在使用食品添加剂时仍然存在超剂量使用，之所以会出现这种现象，是因为某些商人重利轻信、缺失诚信。诚信是实现食品安全的内在保障，食品从业人员应具有自觉地树立诚信的意识,自觉担当社会责任,杜绝食品行业中的弄虚作假事件。同时还需要用辩证的观点看问题,量变会产生质变,凡事都要讲究适度原则。

📖 背景知识

一、护色剂的种类及作用机理

食品护色剂是指本身不具有颜色,但能使食品产生颜色或使食品的色泽得到改善(如加强或保护)的食品添加剂,也称为发色剂或呈色剂。护色剂主要用于肉制品,可使肉与肉制品呈现良好的色泽。在肉类腌制品中,我国目前批准使用的护色剂有硝酸钾、亚硝酸钾、硝酸钠、亚硝酸钠。这些护色剂常用于香肠、火腿、午餐肉罐头等。亚硝酸钠除发色外,还是很好的防腐剂,尤其是对肉毒梭状芽孢杆菌在 pH=6 时有显著的抑制作用。

硝酸盐在亚硝基化菌的作用下还原成亚硝酸盐,并在肌肉中乳酸的作用下生成亚硝酸。亚硝酸不稳定,分解产生亚硝基,并与肌红蛋白反应生成亮红色的亚硝基肌红蛋白,使肉制品呈现良好的色泽。

二、硝酸盐和亚硝酸盐的危害与使用限量

亚硝酸盐毒性较强,摄入量大可使血红蛋白(二价铁)变成高铁血红蛋白(三价铁),从而失去输氧能力,引起肠还原性青紫症。尤其是亚硝酸盐是致癌物质亚硝胺的前体,因此在加工过程中常以抗坏血酸钠或异构抗坏血酸钠、烟酰胺等辅助发色,以降低肉制品中亚硝酸盐的使用量。

我国《食品安全国家标准 食品添加剂使用标准》(GB 2760—2014)规定,亚硝酸盐用于腌制肉类、肉类罐头、肉制品时的最大使用量为 0.15 g/kg,硝酸钠最大使用量为 0.5 g/kg,残留量(以亚硝酸钠计)肉类罐头不得超过 0.05 g/kg,肉制品不得超过 0.03 g/kg。

三、亚硝酸盐和硝酸盐的测定方法——分光光度法(第二法)

知识拓展——如何减少亚硝酸盐和亚硝基化合物的摄入

测定亚硝酸盐最常见的方法是亚硝酸盐重氮化后比色定量,这是国家标准方法。硝酸盐的测定可以使硝酸盐还原为亚硝酸盐,按照亚硝酸盐的比色方法进行测定。

1. 测定原理

亚硝酸盐采用盐酸萘乙二胺法测定,硝酸盐采用镉柱还原法测定。

试样经沉淀蛋白质、除去脂肪后,在弱酸条件下,亚硝酸盐与对氨基苯磺酸重氮化后,再与盐酸萘乙二胺偶合形成紫红色染料,采用外标法测得亚硝酸盐含量。采用镉柱将硝酸盐还原成亚硝酸盐,测得此时亚硝酸盐总量,由测得的亚硝酸盐总量减去试样中亚硝酸盐含量,即得试样中硝酸盐含量。

离子色谱法(第一法)

2. 仪器

①天平:感量为 0.1 mg 和 1 mg。

②组织捣碎机。

③超声波清洗器。

④恒温干燥箱。

⑤分光光度计。

⑥镉柱或镀铜镉柱。

a.海绵状镉的制备:镉粒直径为0.3~0.8 mm。将适量的锌棒放入烧杯中,用40 g/L硫酸镉溶液浸没锌棒。在24 h内,不断将锌棒上的海绵状镉轻轻刮下。取出残余锌棒,使镉沉底,倾去上层溶液。用水冲洗海绵状镉2~3次后,将镉转移至搅拌器中,加400 mL盐酸(0.1 mol/L),搅拌数秒,以得到所需粒径的镉颗粒。将制得的海绵状镉倒回烧杯中,静置3~4 h,期间搅拌数次,以除去气泡。倾去海绵状镉中的溶液,并可按下述方法进行镉粒镀铜。

b.镉粒镀铜:将制得的镉粒置于锥形瓶中(所用镉粒的量以达到要求的镉柱高度为准),加足量的盐酸(2 mol/L)浸没镉粒,振荡5 min,静置分层,倾去上层溶液,用水多次冲洗镉粒。在镉粒中加入20 g/L硫酸铜溶液(每克镉粒约需2.5 mL),振荡1 min,静置分层,倾去上层溶液后,立即用水冲洗镀铜镉粒(注意镉粒要始终用水浸没),直至冲洗的水中不再有铜沉淀。

c.镉柱的装填:如图2-10所示,用水装满镉柱玻璃柱,并装入约2 cm高的玻璃棉做垫,将玻璃棉压向柱底时,应将其中所包含的空气全部排出,在轻轻敲击下,加入海绵状镉至8~10 cm(见图2-10装置A)或15~20 cm(见图2-10装置B),上面用1 cm高的玻璃棉覆盖。若使用装置B,则上面放置一贮液漏斗,末端要穿过橡皮塞与镉柱玻璃管紧密连接。

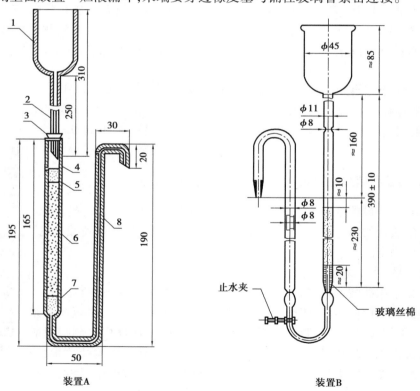

装置A   装置B

图2-10 镉柱示意图

1—贮液漏斗(内径35 mm,外径37 mm);2—进液毛细管(内径0.4 mm,外径6 mm);

3—橡皮塞;4—镉柱玻璃管(内径12 mm,外径16 mm);5,7—玻璃棉;6—海绵状镉;

8—出液毛细管(内径2 mm,外径8 mm)

如无上述镉柱玻璃管时,可用 25 mL 酸式滴定管代替,但过柱时要注意始终保持液面在镉层之上。当镉柱填装好后,先用 25 mL 盐酸(0.1 mol/L)洗涤,再以水洗涤 2 次,每次 25 mL,镉柱不用时用水封盖,随时都要保持水平面在镉层之上,不得使镉层夹有气泡。

d. 镉柱每次使用完毕后,应先以 25 mL 盐酸(0.1 mol/L)洗涤,再以水洗涤 2 次,每次 25 mL,最后用水覆盖镉柱。

e. 镉柱还原效率的测定:吸取 20 mL 硝酸钠标准使用液,加入 5 mL 氨缓冲液的稀释液,混匀后注入贮液漏斗,使流经镉柱还原,用一个 100 mL 的容量瓶收集洗提液。洗提液的流量不应超过 6 mL/min,在贮液杯将要排空时,用约 15 mL 水冲洗杯壁。冲洗水流尽后,再用 15 mL 水重复冲洗,第 2 次冲洗水也流尽后,将贮液杯灌满水,并使其以最大流量流过柱子。当容量瓶中的洗提液接近 100 mL 时,从柱子下取出容量瓶,用水定容至刻度,混匀。取 10.0 mL 还原后的溶液(相当 10 μg 亚硝酸钠)置于 50 mL 比色管中,以下按亚硝酸盐测定分析步骤中自"吸取 0.00、0.20、0.40、0.60、0.80、1.00 mL……"起操作,根据标准曲线计算测得结果,与加入量一致,还原效率大于 95% 为符合要求。

f. 还原效率按下式计算:

$$X = \frac{m_1}{10} \times 100\%$$

式中　X——还原效率,%;

m_1——测得亚硝酸钠的含量,μg;

10——测定用溶液相当亚硝酸钠的含量,μg。

如果还原率小于 95% 时,将镉柱中的镉粒倒入锥形瓶中,加入足量的盐酸(2 mol/L),振荡数分钟,再用水反复冲洗。

3. 标准品

①亚硝酸钠($NaNO_2$,CAS 号:7632-00-0):基准试剂,或采用具有标准物质证书的亚硝酸盐标准溶液。

②硝酸钠($NaNO_3$,CAS 号:7631-99-4):基准试剂,或采用具有标准物质证书的硝酸盐标准溶液。

4. 试剂

除非另有说明,本方法所用试剂均为分析纯,水为 GB/T 6682 规定的一级水。

①亚铁氰化钾溶液(106 g/L):称取 106.0 g 亚铁氰化钾,用水溶解,并稀释至 1 000 mL。

②乙酸锌溶液(220 g/L):称取 220.0 g 乙酸锌,先加 30 mL 冰乙酸溶解,用水稀释至 1 000 mL。

③饱和硼砂溶液(50 g/L):称取 5.0 g 硼酸钠溶于 100 mL 热水中,冷却后备用。

④氨缓冲溶液(pH 值为 9.6～9.7):量取 30 mL 盐酸,加 100 mL 水,混匀后加 65 mL 氨水,再加水稀释至 1 000 mL,混匀,调节 pH 值至 9.6～9.7。

⑤氨缓冲液的稀释液:量取 50 mL pH 值为 9.6～9.7 的氨缓冲溶液,加水稀释至 500 mL,混匀。

⑥盐酸(0.1 mol/L):量取 8.3 mL 盐酸,用水稀释至 1 000 mL。

⑦盐酸(2 mol/L):量取 167 mL 盐酸,用水稀释至 1000 mL。

⑧盐酸(20%):量取 20 mL 盐酸,用水稀释至 100 mL。

⑨对氨基苯磺酸溶液(4 g/L):称取 0.4 g 对氨基苯磺酸,溶于 100 mL 20% 盐酸中,混匀,置于棕色瓶中,避光保存。

⑩盐酸萘乙二胺溶液(2 g/L):称取 0.2 g 盐酸萘乙二胺,溶于 100 mL 水中,混匀,置于棕色瓶中,避光保存。

⑪硫酸铜溶液(20 g/L):称取 20 g 硫酸铜,加水溶解,并稀释至 1 000 mL。

⑫硫酸镉溶液(40 g/L):称取 40 g 硫酸镉,加水溶解,并稀释至 1 000 mL。

⑬乙酸溶液(3%):量取冰乙酸 3 mL 置于 100 mL 容量瓶中,以水稀释至刻度,混匀。

⑭锌皮或锌棒。

5. 标准溶液配制

①亚硝酸钠标准溶液(200 μg/mL,以亚硝酸钠计):准确称取 0.100 0 g 于 110~120 ℃ 干燥恒重的亚硝酸钠,加水溶解,移入 500 mL 容量瓶中,加水稀释至刻度,混匀。

②硝酸钠标准溶液(200 μg/mL,以亚硝酸钠计):准确称取 0.123 2 g 于 110~120 ℃ 干燥恒重的硝酸钠,加水溶解,移入 500 mL 容量瓶中,并稀释至刻度。

③亚硝酸钠标准使用液(5.0 μg/mL):临用前,吸取 2.50 mL 亚硝酸钠标准溶液,置于 100 mL 容量瓶中,加水稀释至刻度。

④硝酸钠标准使用液(5.0 μg/mL,以亚硝酸钠计):临用前,吸取 2.50 mL 硝酸钠标准溶液,置于 100 mL 容量瓶中,加水稀释至刻度。

6. 测定步骤

(1)试样的预处理

①蔬菜、水果:将新鲜蔬菜、水果试样用自来水洗净后,用水冲洗,晾干后,取可食用部分切碎混匀。将切碎的样品用四分法取适量,用食物粉碎机制成匀浆,备用。如需加水应记录加水量。

②粮食及其他植物样品:除去可见杂质后,取有代表性试样 50~100 g,粉碎后,过 0.30 mm 孔筛,混匀,备用。

③肉类、蛋、水产及其制品:用四分法取适量或取全部,用食物粉碎机制成匀浆,备用。

④乳粉、豆奶粉、婴儿配方粉等固态乳制品(不包括干酪):将试样装入能够容纳 2 倍试样体积的带盖容器中,通过反复摇晃和颠倒容器使样品充分混匀直到使试样均一化。

⑤发酵乳、乳、炼乳及其他液体乳制品:通过搅拌或反复摇晃和颠倒容器使试样充分混匀。

⑥干酪:取适量的样品研磨成均匀的泥浆状。为避免水分损失,研磨过程中应避免产生过多的热量。

(2)提取

①干酪:称取试样 2.5 g(精确至 0.001 g),置于 150 mL 具塞锥形瓶中,加水 80 mL,摇匀,超声 30 min,取出放置至室温后,定量转移至 100 mL 容量瓶中,加入 3% 乙酸溶液 2 mL,加水稀释至刻度,混匀。于 4 ℃ 放置 20 min,取出放置至室温,溶液经滤纸过滤,滤液备用。

②液体乳样品:称取试样 90 g(精确至 0.001 g),置于 250 mL 具塞锥形瓶中,加入 12.5 mL 饱和硼砂溶液,再加入 70 ℃ 左右的水约 60 mL,混匀,于沸水浴中加热 15 min,取出后置于冷水浴中冷却,并放置至室温。定量转移上述提取液至 200 mL 容量瓶中,加入 5 mL 106 g/L 亚铁氰化钾溶液,摇匀,再加入 5 mL 220 g/L 乙酸锌溶液,以沉淀蛋白质。加水至刻度,摇匀,

放置 30 min,除去上层脂肪,上清液用滤纸过滤,滤液备用。

③乳粉:称取试样 10 g(精确至 0.001 g),置于 150 mL 具塞锥形瓶中,加入 12.5 mL 50 g/L 饱和硼砂溶液,再加入 70 ℃ 左右的水约 150 mL,混匀,于沸水浴中加热 15 min,取出后置于冷水浴中冷却,并放置至室温。定量转移上述提取液至 200 mL 容量瓶中,加入 5 mL 106 g/L 亚铁氰化钾溶液,摇匀,再加入 5 mL 220 g/L 乙酸锌溶液,以沉淀蛋白质。加水至刻度,摇匀,放置 30 min,除去上层脂肪,上清液用滤纸过滤,弃去初滤液 30 mL,滤液备用。

④其他样品:称取 5 g(精确至 0.001 g)匀浆试样(如制备过程中加水,应按加水量折算),置于 250 mL 具塞锥形瓶中,加入 12.5 mL 50 g/L 饱和硼砂溶液,再加入 70 ℃ 左右的水约 150 mL,混匀,于沸水浴中加热 15 min,取出后置于冷水中冷却,并放置至室温。定量转移上述提取液至 200 mL 容量瓶中,加入 5 mL 106 g/L 亚铁氰化钾溶液,摇匀,再加入 5 mL 220 g/L 乙酸锌溶液,以沉淀蛋白质。加水至刻度,摇匀,放置 30 min,除去上层脂肪,上清液用滤纸过滤,弃去初滤液 30 mL,滤液备用。

(3)亚硝酸盐的测定

吸取 40.0 mL 上述滤液置于 50 mL 带塞比色管中,另吸取 0.00、0.20、0.40、0.60、0.80、1.00、1.50、2.00、2.50 mL 亚硝酸钠标准使用液(相当于 0.0、1.0、2.0、3.0、4.0、5.0、7.5、10.0、12.5 μg 亚硝酸钠),分别置于 50 mL 带塞比色管中。于标准管与试样管中分别加入 2 mL 4 g/L 对氨基苯磺酸溶液,混匀,静置 3~5 min 后各加入 1 mL 2 g/L 盐酸萘乙二胺溶液,加水至刻度,混匀,静置 15 min,用 1 cm 比色皿,以零管调节零点,于波长 538 nm 处测吸光度,绘制标准曲线比较,同时做试剂空白。

(4)硝酸盐的测定

①镉柱还原。

先以 25 mL 氨缓冲液的稀释液冲洗镉柱,流速控制在 3~5 mL/min(以滴定管代替的可控制在 2~3 mL/min)。

吸取 20 mL 滤液置于 50 mL 烧杯中,加入 5 mL pH 值为 9.6~9.7 的氨缓冲溶液,混合后注入贮液漏斗,使流经镉柱还原,当贮液漏斗中的样液流尽后,加 15 mL 水冲洗烧杯,再倒入贮液漏斗中。冲洗水流完后,再用 15 mL 水重复 1 次。当第 2 次冲洗水快流尽时,将贮液漏斗装满水,以最大流速过柱。当容量瓶中的洗提液接近 100 mL 时,取出容量瓶,用水定容刻度,混匀。

②亚硝酸钠总量的测定。

吸取 10~20 mL 还原后的样液置于 50 mL 比色管中。以下亚硝酸盐的测定方法,自"吸取 0.00、0.20、0.40、0.60、0.80、1.00 mL……"起操作。

7. 结果计算

①亚硝酸盐(以亚硝酸钠计)的含量按下式计算:

$$X_1 = \frac{m_2 \times 1\,000}{m_3 \times \dfrac{V_1}{V_0} \times 1\,000}$$

式中　X_1——试样中亚硝酸钠的含量,mg/kg;

　　　m_2——测定用样液中亚硝酸钠的质量,μg;

　　　1 000——转换系数;

m_3——试样质量,g;

V_1——测定用样液体积,mL;

V_0——试样处理液总体积,mL。

结果保留两位有效数字。

②硝酸盐(以硝酸钠计)的含量按下式计算

$$X_2 = \left(\frac{m_4 \times 1\ 000}{m_5 \times \dfrac{V_3}{V_2} \times \dfrac{V_5}{V_4} \times 1\ 000} - X_1 \right) \times 1.232$$

式中 X_2——试样中硝酸钠的含量,mg/kg;

m_4——经镉粉还原后测得总亚硝酸钠的质量,μg;

1 000——转换系数;

m_5——试样的质量,g;

V_3——测总亚硝酸钠的测定用样液体积,mL;

V_2——试样处理液总体积,mL;

V_5——经镉柱还原后样液的测定用体积,mL;

V_4——经镉柱还原后样液总体积,mL;

X_1——由亚硝酸盐含量计算公式计算出的试样中亚硝酸钠的含量,mg/kg;

1.232——亚硝酸钠换算成硝酸钠的系数。

计算结果保留两位有效数字。

8. 精密度

在重复性条件下获得的两次独立测定结果的绝对差值不得超过算术平均值的10%。

9. 其他

亚硝酸盐检出限:液体乳0.06 mg/kg,乳粉0.5 mg/kg,干酪及其他1 mg/kg。硝酸盐检出限:液体乳0.6 mg/kg,乳粉5 mg/kg,干酪及其他10 mg/kg。

10. 注意事项

①本方法适用于食品中亚硝酸盐和硝酸盐的测定。

②对于含油脂多的样品,可除去提取液中的上层脂肪;对于有色样品,可用氢氧化铝乳液脱色后再进行显色反应。

③样品中亚硝酸盐含量过高时,过量的亚硝酸盐会使偶氮化合物氧化,生成黄色物质而使红色消失,应将样品处理液稀释后再测定,使样品的吸光度落在标准曲线的吸光度之内。

④为了使亚硝酸盐提取完全,应进行热处理,加热应控制好时间,约为15 min。因为在加热条件下样品容易挥发和分解,易造成损失。

⑤显色时,必须按顺序添加对氨基苯磺酸和盐酸萘乙二胺,不得颠倒顺序。

⑥饱和硼砂的作用是作为亚硝酸盐的提取剂和肉的分散剂。

⑦亚铁氰化钾和乙酸锌溶液的作用是沉淀蛋白质。

⑧盐酸萘乙二胺有致癌的作用,使用时注意安全。

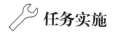

任务实施

子任务　火腿肠中亚硝酸盐的测定——分光光度法

1. 任务描述

分小组完成以下任务：

①查阅亚硝酸盐的测定标准和食品添加剂使用标准，设计火腿肠中亚硝酸盐的测定方案。

②准备分光光度法测定亚硝酸盐所需试剂材料及仪器设备。

③正确对样品进行预处理。

④正确进行样品中亚硝酸盐含量的测定。

⑤记录结果并进行分析处理。

⑥依据《食品安全国家标准　食品添加剂使用标准》（GB 2760—2014），判定样品中亚硝酸盐含量是否合格。

⑦填写检测报告。

2. 检测工作准备

①查阅产品质量标准《火腿肠》（GB/T 20712—2006）和检测标准《食品安全国家标准　食品中亚硝酸盐与硝酸盐的测定》（GB 5009.33—2016），设计分光光度法测定火腿肠中亚硝酸盐含量的方案。

②准备亚硝酸盐测定所需试剂材料及仪器设备。

3. 任务实施步骤

步骤：样品预处理→提取→提取液净化→绘制标准曲线→样液测定→数据处理与报告填写。

（1）样品预处理

取适量火腿肠用研钵捣碎成肉泥，备用。

（2）提取

称取 5 g（精确至 0.001 g）肉泥试样置于 250 mL 烧杯中，加入饱和硼砂溶液 12.5 mL，以玻棒搅匀，用 70 ℃ 左右的水约 300 mL 将其洗入 500 mL 的容量瓶中，置于沸水浴中加热 15 min，取出后置于冷水中冷却，并放置至室温。

（3）提取液净化

向上述提取液中加入 5 mL 亚铁氰化钾溶液，摇匀，再加入 5 mL 乙酸锌溶液以沉淀蛋白质。加水定容至刻度，混匀，静置 30 min，除去上层脂肪，上清液用滤纸过滤，弃去初滤液 30 mL，收集滤液备用。

（4）绘制标准曲线

吸取 0.00、0.20、0.40、0.60、0.80、1.00、1.50、2.00、2.50 mL 亚硝酸钠标准使用液（相当于 0.0、1.0、2.0、3.0、4.0、5.0、7.5、10.0、12.5 μg 亚硝酸钠），分别置于 7 支 50 mL 具塞比色管中，各加入 4 g/L 对氨基苯磺酸 2 mL，混匀，静置 5 min 后各加入 1 mL 2 g/L 盐酸萘乙二胺溶液，加水至刻度，混匀，静置 15 min，用 2 cm 比色皿，以零管调零，于波长 538 nm 处测量吸光度，以亚硝酸钠质量为横坐标，吸光度为纵坐标，绘制标准曲线。

（5）样液测定

吸取 40.0 mL 样品滤液置于 50 mL 具塞比色管中，按标准曲线绘制步骤进行，测定吸光度，根据吸光度从标准曲线上查出亚硝酸钠的质量（μg）。同时做试剂空白试验。

（6）数据处理与报告填写

将火腿肠中亚硝酸盐含量测定的原始数据填入表 2-43 中，并填写检测报告，见表 2-44。

表 2-43　火腿肠中亚硝酸盐含量测定的原始记录

工作任务					样品名称				
接样日期					检测日期				
检测依据									
标准曲线绘制	亚硝酸钠标准使用液浓度 /（μg·mL^{-1}）								
	编号	1	2	3	4	5	6	7	8	9
	吸取亚硝酸钠标准溶液体积/mL								
	相当于亚硝酸钠的质量/μg								
	吸光度								
	曲线方程及相关系数								
取样量 m/g									
试样处理液总体积 V_0/mL									
测定用样液体积 V_1/mL									
测定用样液中亚硝酸钠的质量 m_1/μg									
试样中亚硝酸钠含量 X/（mg·kg^{-1}）									
试样中亚硝酸钠含量平均值 $\overline{X}$/（mg·kg^{-1}）									

表 2-44　火腿肠中亚硝酸盐含量测定的检测报告

样品名称				
产品批号		生产日期		检测日期	
检测依据				
判定依据				
检测项目	单位	检测结果	火腿肠中亚硝酸盐残留限量标准要求
检测结论				
检测员		复核人		
备注				

4. 任务考核

按照表 2-45 评价工作任务完成情况。

表 2-45　任务考核评价指标

序号	工作任务	评价指标	不合格	合格	良	优
1	检测方案制订	正确选用检测标准及检测方法(5分)	0	1	3	5
		检测方案制订合理规范(5分)	0	1	3	5
2	试样预处理	样品处理方法正确(5分)	0	3	6	10
		研钵捣碎操作正确(5分)				
3	提取、净化	会正确使用分析天平(预热、调平、称量、样品取放、清扫等)(10分)	0	3	6	10
		正确使用恒温水浴锅(4分)	0	1	3	4
		正确进行定容和过滤(6分)	0	2	4	6
4	标准曲线绘制及样液测定	移液管移液规范(5分)	0	1	3	5
		比色皿拿取和使用规范(5分)	0	2	4	5
		正确使用分光光度计(5分)	0	1	3	5
		正确绘制标准曲线,标准曲线相关系数>0.999(10分)	0	3	6	10
5	数据处理与报告填写	原始记录及时、规范、整洁(5分)	0	2	4	5
		准确填写结果和检测报告(5分)	0	1	3	5
		数据处理准确,平行性好(5分)	0	1	3	5
		有效数字保留准确(5分)	0	—	—	5
6	其他操作	工作服整洁,及时整理、清洗、回收玻璃器皿及仪器设备(5分)	0	1	3	5
		操作时间控制在规定时间内(5分)	0	1	3	5
		符合安全规范操作(5分)	0	2	4	5
	总分					

✎ 达标自测

一、单项选择题

1. 将亚硝酸钠含量转化为硝酸钠含量的计算系数为( )。

A. 0.232　　　　　　　B. 1.0　　　　　　　C. 6.25　　　　　　　D. 1.232

2. 在测定火腿肠中亚硝酸盐含量时,加入( )作为蛋白质沉淀剂。

A. 硫酸钠　　　　　　　　　　　　　B. 硫酸铜

C. 乙酸铅　　　　　　　　　　　　　D. 亚铁氰化钾和乙酸锌

3. 在测定亚硝酸盐时,在样品液中加饱和硼砂溶液的作用是( )。

A. 提取亚硝酸盐　　　　　　　　　　B. 稀释

C. 便于过滤   D. 还原硝酸盐

4. 亚硝酸盐对人体的危害不包括( )。

A. 致癌   B. 易误食引起中毒

C. 使血红蛋白失去携氧功能   D. 可当作食盐使用

5. 使用分光光度法测定样品中的亚硝酸含量时，最大吸收波长是( )。

A. 524 nm   B. 538 nm   C. 540 nm   D. 565 nm

6. 原料肉颜色的主要成分是( )。

A. 血红蛋白   B. 氧化肌红蛋白   C. 肌红蛋白   D. 氧合肌红蛋白

7. 发色剂不具备( )。

A. 发色作用   B. 增味作用   C. 抑菌作用   D. 抗氧化作用

8. 使用分光光度法测定食品亚硝酸盐含量的方法称为( )。

A. 盐酸副玫瑰苯胺比色法   B. 盐酸萘乙胺比色法

C. 格里斯比色法   D. 双硫腺比色法

9. 下列试剂中，( )既是发色剂，又是很好的防腐剂。

A. 苯甲酸盐   B. 亚硫酸盐   C. 亚硝酸盐   D. 硝酸盐

10. 检测食品中硝酸盐的含量时，常采取( )的方法。

A. 将硝酸盐转化为亚硝酸盐后，再进行测定

B. 将硝酸盐转化为铵盐后，再进行测定

C. 将硝酸盐转化为氨气后，再进行测定

D. 将硝酸盐转化为单质碘后，再进行测定

二、多项选择题

1. 下列可以用于肉制品护色剂的是( )。

A. 硝酸钠   B. 亚硝酸钠

C. 硝酸钾   D. 葡萄糖酸亚铁

2. 分光光度计使用时的注意事项有( )。

A. 使用前先打开电源开关，预热 30 min

B. 注意调节 100% 透光率和调零

C. 测试的溶液不应洒落在测量池内

D. 注意防尘

E. 没有注意事项

3. 分光光度计的比色皿使用时要注意( )。

A. 不能拿比色皿的毛玻璃面

B. 比色皿中试样装入量一般应为 2/3 ~ 3/4

C. 比色皿一定要洁净

D. 一定要使用成套玻璃比色皿

4. 关于分光光度计的维护与保养，下列说法正确的是( )。

A. 仪器应安放在整洁干燥的房间内，并应放置在平稳的工作台上

B. 仪器使用完毕后，可不用防尘套罩住，也不用干燥处理

C. 定期检查仪器波长的准确性，以免引起不必要的测量误差

D.不必清理残留液,自然蒸发即可

5.使用分光光度法时判断出测得的吸光度有问题,可能的原因包括(　　)。

A.比色皿没有放正位置　　　　　　　　B.比色皿配套性不好

C.比色皿毛面放于透光位置　　　　　　D.比色皿润洗不到位

三、判断题

1.食品发色剂又名护色剂,是指在食品生产过程中加入能与食品的某些成分发生作用,使食品呈现令人喜爱的色泽的物质。一般只能单独使用,不能复配使用。　　　　　　(　　)

2.食品中亚硝酸盐的测定是在微碱性条件下进行的。　　　　　　　　　　(　　)

3.食品中亚硝酸盐含量测定所使用的仪器是分光光度计。　　　　　　　　(　　)

4.研究表明亚硝酸钠在众多食品添加剂中是急性且毒性较强的物质之一,因此在食品加工中应禁止添加。　　　　　　　　　　　　　　　　　　　　　　　(　　)

5.我国允许添加的护色剂包括硝酸钠、亚硝酸钠、硝酸钾和亚硝酸钾。　　(　　)

6.在测定肉中亚硝酸盐和硝酸盐时,用硫酸锌作为蛋白质沉淀剂时,其用量越多越好。

　　　　　　　　　　　　　　　　　　　　　　　　　　　　　　　(　　)

7.测定食品中亚硝酸盐含量时,样品制备的滤液不要放置过久,以免亚硝酸盐发生氧化影响测定结果。　　　　　　　　　　　　　　　　　　　　　　　　　(　　)

8.亚硝酸盐的护色机制是产生的二氧化氮与肌红蛋白结合生成亚硝基肌红蛋白。

　　　　　　　　　　　　　　　　　　　　　　　　　　　　　　　(　　)

9.亚硝酸盐与对氨基苯磺酸需在碱性条件下发生重氮化。　　　　　　　　(　　)

10.镉柱测定食品中硝酸盐的方法中,镉柱的作用是去除样品中的杂质。　(　　)

任务十二　食品中漂白剂的测定

【知识目标】

1.了解漂白剂的种类及测定意义。

2.了解漂白剂在食品中的最大使用量及危害。

3.掌握食品中二氧化硫的测定方法。

【能力目标】

1.能够运用不同分析方法对食品中二氧化硫的含量进行测定。

2.能正确配制二氧化硫标准使用液。

3.会正确使用分光光度计。

4.能依据相关标准并结合测定结果判定食品的品质。

【素质目标】

1.强化实验室安全意识。

2.培养独立思考、务实求真的学习精神。

3. 培养善于发现问题、解决问题的职业素质。

【相关标准】

《食品安全国家标准　食品中二氧化硫的测定》(GB 5009.34—2022)

《食品安全国家标准　食品添加剂使用标准》(GB 2760—2014)

【案例导入】

毒咸菜

2018 年 5 月 21 日,浙江天台县李某因贩卖的咸菜在抽检中被查出二氧化硫超标十几倍,涉嫌销售不符合安全标准食品被依法起诉。通过侦查后发现李某咸菜来自临海市李某某小作坊。根据李某某交代,他从事咸菜腌制多年,生产咸菜的二氧化硫按标准量添加时,腌制的咸菜易腐烂且卖相不好,故在腌制中加入大量有护色、防腐、漂白和抗氧化功能的食品添加剂二氧化硫,日生产 7 t 超标咸菜运往各地销售。

据天台县市场监督管理局一负责人介绍,二氧化硫(以及焦亚硫酸钾、亚硫酸钠等添加剂)对食品有漂白、防腐和抗氧化作用,是食品加工中常用的漂白剂和防腐剂,使用后均产生二氧化硫残留。《食品安全国家标准　食品添加剂使用标准》(GB 2760—2014)中规定,咸菜中二氧化硫最大使用量为 0.1 g/kg,而李某销售的腌制咸菜二氧化硫含量竟然超过十几倍。当摄入少量二氧化硫时,二氧化硫可在人体内经酶转化后由尿液排到体外,一般不会对人体健康造成不良影响,但如果长期过量摄入二氧化硫,可能会引起严重胃肠道反应,影响钙吸收,导致机体钙流失。

案例小结:食品从业人员在使用漂白剂时必须遵守法律法规,要有行业责任感。

📖 背景知识

一、漂白剂的定义及种类

食品漂白剂是指能够破坏或者抑制食品色泽形成因素,使其色泽褪去或者避免食品褐变的一类添加剂,漂白剂除可改善食品色泽外,还具有抑菌防腐、抗氧化等多种作用,在食品加工中应用广泛。食品中的漂白剂本身无营养价值,而且对人体健康有一定的影响,因此在使用过程中要严格控制使用量。在低剂量下使用食品漂白剂是安全的,但使用过量会对人们的身体造成伤害。

食品漂白剂按其作用机理可分为氧化型漂白剂和还原型漂白剂两类。氧化型漂白剂是通过本身强烈的氧化作用使着色物质被氧化破坏,从而达到漂白的目的,如过氧化氢、次氯酸钠等。还原型漂白剂是通过还原作用发挥漂白作用,如二氧化硫、亚硫酸钠、亚硫酸氢钠、低亚硫酸钠、硫磺、焦亚硫酸钠等。氧化型漂白剂的作用较强,会破坏食品中的营养成分,残留也较多。还原型漂白剂的作用比较缓和,但是被它漂白的色素一旦再被氧化,可能重新显色,如亚硫酸及其盐类。

二、漂白剂的测定意义

在食品的加工生产中,为了使食品保持特有的色泽,常加入漂白剂,依靠其所具有的氧化或还原能力来抑制、破坏食品的变色因子,使食品褪色或免于发生褐变。《食品安全国家标准 食品添加剂使用标准》(GB 2760—2014)中规定了漂白剂允许使用的品种、使用范围以及最大使用量或残留量,过量添加会损害人体健康。因此,对食品中漂白剂的检测非常重要。

三、漂白剂的测定方法

目前,在我国食品行业中,使用较多的是以亚硫酸类化合物为主的还原型漂白剂,主要利用的是二氧化硫还原作用。漂白剂用于多种食品中,在允许使用的食品中的最大使用量(以二氧化硫残留量计)为 0.01 ~ 0.4 g/L。因此测定食品中亚硫酸盐的含量也就是测定食品中二氧化硫的含量,其测定方法有分光光度法、滴定法、离子色谱法等,其中常用的是前两种方法。以下主要介绍分光光度法测定二氧化硫的含量。

1. 测定原理

样品直接用甲醛缓冲吸收液浸泡或加酸充氮蒸馏-释放的二氧化硫被甲醛溶液吸收,生成稳定的羟甲基磺酸加成化合物,酸性条件下与盐酸副玫瑰苯胺生成蓝紫色络合物,该络合物的吸光度值与二氧化硫的浓度成正比。

酸碱滴定法
(第一法)

2. 仪器

①玻璃充氮蒸馏器:500 mL 或 1 000 mL,或等效的蒸馏设备,装置原理图如图 2-11 所示。
②紫外可见分光光度计。

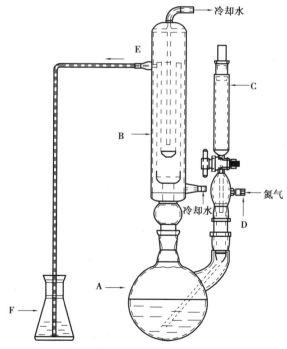

图 2-11　酸碱滴定法蒸馏仪器装置原理图
A—圆底烧瓶;B—竖式回流冷凝管;C—(带刻度)分液漏斗;
D—连接氮气流入口;E—二氧化硫导气口;F—接收瓶

3. 标准品

二氧化硫标准溶液(100 μg/mL):具有国家认证并授予标准物质证书。

4. 试剂

除非另有说明,本方法所用试剂均为分析纯,水为 GB/T 6682 规定的三级水。

①冰乙酸($C_2H_4O_2$)。

②磷酸(H_3PO_4)。

③氢氧化钠溶液(1.5 mol/L):称取 6.0 g NaOH,溶于水并稀释至 100 mL。

④乙二胺四乙酸二钠溶液(0.05 mol/L):称取 1.86 g 乙二胺四乙酸二钠(简称 EDTA-2Na),溶于水并稀释至 100 mL。

⑤甲醛缓冲吸收储备液:称取 2.04 g 邻苯二甲酸氢钾,溶于少量水中,加入 36%~38%的甲醛溶液 5.5 mL,0.05 mol/L EDTA-2Na 溶液 20.0mL,混匀,加水稀释并定容至 100 mL,贮于冰箱中冷藏保存。

⑥甲醛缓冲吸收液:量取甲醛缓冲吸收储备液适量,用水稀释 100 倍。临用时现配。

⑦盐酸副玫瑰苯胺溶液(0.5 g/L):量取 2% 盐酸副玫瑰苯胺溶液 25.0 mL,分别加入磷酸 30 mL 和盐酸 12 mL,用水稀释至 100 mL,摇匀,放置 24 h,备用(避光密封保存)。

⑧氨基磺酸铵溶液(3 g/L):称取 0.30 g 氨基磺酸铵($H_6N_2O_3S$)溶于水并稀释至 100 mL。

⑨盐酸溶液(6 mol/L):量取盐酸($\rho_{20}=1.19$ g/mL)50mL,缓缓倾入 50 mL 水中边加边搅拌。

⑩二氧化硫标准使用液(10 μg/mL):准确吸取二氧化硫标准溶液(100 μg/mL)5.0mL,用甲醛缓冲吸收液定容至 50 mL。临用时现配。

5. 测定步骤

(1)试样制备

①液体试样:取啤酒、葡萄酒、果酒、其他发酵酒、配制酒、饮料类试样,采样量应大于 1 L,对于袋装、瓶装等包装试样需至少采集 3 个包装(同一批次或批号),将所有液体在一个容器中混合均匀后,密闭并标识,供检测用。

②固体试样:取粮食加工品、固体调味品、饼干、薯类食品、糖果制品(含巧克力及制品)、代用茶、酱腌菜、蔬菜干制品、食用菌制品、其他蔬菜制品、蜜饯、水果干制品、炒货食品及坚果制品(烘炒类、油炸类其他类)、食糖、干制水产品、熟制动物性水产制品、食用淀粉、淀粉制品、淀粉糖、非发酵性豆制品、蔬菜、水果、海水制品、生干坚果与籽类食品等试样,采样量应大于 600 g,根据具体产品的不同性质和特点,直接取样,充分混合均匀,或者将可食用的部分采用粉碎机等合适的粉碎手段进行粉碎,充分混合均匀,贮存于洁净盛样袋内,密闭并标识,供检测用。

③半流体试样:袋装、瓶装等包装试样需至少采集 3 个包装(同一批次或批号);酱、果蔬罐头及其他半流体试样,采样量均应大于 600 g,采用组织捣碎机捣碎混匀后,贮存于洁净盛样袋内,密闭并标识,供检测用。

(2)试样处理

直接提取法:称取固体试样约 10 g(精确至 0.01 g),加甲醛缓冲吸收液 100 mL,振荡浸泡 2 h,过滤,取续滤液,待测。同时做空白试验。

充氮蒸馏法:称取固体或半流体试样 10~50 g(精确至 0.01 g,取样量可视含量高低而定);量取液体试样 50~100 mL,置于图 2-11 中圆底烧瓶 A 中,加水 250~300 mL。打开回流冷凝管开关给水(冷凝水温度低于 15 ℃),将冷凝管的上端 E 口处连接的玻璃导管置于 100 mL 锥形瓶底部。锥形瓶内加入甲醛缓冲吸收液 30 mL 作为吸收液(玻璃导管的末端应在吸收液液面以下)。开通氮气,使其流量计调节气体流量至 1.0~2.0 L/min,打开分液漏斗 C 的活塞,使 6 mol/L 盐酸溶液 10 mL 快速流入蒸馏瓶,立刻加热烧瓶内的溶液至沸腾,并保持微沸 1.5 h,停止加热。取下吸收瓶,以少量水冲洗导管尖嘴,并入吸收瓶中。将瓶内吸收液转入 100 mL 容量瓶中,甲醛缓冲吸收液定容,待测。

(3)标准曲线的制作

分别准确量取 0.00、0.20、0.50、1.00、2.00、3.00 mL 二氧化硫标准使用液(相当于 0.0、2.0、5.0、10.0、20.0、30.0 μg 二氧化硫),置于 25 mL 具塞试管中,加入甲醛缓冲吸收液至 10.00 mL,再依次加入 3 g/L 氨基磺酸铵溶液 0.5 mL、1.5 mol/L 氢氧化钠溶液 0.5 mL、0.5 g/L 盐酸副玫瑰苯胺溶液 1.0 mL,摇匀,放置 20 min 后,用紫外可见分光光度计在波长 579 nm 处测定标准溶液吸光度,并以质量为横坐标,吸光度为纵坐标绘制标准曲线。

(4)试样溶液的测定

根据试样中二氧化硫含量,吸取试样溶液 0.50~10.00 mL,置于 25 mL 具塞试管中,以下按上述标准曲线制作步骤中"加入甲醛缓冲吸收液至 10.00 mL"起依次进行操作,同时做空白试验。

6. 结果计算

试样中二氧化硫的含量按下式计算:

$$X = \frac{(m_1 - m_0) \times V_1 \times 1\,000}{m_2 \times V_2 \times 1\,000}$$

式中　X——试样中二氧化硫含量(以 SO_2 计),mg/kg 或 mg/L;

m_1——由标准曲线中查得的测定用试液中二氧化硫的质量,μg;

m_0——由标准曲线中查得的测定用空白溶液中二氧化硫的质量,μg;

V_1——试样提取液/试样蒸馏液定容体积,mL;

m_2——试样的质量或体积,g 或 mL;

V_2——测定用试样提取液/试样蒸馏液的体积,mL。

计算结果保留三位有效数字。

7. 精密度

在重复性条件下获得的两次独立测试结果的绝对差值不得超过算术平均值的 10%。

8. 注意事项

①本方法中直接提取法适用于白糖及白糖制品、淀粉及淀粉制品和生湿面制品中二氧化硫的测定,充氮蒸馏提取法适用于葡萄酒及赤砂糖中二氧化硫的测定。

②亚硝酸对测定有干扰,可通过加入氨基磺酸铵分解亚硝酸,消除干扰。

③当固体或半流体称样量为 10 g,定容体积为 100 mL,取样体积为 10 mL 时,本方法检出限为 1 mg/kg,定量限为 6 mg/kg;液体取样量为 10 mL 时,定容体积为 100 mL,取样体积为 10 mL 时,本方法检出限为 1 mg/L,定量限为 6 mg/L。

任务实施

知识拓展——二氧化硫的快速测定方法

子任务 白糖中二氧化硫的测定——分光光度法

1. 任务描述

分小组完成以下任务:

①查阅二氧化硫的测定标准和食品添加剂使用标准,设计白糖中二氧化硫的测定方案。

②准备分光光度法测定二氧化硫所需试剂材料及仪器设备。

③正确对样品进行预处理。

④正确进行样品中二氧化硫含量的测定。

⑤记录结果并进行分析处理。

⑥依据《食品安全国家标准 食品添加剂使用标准》(GB 2760—2014),判定样品中二氧化硫含量是否合格。

⑦填写检测报告。

2. 检测工作准备

①查阅《食品安全国家标准 食糖》(GB 13104—2014)和检测标准《食品安全国家标准 食品中二氧化硫的测定》(GB 5009.34—2022),设计分光光度法测定白糖中二氧化硫含量的方案。

②准备二氧化硫测定所需试剂材料及仪器设备。

3. 任务实施步骤

步骤:样品制备→提取→绘制标准曲线→样液测定→数据处理与报告填写。

(1)样品制备

直接取适量白糖样品,充分混合均匀,备用。

(2)提取

称取白糖试样 10 g(精确至 0.01 g),加甲醛缓冲吸收液 100 mL,振荡浸泡 2 h,过滤,弃掉初滤液,收集滤液备用。同时做空白试验。

(3)绘制标准曲线

分别准确量取 0.00、0.20、0.50、1.00、2.00、3.00 mL 二氧化硫标准使用液(相当于 0.0、2.0、5.0、10.0、20.0、30.0 μg 二氧化硫),置于 25 mL 具塞试管中,加入甲醛缓冲吸收液至 10.00 mL,再依次加入 3 g/L 氨基磺酸铵溶液 0.5 mL、1.5 mol/L 氢氧化钠溶液 0.5 mL、0.5 g/L 盐酸副玫瑰苯胺溶液 1.0 mL,摇匀,放置 20 min 后,用紫外可见分光光度计在波长 579 nm 处测定标准溶液吸光度,并以质量为横坐标,吸光度为纵坐标绘制标准曲线。

(4)样液测定

吸取样品滤液 1.00 mL,置于 25 mL 具塞试管中,按标准曲线绘制步骤进行,测定吸光度,根据吸光度从标准曲线上查出二氧化硫的质量(μg)。同时做空白试验。

(5)数据处理与报告填写

将白糖中二氧化硫含量测定的原始数据填入表 2-46 中,并填写检测报告,见表 2-47。

表 2-46　白糖中二氧化硫含量测定的原始记录

工作任务			样品名称					
接样日期			检测日期					
检测依据								
标准曲线绘制	二氧化硫标准使用液浓度 /($\mu g \cdot mL^{-1}$)							
	编号	1	2	3	4	5	6	
	吸取二氧化硫标准溶液体积/mL							
	相当于二氧化硫的质量/μg							
	吸光度							
	曲线方程及相关系数							
取样量 m_2/g								
试样提取液定容体积 V_1/mL								
测定用样液提取液体积 V_2/mL								
测定用样液中二氧化硫的质量 m_1/μg								
测定用空白溶液中二氧化硫的质量 m_0/μg								
试样中二氧化硫含量 X/($mg \cdot kg^{-1}$)								
试样中二氧化硫含量平均值 $\overline{X}$/($mg \cdot kg^{-1}$)								

表 2-47　白糖中二氧化硫含量测定的检测报告

样品名称					
产品批号		生产日期		检测日期	
检测依据					
判定依据					
检测项目	单位	检测结果		白糖中二氧化硫残留限量 标准要求	
检测结论					
检测员		复核人			
备注					

4. 任务考核

按照表 2-48 评价工作任务完成情况。

表 2-48　任务考核评价指标

序号	工作任务	评价指标	不合格	合格	良	优
1	检测方案制订	正确选用检测标准及检测方法(5 分)	0	1	3	5
		检测方案制订合理规范(5 分)	0	1	3	5
2	试样提取	会正确使用分析天平(预热、调平、称量、撒落、样品取放、清扫等)(10 分)	0	3	6	10
		正确进行过滤(5 分)	0	2	4	5
3	标准曲线绘制	移液管移液规范(5 分)	0	1	3	5
		正确使用 Excel 绘制标准曲线,标准曲线相关系数 >0.999(15 分)	0	5	10	15
		比色皿拿取和使用规范(5 分)	0	2	4	5
		正确使用分光光度计(5 分)	0	1	3	5
4	样品测定	空白校正正确(5 分)	0	—	—	5
		正确读取各比色管的吸光度(5 分)	0	1	3	5
5	数据处理与报告填写	原始记录及时、规范、整洁(5 分)	0	2	4	5
		准确填写结果和检测报告(5 分)	0	1	3	5
		数据处理准确,平行性好(5 分)	0	1	3	5
		有效数字保留准确(5 分)	0	—	—	5
6	其他操作	工作服整洁,及时整理、清洗、回收玻璃器皿及仪器设备(5 分)	0	1	3	5
		操作时间控制在规定时间内(5 分)	0	1	3	5
		符合安全规范操作(5 分)	0	2	4	5
总分						

✍ 达标自测

一、单项选择题

1. 漂白剂在食品中的最大使用量是以(　　)计。

A. 食品种类　　　　　　　　　　　B. 最后食品中残留的二氧化硫含量

C. 食品质量　　　　　　　　　　　D. 根据原料制定

2. 食品漂白剂二氧化硫的测定方法是(　　)。

A. 巴布科克法　　　　　　　　　　B. 分光光度法

C. 康威氏扩散皿法　　　　　　　　D. 双盲法

3. 下列食品添加剂中,属于氧化型漂白剂的是(　　)。

A. 二氧化硫 　　　　　　B. 过氧化氢 　　　　　　C. 硫磺 　　　　　　D. 熟石膏

4. 比色法测定食品 SO_2 残留量时,加入(　　　)防止亚硝酸盐的干扰。

A. 四氯汞钠 　　　　B. 亚铁氰化钾 　　　　C. 甲醛 　　　　D. 氨基磺酸铵

5. 不适于使用亚硫酸盐作为漂白剂的食品是(　　　)。

A. 干果 　　　　B. 食糖 　　　　C. 糖果

D. 蜜饯 　　　　E. 肉、鱼动物性食品

二、多项选择题

1. 下列属于漂白剂的是(　　　)。

A. 低亚硫酸钠 　　　　B. 亚硫酸钠 　　　　C. 二氧化硫 　　　　D. 硫磺

2. 漂白剂的作用除漂白作用外还包括(　　　)。

A. 防腐 　　　　B. 防止食品褐变 　　　　C. 抗氧化 　　　　D. 增强风味

3. 下列食品添加剂中,属于还原型漂白剂的是(　　　)。

A. 二氧化硫 　　　　B. 过氧化苯甲酰 　　　　C. 亚硫酸钠 　　　　D. 焦亚硫酸钠

4. 使用熏硫方法漂白的食品包括(　　　)。

A. 干果 　　　　B. 蜜饯 　　　　C. 饼干 　　　　D. 粉丝

三、判断题

1. 食品漂白剂分为还原漂白剂和氧化漂白剂两大类,我国允许使用的主要是氧化漂白剂。
(　　　)

2. 亚硫酸及其盐类对人体有一定的毒性,所以它们在食品中的残留必须严格控制。
(　　　)

3. 漂白剂可以按生产需要适量添加。 (　　　)

4. 漂白剂的作用是将食品漂白失去原有的颜色。 (　　　)

5. 硫磺可作为食品漂白剂,且仅限用于熏蒸。 (　　　)

6. 漂白剂是指能破坏或抑制食品的发色因素,使色素褪色或使食品免于褐变的物质。
(　　　)

7. 漂白剂也属于食品添加剂的功能类别。 (　　　)

8. 吊白粉可以作为食用漂白剂添加到食品中。 (　　　)

任务十三　食品中农药残留的测定

【知识目标】

1. 了解农药残留的种类及测定意义。

2. 了解农药残留的危害及其在食品中的限量指标。

3. 掌握食品中农药残留的测定方法。

4. 掌握气相色谱法测定有机磷农药残留的操作方法。

【能力目标】

1. 会进行样品预处理,并能正确配制农药标准使用液。

2. 能正确使用氮吹仪和气相色谱仪。

3. 能依据相关标准并结合测定结果判定食品的品质。

【素质目标】

1. 增强严谨细致、团结协作、客观公正、科学准确的职业素养。

2. 强化实验室安全操作和安全防护意识。

3. 养成规范操作、爱护仪器的习惯。

【相关标准】

《食品中有机磷农药残留量的测定》(GB/T 5009.20—2003)

《植物性食品中有机氯和拟除虫菊酯类农药多种残留量的测定》(GB/T 5009.146—2008)

《植物性食品中氨基甲酸酯类农药残留量的测定》(GB/T 5009.104—2003)

《蔬菜和水果中有机磷、有机氯、拟除虫菊酯和氨基甲酸酯类农药多残留的测定》(NY/T 761—2008)

《食品安全国家标准 食品中农药最大残留限量》(GB 2763—2021)

【案例导入】

敌敌畏超标苹果

2022 年 5 月 17 日,河南省市场监督管理局发布关于 35 批次食品不合格情况的通告。通告显示:遂平县广宇购物广场销售的 1 批次红星苹果,敌敌畏检出值为 1.9 mg/kg,标准规定为不大于 0.1 mg/kg。河南省市场监督管理局针对抽检发现的问题,已要求当地市场监管部门对涉及单位依法处理,责令其查清不合格产品的批次、数量、流向,召回不合格产品,采取下架等措施控制风险,分析原因进行整改,并对存在的违法行为依法查处。苹果中敌敌畏残留量超标的原因,可能是在种植过程中为快速控制虫害加大用药量或未遵守采摘间隔期规定,致使上市销售时产品中的药物残留量未降解至标准限量以下。

敌敌畏是一种广谱性杀虫、杀螨剂,具有触杀、胃毒和熏蒸作用。《食品安全国家标准 食品中农药最大残留限量》(GB 2763—2021)中规定,敌敌畏在苹果中的最大残留限量值为 0.1 mg/kg。敌敌畏挥发性强,对水体和大气可造成污染,易通过呼吸道或皮肤进入动物或人体内。少量的农药残留不会引起人体急性中毒,但长期食用农药残留超标的食品,对人体健康有一定影响。

案例小结:食品原料的品质安全与人类赖以生存的环境息息相关,一旦土壤、水源、大气环境受到污染,势必造成食品原材料的污染。食品中的农药残留污染不同于一般的有害物质,必须引起高度重视。所以,保护生态环境就是保护食品安全,提高环保意识,养成环保习惯,积极参与环保宣传活动以提高全民环保素质。

📖 背景知识

一、农药及农药残留

农药是指用于预防、消灭或者控制危害农业、林业的病、虫、草及其他有害生物,以及有目的地调节植物、昆虫生长的药物的总称。

据统计,全世界实际生产和使用的农药品种有上千种,其中绝大部分为化学合成农药。农药按用途可分为杀虫剂、杀菌剂、除草剂、杀螨剂、植物生长调节剂、昆虫不育剂和杀鼠药等;按化学成分可分为有机磷类、氨基甲酸酯类、有机氯类、拟除虫菊酯类、苯氧乙酸类、有机锡类等;按其毒性可分为高毒、中毒、低毒 3 类;按杀虫效率可分为高效、中效、低效 3 类;按农药在植物体内残留时间的长短可分为高残留、中残留和低残留 3 类。

农药残留是指农药使用后残存于生物体、食品(农副产品)和环境中的微量农药原体、有毒代谢物、降解物和杂质的总称。残存数量称为残留量,表示单位为 mg/kg(食品或食品农作物)。当农药过量或长期施用导致食物中农药残存数量超过最大残留限量(MRL)时,将会对人和动物产生不良影响,或通过食物链对生态系统中其他生物造成毒害。

我国是世界上农药生产和消费大国,近些年虽然已经使用了一些高效低毒的农药,如氨基甲酸酯类、拟除虫菊酯类等,但农业生产中农药施用不当仍可污染食品,从而导致农药残留进入人体,引起食物中毒。

二、食品中农药的来源及危害

食品中农药残留状况除了与农药的品种及化学性质有关,还与施药的浓度、剂量、次数、时间以及气象条件等因素有关。农药残留性越大,在食品中残留量也就越大,对人体的危害也越大。

1. 食品中农药的来源

食品中农药的来源主要有以下 5 个方面:

①施用农药对农作物的直接污染。农药一般喷洒在农作物表面,首先在蔬菜、水果等农产品表面残留,随后通过根、茎、叶被农作物吸收并在体内代谢后残留于农作物组织内。

②农药使用不当,不遵守安全间隔期的有关规定。安全间隔期是指最后一次施药至作物收获时允许的间隔天数。农药使用不当,没有在安全间隔期后进行收获,是造成农药急性中毒的主要原因。

③从环境中吸收。农药的利用率低于 30%,大部分使用的农药都逸散于环境之中。植物可以从环境吸收,动物则通过食物链的富集作用造成农药在组织中的残留。

④农药在运输、贮存过程中保管不当,也可造成食品的农药污染。

⑤其他途径。例如,粮库内用农药防虫在粮食中的残留以及事故性污染等因素。

2. 食品中农药的危害

下面从各类不同化学成分的农药残留来说明其对人体的危害。

(1)有机磷农药

有机磷农药是人类最早合成而且仍在广泛使用的一类杀虫剂,也是目前我国使用的最主要的农药之一,被广泛应用于各类食用作物。有机磷农药早期发展的大部分是高效高毒品种,而后逐步发展了许多高效低毒低残留品种。

有机磷农药化学性质不稳定,分解快,在作物中残留时间短,所以慢性毒性较为少见。使用时主要表现为植物性食物残留,尤其是含芳香物质的植物,如水果、蔬菜,特别是叶菜类如小白菜、大白菜、甘蓝、芹菜、韭菜、芥菜、花菜和黄瓜等残留问题较为突出。

有机磷农药残留对人体的危害以急性毒性为主,主要是抑制血液和组织中胆碱酯酶的活性,引起乙酰胆碱在体内大量积聚而出现一系列神经中毒症状,如神经功能紊乱、出汗、震颤、精神错乱、语言失常等。

（2）有机氯农药

有机氯农药为六六六和滴滴涕,曾因广谱、高效、价廉、急性毒性小而广泛使用。它们具有高度的化学、物理和生物学稳定性,半衰期长达10年以上,在自然界中极难分解。在20世纪60年代,人们发现由于大量使用滴滴涕,导致环境中存在大量的残留,这对生态系统造成了广泛、持久的破坏。

有机氯农药脂溶性强,蓄积于脂肪和含脂肪高的组织器官内,故很容易在人体内蓄积,一般来说,污染食品只存在慢性毒性作用,主要表现在侵害肝、肾及神经系统,动物实验证实其有致畸、致癌作用。在很多国家,有机氯农药已经相继被禁用,我国于1983年停止生产,1984年停止使用该类农药。

（3）氨基甲酸酯类农药

氨基甲酸酯类农药20世纪40年代由美国首先发现,然后逐步发展,并在世界各国广泛使用,具有高效、低毒、低残留的特点。此类农药在作物上残留时间一般为4 d,在动物肌肉和脂肪中的明显蓄积时间为7 d,残留量很低。

氨基甲酸酯类农药和有机磷农药一样是一种抑制胆碱酯酶的神经毒物。但与胆碱酯酶不发生化学反应,与胆碱酯酶形成的疏松复合体能很快分解,从而使胆碱酯酶恢复活性,因此中毒症状消失快,无迟发性神经毒性。

氨基甲酸酯类杀虫剂进入人体内,在胃中酸性条件下可与食物中的亚硝酸盐和硝酸盐反应,生成亚硝基化学物,具有致癌性。因此,可以认为氨基甲酸酯类农药具有致畸、致突变、致癌的可能。

（4）拟除虫菊酯类农药

拟除虫菊酯类农药在作物上降解快,对人体和环境危害较小。

拟除虫菊酯类农药是中枢神经毒剂,不抑制胆碱酯酶。它具有能够改变神经细胞膜钠离子通道的功能,从而使神经传导受阻,出现流涎、痉挛、共济失调等症状。

三、农药残留的测定意义

民以食为天,食品质量是决定人生存质量最重要的因素之一。农药作为人类文明发展的产物,曾经为人类粮食产量的提高做出过不可磨灭的贡献。随着人口的增加,人类对粮食的需求越来越大,为了盲目地追求粮食产量,减少粮食损耗,人类在粮食生产、加工、仓储、运输过程中大量使用农药,与此同时大量使用农药后产生的环境危害也日益严重。

知识拓展——蔬果中农药残留的去除方法

我国是世界上农药生产和消费大国,由于大量使用农药,我国因农药中毒的人数也越来越多。同时,由农药残留而导致的慢性病也越来越多,对广大人民群众的健康造成不可估量的危害。

因此,严格控制农药残留是一个非常重要的环节。目前,许多国家和组织都对食品中农药残留的允许量作了相关规定,我国对有机氯和有机磷农药、氨基甲酸酯类农药、拟除虫菊酯类农药等在食品中的允许量也都作了相关规定,具体内容详见《食品安全国家标准　食品中农药最大残留限量》（GB 2763—2021）中规定的食品中农药最大残留量。

四、农药残留的测定方法

目前,农药残留最常用的检测方法主要有酶抑制法和色谱法。酶抑制法是依据有机磷和氨基甲酸酯类农药对乙酰胆碱酯酶的活性抑制来检测上述两类农药残留。其优点是方法简单,检测成本低,检测速度快,易于实现现场快速筛查;缺点是检测精度不高,容易受样品基质干扰,从而出现结果误判的现象。色谱法是利用农药的分子特性不同,通过仪器的固定相或流动相与农药分子的结合力的差异,将各种农药分子与其他分子分离并进行定量。色谱法的最大优势是测定结果准确可靠,但缺点是检测成本高,往往需要配置金额几十万甚至几百万的大型检测仪器,而且对于检测人员的技术水平要求高,检测周期较长。以下主要介绍有机磷农药残留的测定方法。

我国食品卫生检验方法国家标准《植物性食品中有机磷和氨基甲酸酯类农药多种残留的测定》(GB/T 5009.145—2003)采用的是气相色谱法检测有机磷农药残留,适用于粮食、蔬菜中有机磷和氨基甲酸酯类农药残留的检测。此外还有《食品中有机磷农药残留量的测定》(GB/T 5009.20—2003)等标准。以下简单介绍 GB/T 5009.20—2003 中的第一法,即气相色谱法测定水果、蔬菜、谷类中有机磷农药的残留,本标准规定了水果、蔬菜、谷类中敌敌畏、速灭磷、久效磷、甲拌磷、巴胺磷、二嗪磷、乙嘧硫磷、甲基嘧啶磷、甲基对硫磷、水胺硫磷、氧化喹硫磷、稻丰散、甲喹硫磷、灭线磷、乙硫磷、乐果、喹硫磷、对硫磷、杀螟硫磷的残留量分析方法,适用于使用过敌敌畏等二十种农药制剂的水果、蔬菜、谷类等作物的残留量分析。

1.测定原理

含有机磷的试样在富氢焰上燃烧,以 HPO 碎片的形式,放射出波长 526 nm 的特性光,这种光通过滤光片选择后,由光电倍增管接收,转换成电信号,经微电流放大器放大后被记录下来。将试样的峰面积或峰高与标准品的峰面积或峰高进行比较定量。

2.仪器

①组织捣碎机。

②粉碎机。

③旋转蒸发仪。

④气相色谱仪:附有火焰光度检测器(FPD)。

3.试剂

①丙酮。

②二氯甲烷。

③氯化钠。

④无水硫酸钠。

⑤助滤剂 Celite 545。

⑥20 种农药标准品(见 GB/T 5009.20—2003 第一法)。

⑦农药标准溶液的配制:分别准确称取 GB/T 5009.20—2003 第一法中 20 种标准品,用二氯甲烷为溶剂,分别配制成 1.0 mg/mL 的标准储备液,贮于冰箱(4 ℃)中,使用时根据各农药品种的仪器响应情况,吸取不同量的标准储备液,用二氯甲烷稀释成混合标准使用液。

4. 测定步骤

（1）试样的制备

取粮食试样经粉碎机粉碎，过 20 目筛制成粮食试样；水果蔬菜试样去掉非可食用部分后制成待分析试样。

（2）提取

水果、蔬菜：称取 50.00 g 试样，置于 300 mL 烧杯中，加入 50 mL 水和 100 mL 丙酮（提取液总体积为 150 mL），用组织捣碎机提取 1～2 min。匀浆液经铺有两层滤纸和约 10 g Celite545 的布氏漏斗减压抽滤。取滤液 100 mL 移至 500 mL 分液漏斗中。

谷物：称取 25.00 g 试样，置于 300 mL 烧杯中，加入 50 mL 水和 100 mL 丙酮（提取液总体积为 150 mL），用组织捣碎机提取 1～2 min。匀浆液经铺有两层滤纸和约 10 g Celite545 的布氏漏斗减压抽滤。取滤液 100 mL，将其移至 500 mL 分液漏斗中。

（3）净化

向滤液中加入 10～15 g 氯化钠使溶液处于饱和状态。猛烈振摇 2～3 min，静置 10 min，使丙酮与水相分层，水相用 50 mL 二氯甲烷振摇 2 min，再静置分层。

将丙酮与二氯甲烷提取液合并后经装有 20～30 g 无水硫酸钠的玻璃漏斗脱水滤入 250 mL 圆底烧瓶中，再以约 40 mL 二氯甲烷分数次洗涤容器和无水硫酸钠。洗涤液也并入烧瓶中，用旋转蒸发仪浓缩至约 2 mL，浓缩液定量转移至 5～25 mL 容量瓶中，加二氯甲烷定容至刻度，供气相色谱分析。

（4）色谱参考条件

①色谱柱。

玻璃柱 2.6 m×3 mm（内径），填装涂有 4.5% DC-200+2.5% OV-17 的 Chromosorb W A W DMCS（80 目～100 目）。

玻璃柱 2.6 m×3 mm（内径），填装涂有质量分数为 1.5% 的 QF-1 的 Chromosorb W A W DMCS（60 目～80 目）。

②气体速度。

氮气 50 mL/min、氢气 100 mL/min、空气 50 mL/min。

③温度。

柱箱 240 ℃、汽化室 260 ℃、检测器 270 ℃。

④进样量。

吸取 2～5 μL 混合标准液及试样净化液注入色谱仪中，以保留时间定性。以试样的峰高或峰面积与标准比较定量。

⑤检测器。

火焰光度检测器（FPD）。

5. 结果计算

i 组分有机磷农药的含量按下式进行计算：

$$X_i = \frac{A_i \times V_1 \times V_3 \times E_{si} \times 1\ 000}{A_{si} \times V_2 \times V_4 \times m \times 1\ 000}$$

式中　X_i——i 组分有机磷农药的含量，mg/kg；

　　　A_i——试样中 i 组分的峰面积，积分单位；

A_{si}——混合标准液中 i 组分的峰面积,积分单位;

V_1——试样提取液的总体积,mL;

V_2——净化用提取液的总体积,mL;

V_3——浓缩后的定容体积,mL;

V_4——进样体积,μL;

E_{si}——注入色谱仪中的 i 标准组分的质量,ng;

m——试样的质量,g。

计算结果保留两位有效数字。

有机氯农药残留
的测定

6. 精密度

在重复性条件下获得的两次独立测定结果的绝对差值不得超过算术平均值的 15%。

7. 其他

16 种有机磷农药混合标准溶液的色谱图(见 GB/T 5009.20—2003 第一法图 1),13 种有机磷农药的色谱图(见 GB/T 5009.20—2003 第一法图 2)。

气相色谱法测定
食品中氨基甲酸
酯类农药残留

任务实施

子任务　黄瓜中有机磷农药残留的测定——气相色谱法

1. 任务描述

分小组完成以下任务:

①查阅有机磷农药的测定标准,设计黄瓜中有机磷农药的测定方案。

②准备测定有机磷农药所需试剂材料及仪器设备。

③正确对样品进行预处理。

④正确进行样品中有机磷农药含量的测定。

⑤记录结果并进行分析处理。

⑥依据《食品安全国家标准　食品中农药最大残留限量》(GB 2763—2021),判定样品中有机磷农药含量是否合格。

⑦填写检测报告。

2. 检测工作准备

①查阅《食品安全国家标准　食品中农药最大残留限量》(GB 2763—2021)和检测标准《蔬菜和水果中有机磷、有机氯、拟除虫菊酯和氨基甲酸酯类农药多残留的测定》(NY/T 761—2008 第 1 部分:蔬菜和水果中有机磷多残留的测定方法二),设计气相色谱法测定黄瓜中有机磷农药含量的方案。

②准备有机磷农药测定所需试剂材料及仪器设备。

3. 任务实施步骤

步骤:样品制备→提取→净化→气相色谱条件设置→色谱分析→数据处理与报告填写。

(1)样品制备

取黄瓜样品去皮,将其切成小块,放入搅拌机中打浆,制成待测样,备用。

(2)提取

称取黄瓜匀浆(10.00±0.1)g(精确至 0.01 g)置于 50 mL 离心管中,准确加入 20.0 mL

乙腈,于旋涡振荡器上混匀 2 min 后用滤纸过滤,滤液收集到装有 2 ～ 3 g 氯化钠的 50 mL 具塞量筒中,收集滤液 20 mL 左右,盖上塞子,剧烈震荡 1 min,在室温下静置 30 min,使乙腈相和水相完全分层。

(3)净化

用 5 mL 移液管从具塞量筒中准确移取 4.00 mL 乙腈相溶液置于 10 mL 刻度试管中,将试管置于氮吹仪中,温度设为 75 ℃,缓缓通入氮气,蒸发近干后取出,用 2 mL 移液管准确移取 2.00 mL 丙酮于试管中,在旋涡振荡器上混匀,用 0.2 μm 滤膜过滤至自动进样器进样瓶中,做好标记,供色谱测定。

(4)气相色谱条件设置

设置色谱柱、进样口温度、检测器温度、柱箱温度、气体及流量、进样方式等气相色谱检测参数。

(5)色谱分析

分别吸取 1.0 μL 标准混合液和净化后的样品溶液注入色谱仪中,以保留时间定性,以样品溶液峰面积与标准溶液峰面积比较定量。

(6)数据处理与报告填写

将黄瓜中有机磷农药含量测定的原始数据填入表 2-49 中,并填写检测报告,见表 2-50。

表 2-49 黄瓜中有机磷农药含量测定的原始记录

工作任务		样品名称	
接样日期		检测日期	
检测依据			
取样量 m/g			
试样提取溶剂总体积 V_1/mL			
测定用样液提取液体积 V_2/mL			
样品溶液定容体积 V_3/mL			
根据图谱判断加入标准农药名称,并填写对应表格		A. 甲拌磷	B. 毒死蜱
该农药保留时间/min			
标准溶液中农药的质量浓度 $\rho/(mg \cdot L^{-1})$			
农药标准溶液中被测农药的峰面积 A_s			
样品溶液中被测农药的峰面积 A			
试样中被测农药残留量 $\omega/(mg \cdot kg^{-1})$			
试样中被测农药残留量平均值 $\overline{\omega}/(mg \cdot kg^{-1})$			

表 2-50　黄瓜中有机磷农药含量测定的检测报告

样品名称				
产品批号		生产日期		检测日期
检测依据				
判定依据				
检测项目	单位	检测结果		黄瓜中有机磷农药限量标准要求
检测结论				
检测员		复核人		
备注				

4. 任务考核

按照表 2-51 评价工作任务完成情况。

表 2-51　任务考核评价指标

序号	工作任务	评价指标	不合格	合格	良	优
1	检测方案制订	正确选用检测标准及检测方法(5分)	0	1	3	5
		检测方案制订合理规范(5分)	0	1	3	5
2	样品制备	样品处理方法正确(5分)	0	1	3	5
		正确使用打浆机(5分)	0	1	3	5
3	试样提取	正确使用分析天平(预热、调平、称量、撒落、样品取放、清扫等)(10分)	0	3	6	10
		正确进行过滤(5分)	0	2	4	5
		移液管移液规范(5分)	0	1	3	5
		正确使用旋涡振荡器(5分)	0	1	3	5
4	净化	正确转移溶液(5分)	0	1	3	5
		正确使用氮吹仪和针筒滤膜过滤(5分)	0	1	3	5
5	色谱分析	气相色谱条件设置准确,进样和色谱仪操作规范准确(5分)	0	1	3	5
6	数据处理与报告填写	原始记录及时、规范、整洁(5分)	0	2	4	5
		准确填写结果和检测报告(5分)	0	1	3	5
		数据处理准确,回收率≥80%(5分)	0	2	4	5
		两次独立测定结果的绝对差值不超过算术平均值的15%(5分)	0	1	3	5
		有效数字保留准确(5分)	0	—	—	5

续表

序号	工作任务	评价指标	不合格	合格	良	优
7	其他操作	工作服整洁,及时整理、清洗、回收玻璃器皿及仪器设备(5分)	0	1	3	5
		操作时间控制在规定时间内(5分)	0	1	3	5
		符合安全规范操作(5分)	0	2	4	5
总分						

✍ 达标自测

一、单项选择题

1. 有机磷农药的提取剂为( )。

A. 乙腈　　　　　　　　B. 乙醚　　　　　　　　C. 水　　　　　　　　D. 丙酮

2. FPD 是( )。

A. 电子捕获检测器　　　　　　　　　　B. 热导检测器

C. 火焰光度检测器　　　　　　　　　　D. 氢火焰检测器

3. 色谱法根据( )对被测物质定量。

A. 半峰高　　　　　　　　B. 时间　　　　　　　　C. 峰面积　　　　　　　　D. 保留时间

4. 有机磷农药气相色谱测定时预处理过程为( )。

A. 提取→净化→浓缩　　　　　　　　　　B. 净化→提取→浓缩

C. 提取→浓缩→净化　　　　　　　　　　D. 浓缩→提取→净化

5. ECD 是( )。

A. 氢火焰检测器　　　　　　　　　　B. 火焰光度检测器

C. 电子捕获检测器　　　　　　　　　　D. 热导检测器

6. 下列不属于有机磷农药的是( )。

A. 敌敌畏　　　　　　　　B. 敌百虫　　　　　　　　C. 滴滴涕　　　　　　　　D. 乐果

7. 具有稳定、不易降解、参与生态循环特点的农药是( )。

A. 有机氯类　　　　　　　　　　B. 有机磷类

C. 氨基甲酸酯类　　　　　　　　　　D. 除虫菊酯类

8. 分析农药残留,可以选用的方法有( )。

A. 电位分析法　　　　　　　　　　B. 原子吸收光谱法

C. 原子发射光谱法　　　　　　　　　　D. 气相色谱法

9. 下列不是食品中农药残留来源主要途径的是( )。

A. 施用农药受到的直接污染　　　　　　B. 农作物从污染的环境中吸收

C. 通过食物链传递　　　　　　　　　　D. 不当的食品加工

10. 下列关于农药残留,正确的说法是( )。

A. 食品农药残留指农药使用后残留于食品的农药本体

B. 农药残留量以 g/kg 表示

C. 农药残留是施药后的必然现象

D. 世界各国制定了农药最小残留限量标准

11. 有机磷农药对人、畜毒性主要表现为（　　　），从而引起一系列中毒表现。

A. 血液中胆碱酯酶受到抑制，活力下降，使分解乙酰胆碱的能力丧失。

B. 刺激肺部，引起呼吸障碍

C. 刺激皮肤，导致过敏、皮炎

D. 无毒性

二、多项选择题

1. 农药残留的危害是（　　　）。

A. 污染大气、水环境

B. 增强病菌、害虫对农药的抗药性，杀伤有益生物

C. 野生生物和畜禽中毒

D. 未见危害

2. 以下属于有机氯农药的是（　　　）。

A. 六六六　　　　　　B. 乐果　　　　　　C. 滴滴涕　　　　　　D. 艾试剂

3. 常用的浓缩方法有（　　　）等。

A. 减压旋转蒸发法　　　　　　　　B. K-D 浓缩法

C. 氮气吹干法　　　　　　　　　　D. 固相提取

4. 农药残留毒性的控制策略包括（　　　）。

A. 农药的合理使用　　　　　　　　B. 避毒措施

C. 去农药处理　　　　　　　　　　D. 发展高效低毒低残留农药

5. 禁止在农业上应用的农药，其共同特点有（　　　）。

A. 根据农药管理条例，剧毒和高毒农药不得在蔬菜生产中使用

B. 危害性大的高残留农药也将逐步纳入禁限用农药管理

C. 法定禁止将剧毒、高毒农药用于蔬菜、瓜果、茶叶和中草药材等

D. 原药

三、判断题

1. 在农药残留的样品制备过程中，提取次数越多越有利于测定。　　　　　　（　　　）

2. 农药残留影响人类的健康，所以农药可以不用。　　　　　　　　　　　（　　　）

3. 农产品中农药残留超标的重要原因是农药的不科学使用。　　　　　　　（　　　）

4. 现在使用的农药大部分是人工合成的有机农药。　　　　　　　　　　　（　　　）

5. 由于残留农药含量甚微，所以提取效率的高低直接影响分析结果的准确性。　（　　　）

6. 农药残留是农药使用后残存于生物体、食品（农副产品）和环境中的微量农药原体、有毒代谢物、降解物和杂质的总称。　　　　　　　　　　　　　　　　　　　（　　　）

7. 食品中农药残留毒性对人体的危害是多方面的，只与农药的种类有关，与摄入量、摄入方式、作用时间等因素无关。　　　　　　　　　　　　　　　　　　　　（　　　）

8. 一般来说人类处在食物链的最末端，受残留农药生物富集的危害较轻微。　（　　　）

任务十四　食品中兽药残留的测定

【知识目标】

1. 了解兽药残留的种类及测定意义。
2. 了解兽药残留的来源及其在食品中的限量指标。
3. 掌握食品中高效液相色谱法测定兽药残留的操作方法。

【能力目标】

1. 能够运用不同分析方法对食品中兽药残留含量进行测定。
2. 能正确配制氟喹诺酮类药物标准使用液。
3. 会正确使用固相萃取仪、高效液相色谱仪。
4. 能依据相关标准并结合测定结果判定食品的品质。

【素质目标】

1. 增强严谨细致、团结协作、客观公正、科学准确的职业素养。
2. 强化实验室安全操作和安全防护意识。
3. 养成规范操作、爱护仪器的检验习惯。

【相关标准】

《畜禽肉中土霉素、四环素、金霉素残留量的测定（高效液相色谱法）》（GB/T 5009.116—2003）

《食品安全国家标准　食品中兽药最大残留限量》（GB 31650—2019）

原农业部 1025 号公告-14-2008《动物性食品中氟喹诺酮类药物残留检测　高效液相色谱法》

【案例导入】

鲫鱼兽药超标事件

2022 年 6 月 10 日,浙江省乐清市市场监督管理局开发区市场监督管理所对盐盆社区捕捞综合农贸市场张××1 批次鲫鱼进行抽检,经中谱安信(杭州)检测科技有限公司检验,恩诺沙星(以恩诺沙星与环丙沙星之和计)实测值为 $1.53×10^3$ μg/kg,标准指标为 ≤100 μg/kg,恩诺沙星(以恩诺沙星与环丙沙星之和计)项目不符合 GB 31650—2019《食品安全国家标准　食品中兽药最大残留限量》要求,检验结论为不合格。恩诺沙星属第三代喹诺酮类药物,是一类人工合成的广谱抗菌药,用于治疗动物的皮肤感染、呼吸道感染等,是动物专属用药。长期食用恩诺沙星残留超标的食品,对人体健康可能有一定影响。

乐清市市场监督管理局对抽检中发现的此批次不合格鲫鱼,已责令相关单位立即停止生产销售、采取下架等措施,控制风险,并依法予以查处,确保后续处理到位并根据实际情况积极开展追溯工作。其他经销与本次监测被判定不合格食品相同品牌、相同货品、相同批号食品的,也应立即停止销售,主动撤柜,并做好善后处理工作。据专家介绍,淡水鱼中恩诺沙星残留量超标的原因,可能是在养殖过程中为快速控制疫病,违规加大用药量或不遵守休药期规定,导致上市销售产品中的药物残留量超标。

案例小结:从事食品行业的相关工作人员在使用兽药时一定要严格执行国家的法律、法规和标准,树立良好的职业道德,始终把人民的生命安全放在第一位,养成遵纪守法的良好习惯。

📖 背景知识

一、兽药及兽药残留

兽药是指用于预防、治疗、诊断动物疾病或者有目的地调节动物生理机能的物质(含药物饲料添加剂),主要包括血清制品、疫苗、诊断制品、微生态制品、中药材、中成药、化学药品、抗生素、生化药品、放射性药品及外用杀虫剂、消毒剂等。从理论上说,凡能影响机体器官生理功能或细胞代谢活动的化学物质都属于药物范畴。在我国,鱼药、蜂药、蚕药也列入兽药管理。

兽药残留是指食品动物用药后,动物产品的任何食用部分中与所有药物有关的物质的残留,既包括原药也包括药物在动物体内的代谢产物。

食用含有兽药的动物性食品后,通常人不会马上中毒,但能造成兽药残留在人体内蓄积,引起各种组织器官发生病变,甚至癌变。因此学习兽药残留的检测是非常有必要的。

二、兽药残留的种类及来源

1. 常见兽药残留的种类

（1）抗生素类药物

抗生素类药物多为天然发酵产物,是临床应用最多的一类抗菌药物,除了包括青霉素类、四环素类等抗生素,还包括抗真菌药以及氟喹诺酮类等药物。青霉素类最容易引发超敏反应,四环素类、链霉素有时也会引起超敏反应。轻至中度的超敏反应一般表现为短时间内出现血压下降、皮疹、身体发热、血管神经性水肿、血清病样反应等,重度超敏反应可能导致过敏性休克,甚至死亡。长期摄入含氨基糖苷类残留超标的动物性食品,可损害听力及肾脏功能。目前,在畜禽肉中容易造成残留量超标的抗生素主要有氯霉素、四环素、土霉素、金霉素等。

（2）磺胺类药物

磺胺类药物主要用于抗菌消炎,如磺胺嘧啶、磺胺二甲嘧啶、磺胺脒、菌得清、磺胺甲唑等。近年来,磺胺类药物在动物性食品中的残留超标现象,在所有兽药当中是最严重的。长期摄入含磺胺类药物残留的动物性食品后,药物可不断地在体内蓄积。磺胺类药物主要以原形及乙酸磺胺的形式经肾脏排出,在尿液中浓度较高,其溶解度又较低,尤其当尿液偏酸性时,可在肾盂、输尿管或膀胱内析出结晶,产生刺激和阻塞,引起结晶尿、血尿、管型尿、尿痛、尿少甚至尿闭等泌尿系统疾病。

（3）硝基呋喃类药物

硝基呋喃类药物主要用于抗菌消炎,如呋喃唑酮、呋喃西林、呋喃妥因等。通过食品摄入超量硝基呋喃类残留后,对人体造成的危害主要是胃肠反应和超敏反应。剂量过大或肾功能

知识拓展——动物性食品中兽药残留的现状

不全者,可引起严重毒性反应,主要表现为周围神经炎、药热、嗜酸性白细胞增多、溶血性贫血等。长期摄入可引起不可逆性末端神经损害,如感觉异常、疼痛及肌肉萎缩等。

(4)抗寄生虫类药物

抗寄生虫类药物主要用于驱虫或杀虫,如苯并咪唑、左旋咪唑、克球酚、吡喹酮等。常用的苯并咪唑类抗寄生虫药物有丙硫苯咪唑、丙氧咪唑、噻苯咪唑、甲苯咪唑、丁苯咪唑等。食用残留有苯并咪唑类药物的动物性食品,对人主要的潜在危害是致畸作用和致突变作用。对于孕妇有可能引发胎儿畸形,如短肢、兔唇等;对所有消费者来说,由于其致突变作用可能使消费者发生癌变和性染色体畸变,从而使后代有发生畸形的危险。

(5)激素类药物

激素类药物主要用于提高动物的繁殖和加快生长发育的速度。用于动物的激素有性激素和皮质激素,而以性激素(包括多种内源性性激素、人工合成的类似性激素的类固醇化合物、人工合成的具有性激素某些特性的非类固醇化合物)最常用,如孕酮、唯二醇、甲基睾酮、丙酸睾酮、苯甲酸雌二醇、已烯孕酮等。正常情况下,动物性食品中天然存在的性激素含量是很低的,因而不会干扰消费者的激素代谢和生理机能。但摄入性激素残留超标的动物性食品,可能会影响消费者的正常生理机能,而且具有一定的致癌性,可能导致儿童早熟、儿童发育异常、儿童异性趋向等。

2. 食品中兽药残留的来源

食品中兽药残留的来源主要有以下几个方面。

(1)兽药的滥用或使用不当

一些养殖场户缺乏疫病防治经验,在养殖过程中,不重视疾病预防工作。一旦出现疫病,在不明病因的情况下就大量使用兽药,甚至不按照兽药管理和使用规定,超剂量、超范围用药,造成药物的滥用与残留。

(2)不执行休药期规定

有些养殖场户违反《兽药管理条例》规定,不遵守原农业部颁布的兽药标准和《中华人民共和国兽药典》规定的相应药物的休药期,销售或屠宰仍在用药期、休药期内的动物,将兽药残留超标的动物性食品投放市场。

(3)动物饲料的兽药污染

由于在畜牧生产中大量使用兽药,特别是在治疗动物疾病时超范围和不合理用药,一些药物不能完全被吸收和代谢,药物通过粪尿排出体外,污染环境中的饲料和饮水等,又能通过食物链富集于动物体内,造成兽药残留。

(4)非法使用违禁和淘汰兽药

一些养殖户为了获得高额利润,在生产过程中未经兽医开具处方的情况下,购买使用国务院兽医行政管理部门规定的实行处方药管理的兽药,或者在饲料中非法添加"瘦肉精""蛋白精"等违禁药品,或者使用毒性大、高残留、已被淘汰和明令禁止使用的药物等。

三、食品中兽药残留的测定意义

目前,绝大多数食品动物在生长、生产过程中至少长期使用 1~2 种兽药或药物添加剂。然而在兽药发挥其积极作用的同时,由于科学知识的缺乏和经济利益的驱使等方面原因,在养殖业中滥用药物的现象普遍存在,从而造成了兽药残留对人类健康和生态环境的潜在危害。一方面,兽药在动物性食品中的残留可对人体造成毒性反应、变态反应、致畸、致突变作用等不利影响;另一方面,兽药无论是用于饲料添加还是直接用于治疗,最终都会以原形或代谢物的形式随粪、尿等排泄物进入生态环境,造成兽药在生态环境中的残留。当动物体内排出的这些化学物超过环境的自净能力时,就会对人类生活的环境和生态系统产生不利影响。因此要通过实施监督管理体系和加强控制措施,严格检测动物性食品中的兽药残留,以保护广大人民群众的生命安全与身体健康,保护生产经营企业的经济利益和国家经济的发展。

四、兽药残留的检测方法

目前,按照检测仪器的不同,兽药残留的测定方法可分为酶联免疫法、高效液相色谱法、气相色谱法、气相色谱-质谱法、高效液相色谱-串联质谱法等。

1. 高效液相色谱法测定畜禽肉中土霉素、四环素、金霉素残留量

（1）测定原理

试样经提取、微孔滤膜过滤后直接进样,用反相色谱分离,紫外检测器检测,与标准比较定量,出峰顺序为土霉素、四环素、金霉素。采取标准加入法定量。

（2）仪器

高效液相色谱仪（HPLC）:具备紫外检测器。

（3）试剂

①乙腈（分析纯）。

②0.01 mol/L 磷酸二氢钠溶液:称取 1.56 g（精确到±0.01 g）磷酸二氢钠溶于蒸馏水中,定容到 100 mL,经微孔滤膜（0.45 μm）过滤,备用。

③土霉素（OTC）标准溶液:称取土霉素 0.010 0 g（精确到±0.000 01 g）,用 0.1 mol/L 盐酸溶液溶解并定容至 10 mL,此溶液每毫升含土霉素 1 mg。

④四环素（TC）标准溶液:称取四环素 0.010 0 g（精确到±0.001 g）,用 0.01 mol/L 盐酸溶液溶解并定容至 10 mL,此溶液每毫升含四环素 1mg。

⑤金霉素（CTC）标准溶液:称取金霉素 0.010 0 g（精确到±0.000 1 g）,溶于蒸馏水并定容至 10 mL,此溶液每毫升含金霉素 1 mg。

⑥混合标准溶液:取土霉素、四环素标准溶液各 1.00 mL,取金霉素标准溶液 2.00 mL,置于 10 mL 容量瓶中,加蒸馏水至刻度。此溶液每毫升含土霉素、四环素各 0.1 mg,金霉素 0.2 mg,临用时现配。

⑦5% 高氯酸溶液。

（4）测定步骤

①色谱条件。

柱:ODS-C_{18}（5μm）6.2 mm×150 mm。

检测波长:355 nm。

柱温:室温。

流速:1.0 mL/min。

进样量:10 μL。

流动相:乙腈+0.01 mol/L 磷酸二氢钠溶液（用 30% 硝酸溶液调节 pH 值为 2.5）=35+65,使用前用超声波脱气 10 min。

②工作曲线。

分别称取 7 份切碎的肉样置于 50 mL 锥形烧瓶中,每份 5.00 g(精确到±0.01 g),分别加入混合标准溶液 0、25、50、100、150、200、250 mL(含土霉素、四环素各为 0、2.5、5.0、10.0、15.0、20.0、25.0 µg);含金霉素(0、5.0、10.0、20.0、30.0、40.0、50.0 µL),加入 5% 高氯酸 25.0 mL,于振荡器上振荡提取 10 min,移入离心管中,以 2 000 r/min 离心 3 min,取上清液,经 0.45 µm 滤膜过滤,取溶液 10 µL 进样,以峰高为纵坐标,抗生素含量为横坐标,绘制工作曲线。

③样品的测定。

称取(5.00±0.01)g 切碎的肉样(<5 mm),置于 50 mL 锥形烧瓶中,加入 5% 高氯酸 25.0 mL,于振荡器上振荡提取 10 min,移入离心管中,以 2 000 r/min 离心 3 min,取上清液,经 0.45 µm 滤膜过滤,取样品滤液 10 µL 进样,记录峰高,从工作曲线上查得含量。

(5)结果计算

按下式计算试样中抗生素含量:

$$X = \frac{A \times 1\ 000}{m \times 1\ 000}$$

式中　X——试样中抗生素含量,mg/kg;

　　　A——试样溶液测得抗生素质量,µg;

　　　m——试样质量,g。

(6)精密度

在重复性条件下获得的两次独立测定结果的绝对差值不得超过算术平均值的 10%。

(7)注意事项

①本方法适用于各种畜禽肉中土霉素、四环素、金霉素残留量的测定。其检出限为土霉素 0.15 mg/kg,四环素 0.20 mg/kg,金霉素 0.65 mg/kg。

②四环素族抗生素是家禽、家畜常用的防病治病药物。

③测定肉中抗生素残留量的方法较多,目前应用较广的方法是微生物法和高效液相色谱法。

2. 高效液相色谱法测定动物性食品中氟喹诺酮类药物残留

(1)测定原理

用磷酸盐缓冲溶液提取试料中的药物,C_{18} 柱净化,流动相洗脱。以磷酸-乙腈为流动相,用高效液相色谱荧光检测法测定,外标法定量。

(2)仪器

①高效液相色谱仪(配荧光检测器)。

②天平:感量 0.01 g。

③分析天平:感量 0.000 01 g。

④振荡器。

⑤组织匀浆机。

⑥离心机。

⑦匀浆杯:30 mL。

⑧离心管:50 mL。

⑨固相萃取柱：Varian Bond Elut C_{18} 柱（100mg/mL）。

⑩微孔滤膜（0.45 μm）。

（3）试剂

以下所用的试剂，除特别注明者外均为分析纯试剂，水为符合 GB/T 6682 规定的二级水。

①达氟沙星：含达氟沙星（$C_{19}H_{20}FN_3O_3$）不得少于 99.0%。

②恩诺沙星：含恩诺沙星（$C_{19}H_{22}FN_3O_3$）不得少于 99.0%。

③环丙沙星：含环丙沙星（$C_{17}H_{18}FN_3O_3$）不得少于 99.0%。

④沙拉沙星：含沙拉沙星（$C_{20}H_{17}F_2N_2O_3$）不得少于 99.0%。

⑤乙腈：色谱纯。

⑥甲醇。

⑦5.0 mol/L 氢氧化钠溶液：取氢氧化钠饱和液 28 mL，加水稀释至 100 mL。

⑧0.03 mol/L 氢氧化钠溶液：取 5.0 mol/L 氢氧化钠溶液 0.6 mL，加水稀释至 100 mL。

⑨0.05 mol/L 磷酸/三乙胺溶液：取浓磷酸 3.4 mL，用水稀释至 1 000 mL。用三乙胺调节 pH 值至 2.4。

⑩磷酸盐缓冲溶液（用于肌肉、脂肪组织）：取磷酸二氢钾 6.8 g，加水使其溶解并稀释至 500 mL，用 5.0 mol/L 氢氧化钠溶液调节 pH 值至 7.0。

⑪磷酸盐溶液（用于肝脏、肾脏组织）：取磷酸二氢钾 6.8g，加水溶解并稀释至 500 mL，pH 值为 4.0～5.0。

⑫达氟沙星、恩诺沙星、环丙沙星和沙拉沙星标准储备液：分别取达氟沙星对照品约 10 mg，恩诺沙星、环丙沙星和沙拉沙星对照品各约 50 mg，精密称定，用 0.03 mol/L 氢氧化钠溶液溶解并稀释成浓度为 0.2 mg/mL（达氟沙星）和 1 mg/mL（恩诺沙星、环丙沙星、沙拉沙星）的标准储备液。置于 2～8 ℃冰箱中保存，有效期为 3 个月。

⑬达氟沙星、恩诺沙星、环丙沙星和沙拉沙星标准工作液：准确量取适量标准储备液，用乙腈稀释成适宜浓度的达氟沙星、恩诺沙星、环丙沙星和沙拉沙星标准工作液。置于 2～8 ℃冰箱中保存，有效期为 1 周。

（4）测定步骤

①试样制备与保存。

取适量新鲜或冷冻的空白或供试组织，绞碎并使其均匀，在-20 ℃以下冰箱中贮存备用。

②提取。

称取（2±0.05）g 试料，置于 30 mL 匀浆杯中，加磷酸盐缓冲溶液 10.0 mL，10 000 r/min 匀浆 1 min。匀浆液转入离心管中，中速振荡 5 min，离心（肌肉、脂肪 10 000 r/min 5 min；肝、肾 15 000 r/min 10 min），取上清液待用。用磷酸盐缓冲溶液 10.0 mL 洗刀头及匀浆杯，转入离心管，洗残渣，混匀，中速振荡 5 min，离心（肌肉、脂肪 10 000 r/min 5 min；肝、肾 15 000 r/min 10 min）。合并两次上清液，混匀备用。

③净化。

固相萃取柱先依次用甲醇、磷酸盐缓冲溶液各 2 mL 预洗。取上清液 5.0 mL 过柱，用水 1 mL 淋洗，挤干。用流动相 1.0 mL 洗脱，挤干，收集洗脱液。经滤膜过滤后作为试样溶液，供高效液相色谱法测定分析。

④标准曲线的制备。

准确量取适量达氟沙星、恩诺沙星、环内沙星和沙拉沙星标准工作液,用流动相稀释成浓度分别为 0.005、0.01、0.05、0.1、0.3、0.5 μg/mL 的对照溶液,供高效液相色谱分析。

⑤色谱条件。

色谱柱:C_{18} 250 mm×4.6 mm,粒径 5 μm,或相当者。

流动相:0.05 mol/L 磷酸溶液/三乙胺-乙腈(82+18,V/V),使用前经微孔滤膜过滤。

流速:0.8 mL/min。

检测波长:激发波长 280 nm;发射波长 450 nm。

柱温:室温。

进样量:20 μL。

⑥色谱分析。

取试样溶液和相应的对照溶液,作单点或多点校准,按外标法以峰面积计算。对照溶液及试样溶液中达氟沙星、恩诺沙星、环丙沙星和沙拉沙星响应值均应在仪器检测的线性范围之内。在上述色谱条件下,对照溶液和试样溶液的高效液相色谱图分别见原农业部 1025 号公告-14-2008 附录 A 中图 A.1、图 A.2。

⑦空白试验。

除不加试料外,采用完全相同的测定步骤进行平行操作。

(5)结果计算

按下式计算试料中达氟沙星、恩诺沙星、环丙沙星或沙拉沙星的残留量:

$$X = \frac{A \times C_s \times V_1 \times V_3}{A_s \times V_1 \times m}$$

式中　X——试料中达氟沙星、恩诺沙星、环丙沙星或沙拉沙星的残留量,ng/g;

　　　A——试样溶液中相应药物的峰面积;

　　　A_s——对照溶液中相应药物的峰面积;

　　　C_s——对照溶液中相应药物的浓度,ng/mL;

　　　V_1——提取用磷酸盐缓冲液的总体积,mL;

　　　V_2——过 C_{18} 固相萃取柱所用备用液体积,mL;

　　　V_3——洗脱用流动相体积,mL;

　　　m——供试试料的质量,g。

注:计算结果需扣除空白值,测定结果用平行测定的算术平均值表示,保留三位有效数字。

(6)注意事项

①本方法适用于猪的肌肉、脂肪、肝脏和肾脏,鸡的肝脏和肾脏组织中达氟沙星、恩诺沙星、环丙沙星和沙拉沙星药物残留量检测。

②提取时,离心管塞子拧紧,旋涡振荡速度不能太快,防止液体溅出,并且振荡不低于5 min。

③离心时离心管要进行配平。

④固相萃取柱活化时注意填充物不能接触到空气,在填充物上还有薄薄一层溶剂时,加另外一种试剂或样品;洗脱时尽量将水分抽干;洗脱时控制流速在 1~2 mL/min。

⑤采用过滤或离心方法处理样品,要确保样品中不含固体颗粒,进样前用 0.45 μm 的针筒式微孔过滤膜过滤,避免堵塞色谱柱和管路。

⑥色谱柱在不使用时,应用甲醇冲洗,取下后紧密封闭两端保存;不要高压冲洗柱子。

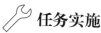 **任务实施**

子任务　猪肉中氟喹诺酮类药物残留的测定——高效液相色谱法

1. 任务描述

分小组完成以下任务:

①查阅氟喹诺酮类药物残留的测定标准,设计猪肉中氟喹诺酮类药物残留的测定方案。

②准备测定氟喹诺酮类药物所需试剂材料及仪器设备。

③正确对样品进行预处理。

④正确进行样品中氟喹诺酮类药物残留含量的测定。

⑤记录结果并进行分析处理。

⑥依据《食品安全国家标准　食品中兽药最大残留限量》(GB 31650—2019),判定样品中氟喹诺酮类药物残留含量是否合格。

⑦填写检测报告。

2. 检测工作准备

①查阅《食品安全国家标准　食品中兽药最大残留限量》(GB 31650—2019)和检测标准《动物性食品中氟喹诺酮类药物残留检测　高效液相色谱法》(原农业部 1025 号公告-14-2008),设计高效液相色谱法测定猪肉中氟喹诺酮类药物残留含量的方案。

②准备氟喹诺酮类药物残留含量的测定所需试剂材料及仪器设备。

3. 任务实施步骤

步骤:样品制备→提取→净化→高效液相色谱条件设置→色谱分析→数据处理与报告填写。

(1)样品制备

取适量新鲜猪肉于绞肉机中绞碎并使均匀,制成待测样,备用。

(2)提取

准确称取 2 份猪肉样品(2±0.05)g 置于 50 mL 具塞离心管中,准确吸取 20.0 mL 磷酸盐缓冲溶液加入 2 份猪肉样品中,将离心管置于旋涡振荡器上,中速振荡 5 min,然后高速离心(10 000 r/min,5 min);将上清液倒入 50 mL 烧杯中,以备过柱用。

(3)净化

将固相萃取柱安装在固相萃取仪上,分别先用 2.0 mL 甲醇、再用 2.0 mL 水活化,取离心所得上清液 5.0 mL 过柱,用 2.0 mL 水淋洗,挤干,用 2.0 mL 流动相洗脱,并用 5 mL 试管收集洗脱液,挤干,用 2 mL 的一次性注射器吸取洗脱液,并使收集的洗脱液经过 0.45 μm 有机系滤膜,直接装在样品瓶中,做好标记,供液相色谱测定。

(4)高效液相色谱条件设置

设置色谱柱、流动相、流速、进样量、柱箱温度、检测波长等液相色谱检测参数。

（5）色谱分析

分别吸取 20 μL 对照品标准工作溶液及试样净化液注入液相色谱仪中，记录色谱峰，以保留时间定性，以试样和标准系列工作液的峰面积（或峰高）比较定量。

（6）数据处理与报告填写

将测定猪肉中氟喹诺酮类药物残留含量的原始数据填入表 2-52 中，并填写检测报告，见表 2-53。

表 2-52　猪肉中氟喹诺酮类药物残留含量测定的原始记录

工作任务		样品名称	
接样日期		检测日期	
检测依据			
取样量 m/g			
提取用磷酸盐缓冲溶液体积 V_1/mL			
过 C_{18} 固相萃取柱所用备用液体积 V_2/mL			
洗脱用流动相体积 V_3/mL			
样品溶液中相应药物的峰面积 A			
对照溶液中药物的浓度 C_s/（ng·mL^{-1}）			
对照溶液中相应药物的峰面积 A_s			
试样中氟喹诺酮类残留量 X/（ng·g^{-1}）			
试样中氟喹诺酮类残留量平均值 $\overline{X}$/（ng·g^{-1}）			

表 2-53　测定猪肉中氟喹诺酮类药物残留含量的检测报告

样品名称					
产品批号		生产日期		检测日期	
检测依据					
判定依据					
检测项目	单位	检测结果		猪肉中氟喹诺酮类药物限量标准要求	
检测结论					
检测员			复核人		
备注					

4. 任务考核

按照表 2-54 评价工作任务完成情况。

表 2-54　任务考核评价指标

序号	工作任务	评价指标	不合格	合格	良	优
1	检测方案制订	正确选用检测标准及检测方法(5分)	0	1	3	5
		检测方案制订合理规范(5分)	0	1	3	5
2	样品制备	样品处理方法正确(5分)	0	1	3	5
		正确使用绞肉机(5分)	0	1	3	5
3	试样提取	正确使用分析天平(预热、调平、称量、撒落、样品取放、清扫等)(10分)	0	3	6	10
		移液管移液规范(5分)	0	1	3	5
		正确使用旋涡振荡器(5分)	0	1	3	5
		正确使用离心机(5分)	0	1	3	5
4	净化	正确使用固相萃取仪(5分)	0	2	4	5
		针筒滤膜过滤正确(5分)	0	1	3	5
5	色谱分析	液相色谱条件设置准确,进样和色谱仪操作规范准确((5分)	0	1	3	5
6	数据处理与报告填写	原始记录及时、规范、整洁(5分)	0	2	4	5
		准确填写结果和检测报告(5分)	0	1	3	5
		数据处理准确,回收率≥60%(5分)	0	2	4	5
		两次独立测定结果的绝对差值不超过算术平均值的20%(5分)	0	1	3	5
		有效数字保留准确(5分)	0	—	—	5
7	其他操作	工作服整洁,及时整理、清洗、回收玻璃器皿及仪器设备(5分)	0	1	3	5
		操作时间控制在规定时间内(5分)	0	1	3	5
		符合安全规范操作(5分)	0	2	4	5
	总分					

✍ 达标自测

一、单项选择题

1.兽药残留检测方法的主要评价指标包括(　　　)。

A.精密度　　　　　　B.准确度　　　　　　C.灵敏度　　　　　　D.以上三项都是

2.提取牛肉中氟喹诺酮兽药时,用到的提取溶剂是(　　　)。

A.盐酸　　　　　　B.氯化钠　　　　　　C.硫酸钠　　　　　　D.磷酸盐缓冲液

3.检测畜禽肉中氟喹诺酮类兽药残留用到的样品净化技术是(　　　)。

A. 凝结沉淀技术   B. 液液萃取技术

C. 固相萃取技术   D. 超临界流体萃取

4. 兽药残留中,具有潜在致癌作用,引起儿童性早熟等危害的药物种类是( )。

A. 抗生素类   B. 磺胺类

C. 激素类   D. 硝基呋喃类

5. 液相色谱流动相过滤必须使用( )粒径的过滤膜。

A. $0.5\ \mu m$ B. $0.45\ \mu m$ C. $0.6\ \mu m$ D. $0.55\ \mu m$

6. 色谱柱在不使用时,应用( )冲洗,取下后紧密封闭两端保存。

A. 甲醇   B. 乙醇   C. 丙酮   D. 蒸馏水

7. 不属于氟喹诺酮类兽药残留的是( )。

A. 恩诺沙星   B. 沙拉沙星   C. 达氟沙星   D. 氯毒素

8. 高效液相色谱分析用标准溶液的配制一般使用( )水。

A. 国家标准规定的一级、二级去离子水   B. 国家标准规定的三级水

C. 不含有机物的蒸馏水   D. 无铅(无重金属)水

9. 关于兽药残留,以下说法错误的是( )。

A. 残留是可以有效控制的

B. 残留是为了动物更健康

C. 残留对人体有很多危害

D. 不注意休药期、标签外用药会造成残留超标

10. 兽药残留分析技术的特点是( )。

A. 待测物质浓度低,样品基质复杂,干扰物质多

B. 兽药残留代谢产物多样或不明

C. 动物种类多样,对药物代谢存在差异

D. 以上均正确

二、多项选择题

1. 兽药残留的来源包括( )。

A. 畜产品自身酶降解合成   B. 治病用药

C. 饲料中加入的添加剂   D. 动物性食品保鲜

2. 下列残留药物中, 属于抗生素类药物的是( )。

A. 青霉素   B. 四环素   C. 甲苯咪唑   D. 呋喃西林

3. 下列属于激素类药物造成的生理机能紊乱是( )。

A. 儿童早熟   B. 发育异常

C. 异性趋向   D. 过敏及牙齿染色

4. 测定肉中抗生素残留量的方法较多,目前应用较广的方法是( )。

A. 微生物法   B. 高效液相色谱法   C. 薄层色谱法   D. 分光光度法

5. 兽药残留控制措施包括( )。

A. 加强兽药监督管理   B. 规范使用兽药

C. 合理使用饲料药物添加剂   D. 严格遵守休药期

E. 防止一次污染

三、判断题

1. 兽药残留检测前处理的目的是将待测组分从样品基质中分离出来,并达到分析仪器能够检测的状态。　　　　　　　　　　　　　　　　　　　　　　　　　（　　）

2. 兽药残留进行样品前处理时,应尽量采用高、精、尖的仪器和设备,以提高检测方法的准确度。　　　　　　　　　　　　　　　　　　　　　　　　　　　　　（　　）

3. 随着集约化养殖生产的开展,一些化学的、生物的药用成分被开发成具有某些功效的动物保健品或饲料添加剂,不属于兽药的范畴。　　　　　　　　　　　　　　（　　）

4. 食品中兽药残留会引起耐药性作用而危害健康。　　　　　　　　　　　　（　　）

5. 兽药排入环境后仍然有活性,对土壤微生物、水生生物等造成影响,引起生态和环境的污染问题。　　　　　　　　　　　　　　　　　　　　　　　　　　　　　　（　　）

6. 检测中产生的废液及上机检测后的样液由实验室回收后可直接倒入下水道。　（　　）

7. 提取、净化、定容步骤中如果涉及有害或有刺激性气体,应在通风橱内进行,不可将头伸入通风橱内。　　　　　　　　　　　　　　　　　　　　　　　　　　（　　）

8. 畜禽肉中土霉素、四环素、金霉素残留量的测定所用的检测器是紫外检测器。　（　　）

9. 四环素族抗生素是家禽、家畜常用的防病治病药物。　　　　　　　　　　（　　）

项目三
综合实训

综合实训一　乳制品的理化检验

【知识目标】

1. 了解乳制品的国家标准及相关指标的检测标准。
2. 了解乳制品的行业标准。
3. 掌握前期所学相关知识。

【能力目标】

1. 能够独立查阅相关资料,确定某种乳制品的检验方案。
2. 会对检验结果进行处理并依据相关标准判定食品的品质。

【素质目标】

1. 能正确表达自我意见,并与他人良好沟通。
2. 培养求实的科学态度、严谨的工作作风,领会工匠精神。
3. 不断增强团队合作精神和集体荣誉感。

【相关标准】

《食品安全国家标准　乳粉》(GB 19644—2010)

《绿色食品　乳与乳制品》(NY/T 657—2021)

《食品安全国家标准　食品中水分的测定》(GB 5009.3—2016)

《食品安全国家标准　食品中蛋白质的测定》(GB 5009.5—2016)

《食品安全国家标准　食品中脂肪的测定》(GB 5009.6—2016)

《食品安全国家标准　食品酸度的测定》(GB 5009.239—2016)

《食品安全国家标准　乳和乳制品杂质度的测定》(GB 5413.30—2016)

【案例导入】

澳牛酸奶优乳饮料蛋白质含量不达标

2022年4月22日,市场监督管理总局通报,永辉超市股份有限公司福建福州五四北路超市销售的,新希望澳牛乳业委托福建澳牛乳业生产的1批次澳牛草莓味酸奶优乳饮料(250 mL/盒,2021/10/4),蛋白质检测值为(0.95±0.03)g/100 g,低于"≥1 g/100 g"的标准值。涉事超市对检验结果提出异议并申请复检,复检维持初检结论。

据市场监督管理总局解读,饮料中蛋白质含量不达标的原因,可能是原辅料质量控制不严,也可能是生产加工过程中搅拌不均匀,还可能是企业未按产品执行标准要求进行添加。

案例小结:食品从业人员要明白食品安全对于食品行业和国家人民的重要性,要有时代责任感,努力提高自身的职业素养。在食品生产、贮存、运输、销售的各个环节,要坚守食品生产、管理、服务底线。

📖 背景知识

乳制品是指以生鲜牛(羊)乳及其制品为主要原料,经加工制成的产品,包括液体乳类(杀菌乳、灭菌乳、酸牛乳、配方乳)、乳粉类(全脂乳粉、脱脂乳粉、全脂加糖乳粉和调味乳粉、婴幼儿配方乳粉、其他配方乳粉)、炼乳类(全脂无糖炼乳、全脂加糖炼乳、调味/调制炼乳、配方炼乳)、乳脂肪类(稀奶油、奶油、无水奶油)、干酪类(原干酪、再制干酪)、其他乳制品类(干酪素、乳糖乳清粉等)。

实施食品生产许可证管理的乳制品包括巴氏杀菌乳、灭菌乳、酸牛乳、乳粉、炼乳、奶油、干酪。乳制品的申证单元为3个:液体乳(包括巴氏杀菌乳、灭菌乳、酸牛乳)、乳粉(包括全脂乳粉、脱脂乳粉、全脂加糖乳粉、调味乳粉)、其他乳制品(包括炼乳、奶油、干酪)。

在生产许可证上应当注明获证产品名称,即乳制品申证单元名称和产品品种。如其他乳制品类发证时应标注到产品品种,如炼乳、奶油、干酪。乳制品生产许可证有效期为3年。下面以乳粉为例,介绍其理化检测项目。

一、乳粉的定义及分类

乳粉指以生牛(羊)乳为原料,经加工制成的粉状产品,分为全脂乳粉、脱脂乳粉、部分脱脂乳粉和调制乳粉。

全脂乳粉指仅以牛乳或羊乳为原料,经浓缩、干燥制成的粉状产品。

脱脂乳粉指仅以牛乳或羊乳为原料,经分离脂肪、浓缩、干燥制成的粉状产品。

部分脱脂乳粉指仅以牛乳或羊乳为原料,去除部分脂肪,经浓缩、干燥制成的粉状产品。

调制乳粉指以生牛(羊)乳或其加工制品为主要原料,添加其他原料,添加或不添加食品添加剂和营养强化剂,经加工制成的乳固体含量不低于70%的粉状产品。

二、乳粉的生产工艺及容易出现的问题

1. 生产工艺

原料乳的验收→预处理→标准化→配料→均质→杀菌→浓缩→喷雾干燥→冷却筛分→混合→包装→成品。

2. 生产过程中容易出现的质量安全问题

生产过程中容易出现的质量安全问题有:乳粉水分含量高;乳粉微生物超标;乳粉营养素指标不符合国家标准;乳粉溶解度较差。

三、乳粉的理化检验项目

乳粉的理化检验项目参照《食品安全国家标准 乳粉》(GB 19644—2010)见表3-1。本标准适用于全脂、脱脂、部分脱脂乳粉和调制乳粉。

表 3-1 乳粉的理化检验项目

序号	检验项目	发证	监督	出厂	检验标准	备注
1	蛋白质	√	√	√	GB 5009.5—2016	
2	脂肪	√	√	√	GB 5009.6—2016	
3	复原乳酸度	√	√	√	GB 5009.239—2016	
4	杂质度	√	√	√	GB 5413.30—2016	
5	水分	√	√	√	GB 5009.3—2016	

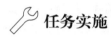 **任务实施**

子任务 乳粉的理化检验

1. 任务描述

分小组完成以下任务:

①查阅相关标准资料,分析乳粉理化检验项目的具体工作任务,设计乳粉的理化检验方案。

②准备乳粉理化检验项目所需试剂材料及仪器设备。

③正确对样品进行预处理。

④正确进行乳粉相关理化检验项目的测定。

⑤结合乳粉相关理化指标标准和计算结果,正确填写结果报告。

⑥依据《食品安全国家标准 乳粉》(GB 19644—2010),判定乳粉中相关理化指标是否符合标准规定,是否合格。

2. 检测工作准备

①查阅《食品安全国家标准 乳粉》(GB 19644—2010)和相关理化检验项目的检测标准,设计乳粉理化检验的方案。

②准备乳粉理化检验项目所需试剂材料及仪器设备。

3. 任务实施步骤

(1)水分的测定

参见项目二,任务三食品中水分的测定第一法直接干燥法。

(2)脂肪的测定

参见项目二,任务六第三法碱水解法和第四法盖勃氏法。

（3）蛋白质的测定

参见项目二,任务八第一法凯氏定氮法。

（4）酸度的测定

参见项目二,任务五第二法 pH 计法。

（5）杂质度的测定

①样品溶液的制备。

准确称取(62.5 ± 0.1) g 乳粉样品于 1 000 mL 烧杯中,加入 500 mL(40 ± 2)℃的水,充分搅拌溶解后,立即测定。

②测定。

将杂质度过滤板放置在过滤设备上,将制备的样品溶液倒入过滤设备的漏斗中,但不得溢出漏斗,过滤。用水多次洗净烧杯,并将洗液转入漏斗过滤。分次用洗瓶洗净漏斗过滤,滤干后取出杂质度过滤板,与杂质度标准板比对即得样品杂质度。当杂质度过滤板上的杂质量介于两个级别之间时,应判定为杂质量较多的级别;如出现纤维等外来异物,判定杂质度超过最大值。

4. 结果报告填写

结合乳粉理化指标标准和计算结果,正确填写结果报告,见表3-2。

表 3-2　乳粉理化检验项目的检测报告

样品名称					
产品批号		生产日期		检测日期	
检测依据					
判定依据					
检测项目	单位		检测结果		限量标准要求
水分					
脂肪					
蛋白质					
酸度					
杂质度					
检测结论					
检测员			复核人		
备注					

5. 任务考核

按照表 3-3 评价工作任务完成情况。

表 3-3　任务考核评价指标

序号	工作任务	评价指标	不合格	合格	良	优
1	检测方案制订	正确选用检测标准及检测方法(5分)	0	1	3	5
		检测方案制订合理规范(5分)	0	1	3	5
2	样品称量	正确使用分析天平(预热、调平、称量、撒落、样品取放、清扫等)(5分)	0	1	3	5
3	水分的测定	正确使用恒温干燥箱和干燥器(5分)	0	1	3	5
		称量瓶和样品干燥至恒重操作正确(5分)	0	—	—	5
4	脂肪的测定	抽提操作规范(5分)	0	1	3	5
		收集瓶和样品干燥至恒重操作正确(5分)	0	1	3	5
5	蛋白质的测定	正确进行样品消化(5分)	0	2	4	5
		蒸馏操作熟练正确,避免了氨损失(5分)	0	1	3	5
6	酸度的测定	滴定管操作规范((5分)	0	1	3	5
		滴定终点判断正确(5分)	0	—	—	5
		正确使用酸度计(5分)	0	1	3	5
7	杂质度	正确进行过滤操作(5分)	0	1	3	5
		正确判断杂质度(5分)	0	—	—	5
8	数据处理与报告填写	原始记录及时、规范、整洁(5分)	0	2	4	5
		准确填写结果和检测报告(5分)	0	1	3	5
		数据处理准确,平行性好(5分)	0	2	4	5
9	其他操作	工作服整洁,及时整理、清洗、回收玻璃器皿及仪器设备(5分)	0	1	3	5
		操作时间控制在规定时间内(5分)	0	1	3	5
		符合安全规范操作(5分)	0	2	4	5
总分						

综合实训二　饮料的理化检验

【知识目标】

1. 了解饮料的国家标准及相关指标的检测标准。

2. 了解饮料的行业标准。

3. 掌握前期所学相关知识。

【能力目标】

1. 能够独立查阅相关资料,确定某种饮料的检验方案。
2. 会对检验结果进行处理并依据相关标准判定食品的品质。

【素质目标】

1. 能正确表达自我意见,并与他人良好沟通。
2. 培养求实的科学态度、严谨的工作作风,领会工匠精神。
3. 不断增强团队合作精神和集体荣誉感。

【相关标准】

《饮料通则》(GB/T 10789—2015)
《果蔬汁类及其饮料》(GB/T 31121—2014)
《饮料通用分析方法》(GB/T 12143—2008)
《食品安全国家标准　饮料》(GB 7101—2022)
《食品安全国家标准　食品中总酸的测定(GB 12456—2021》)

【案例导入】

添加剂勾兑"鲜榨果汁"

2016年,宁波市海曙区市场监督管理局抽查发现,一些所谓的鲜榨果汁其实是使用浓缩果汁、果酱、果汁粉之类的复合添加剂勾兑而成,以糖来增加饮料的甜度,以果酱、香精来增加稠度、香味。一些商家为了让勾兑出来的果汁颜色与鲜榨果汁相同,还会使用一定量的色素,色素如果超量则可能会对健康造成影响。

2016年,新京报记者曾在饮品店、快餐店、超市等渠道购买5款果汁,其中3款声称鲜榨果汁,2款标称"100%果汁",并将其送至北京智云达食品安全检测消费者体验中心检测。检测结果显示,其中一款在快餐店购买的鲜榨××果汁和另外一款超市购买的某品牌瓶装"100%橙汁"不含果汁。

专家指出,有的鲜榨果汁由于水果选材和成本原因,为改善观感和口感加入甜味剂、色素、增稠剂等食品添加剂。如果在规定范围内使用不会对人体造成伤害,但通常一些小店缺少计量器具,制作仅凭手感,超标超量在所难免,因此建议不要饮用成分不明的果汁。

案例小结:作为食品行业从业人员要认识到自己应承担的社会责任,要有职业道德感和社会责任感。在食品生产、贮存、运输、销售的各个环节,要坚守食品生产、管理、服务底线。

📖 背景知识

饮料是指经过定量包装的,供直接饮用或按一定比例用水冲调或冲泡饮用的,乙醇含量(质量分数)不超过0.5%的制品,也可为饮料浓浆或固体形态。根据饮料的分类标准GB/T 10789—2015,饮料包括碳酸饮料(汽水)类、果汁和蔬菜汁、蛋白饮料类、包装饮用水类、茶饮料类、咖啡饮料类、植物汁饮料类、风味饮料类、特殊用途饮料类、固体饮料类及其他饮料类11大类。

实施食品生产许可管理的饮料产品共分为 6 个申证单元,即碳酸饮料、瓶装饮用水、茶饮料、果(蔬)汁以及蔬菜汁饮料、含乳饮料和植物蛋白饮料、固体饮料。下面以果(蔬)汁饮料为例,介绍饮料的理化检测项目。

一、果(蔬)汁饮料的定义

果(蔬)汁饮料是以果蔬汁(浆)、浓缩果蔬汁(浆)、水为原料,添加或不添加其他食品原辅料和(或)食品添加剂,经加工制成的制品。可添加通过物理方法从水果和(或)蔬菜中获得的纤维、囊胞(来源于柑橘属水果)、果粒、蔬菜粒。

二、果(蔬)汁饮料生产工艺及容易出现的问题

1. 生产工艺
(1)以浓缩果(蔬)汁(浆)为原料

水+辅料
↓

浓缩汁(浆)→稀释、调配→杀菌→无菌罐装(热灌装)→检验→成品

(2)以果(蔬)为原料

水+辅料
↓

果(蔬)→预处理→榨汁→稀释、调配→杀菌→无菌罐装(热灌装)→检验→成品

2. 生产加工过程中容易出现的质量安全问题
①发生氧化引起味道不纯、色泽发暗;
②食品添加剂超范围和超量使用;
③原果汁含量与明示不符;
④微生物指标不合格。

三、果(蔬)汁饮料的理化检验项目

果(蔬)汁饮料的理化检验项目参照《果蔬汁类及其饮料》(GB/T 31121—2014)见表 3-4。本标准适用于以水果和(或)蔬菜(包括可食的根、茎、叶、花、果实)等为原料,经加工或发酵制成的液体饮料。

表 3-4　果(蔬)汁饮料的理化检验项目

序号	检验项目	发证	监督	出厂	检验标准	备注
1	总酸	√	√	√	GB 12456—2021	
2	可溶性固形物	√	√	√	GB/T 12143—2008	
3	原果汁含量※	√	√	*	GB/T 12143—2008	
4	铜、锌、铁总和	√	√	*	GB 5009.13—2017 GB 5009.14—2017 GB 5009.90—2016	适用于金属罐装果蔬汁类及其饮料

注:出厂检验项目注有"＊"标记的,企业每年应当进行两次检验。

🔧 任务实施

子任务　果汁饮料(无果粒)的理化检验

1. 任务描述

分小组完成以下任务:

①查阅相关标准资料,分析果汁理化检验项目的具体工作任务,设计果汁的理化检验方案。

②准备果汁理化检验项目所需试剂材料及仪器设备。

③正确对样品进行预处理。

④正确进行果汁相关理化检验项目的测定。

⑤结合果汁相关理化指标标准和计算结果,正确填写结果报告。

⑥依据《果蔬汁类及其饮料》(GB/T 31121—2014),判定果汁中相关理化指标是否符合标准规定,是否合格。

2. 检测工作准备

①查阅《饮料通用分析方法》(GB/T 12143—2008)和相关理化检验项目的检测标准,设计果汁理化检验的方案。

②准备果汁理化检验项目所需试剂材料及仪器设备。

3. 任务实施步骤

(1)总酸的测定(酸碱指示剂滴定法)

①样液的制备。

果汁样品充分混匀后,用移液管吸取25.0 mL样品至250 mL容量瓶中,用无二氧化碳的水定容至刻度,摇匀。用快速滤纸过滤,收集滤液用于测定。

②样液测定。

根据试样总酸的可能含量,使用移液管吸取25 mL、50 mL或者100 mL试液,置于250 mL三角瓶中,加入2~4滴(10 g/L)酚酞指示液,用0.1 mol/L氢氧化钠标准滴定溶液(若样品酸度较低,可用0.01 mol/L或0.05 mol/L氢氧化钠滴定溶液)滴定至微红色且30 s不褪色。记录消耗0.1 mol/L氢氧化钠标准滴定溶液的体积数值。

③空白试验。

按样液测定步骤操作,用同体积无二氧化碳的水代替样液做空白试验,记录消耗氢氧化钠标准滴定溶液的体积数值。

(2)可溶性固形物含量的测定

①样液制备。

将样品充分混匀,直接测定。

②折光计的校正。

按说明书操作校正阿贝折光计。

③样液测定。

分开折光计两面棱镜,用脱脂棉蘸乙醚或乙醇擦净,用末端熔圆之玻璃棒蘸取样液2~3滴,滴于折光计棱镜面中央(注意勿使玻璃棒触及镜面)。迅速闭合棱镜,静置1 min,使试液均匀无气泡并充满视野。对准光源,通过目镜观察,转动棱镜调节旋钮,使视野分成明暗两部分,再旋转色散补偿器旋钮,使明暗界限清晰,旋转棱镜调节旋钮,使明暗分界线与视野中的十字线交叉点重合。读取目镜视野中的百分数或折光率,并记录棱镜温度。如目镜读数标尺刻度为百分数,即为可溶性固形物含量(%);如目镜读数标尺为折光率,可按 GB/T 12143—2008 附录 A 换算为可溶性固形物含量(%)。若测定温度不在标准温度 20 ℃,需将上述百分含量按 GB/T 12143—2008 附录 B 换算为 20 ℃时可溶性固形物含量(%)。

(3)原果汁含量的测定

①橙、柑、桔汁及其混合果汁的标准值。

橙、柑、桔汁及其混合果汁中可溶性固形物含量和 6 种组分实测值经数理统计确定的合理数值。

a.可溶性固形物的标准值:20 ℃时,用折光计测定(不校正酸度)橙、柑、桔汁及其混合果汁可溶性固形物(加糖除外)的标准值,以不低于 10.0%计。

b.钾、总磷、氨基酸态氮、L-脯氨酸、总 D-异柠檬酸、总黄酮 6 种组分的标准值:见《饮料通用分析方法》(GB/T 12143—2008)表 1。

②橙、柑、桔汁及其混合果汁的权值。

根据 6 种组分实测值变异系数的大小而确定的某种组分在总体中所占的比重。6 种组分权值见《饮料通用分析方法》(GB/T 12143—2008)表 1。

③测定。

a.按《饮料通用分析方法》(GB/T 12143—2008)中氨基酸态氮的测定方法和附录 C、D、E、F、G 规定的方法测定样品中 6 种组分。

b.将 6 种组分的实测值分别与各自标准值的比值合理修正后,乘以相应的修正权值,逐项相加求得样品中的果汁含量。

4.结果报告填写

结合果汁理化指标标准和计算结果,正确填写结果报告,见表 3-5。

表 3-5　果汁理化检验项目的检测报告

样品名称						
产品批号		生产日期			检测日期	
检测依据						
判定依据						
检测项目	单位		检测结果		限量标准要求	
总酸						
可溶性固形物含量						
原果汁含量						
检测结论						
检测员			复核人			
备注						

5. 任务考核

按照表3-6评价工作任务完成情况。

表3-6　任务考核评价指标

序号	工作任务	评价指标	不合格	合格	良	优
1	检测方案制订	正确选用检测标准及检测方法(5分)	0	1	3	5
		检测方案制订合理规范(5分)	0	1	3	5
2	样品称量	正确使用分析天平(预热、调平、称量、撒落、样品取放、清扫等)(10分)	0	3	6	10
3	样品制备	正确进行样品制备(5分)	0	1	3	5
4	总酸度的测定	移液管移液规范(5分)	0	1	3	5
		正确进行过滤和定容操作(5分)	0	1	3	5
		滴定操作规范(5分)	0	1	3	5
		滴定终点判断正确(5分)	0	—	—	5
5	可溶性固形物含量的测定	折光计校正正确(5分)	0	—	—	5
		正确使用折光计测定(5分)	0	1	3	5
		准确读取目镜中读数(5分)	0	—	—	5
		准确换算可溶性固形物含量(5分)	0	—	—	5
6	数据处理与报告填写	原始记录及时、规范、整洁(5分)	0	2	4	5
		准确填写结果和检测报告(5分)	0	1	3	5
		数据处理准确,平行性好(5分)	0	2	4	5
		有效数字保留准确(5分)	0	—	—	5
7	其他操作	工作服整洁,及时整理、清洗、回收玻璃器皿及仪器设备(5分)	0	1	3	5
		操作时间控制在规定时间内(5分)	0	1	3	5
		符合安全规范操作(5分)	0	2	4	5
总分						

附 表

附表一　观测锤度温度校正表（标准温度20℃）

观测锤度（温度低于20℃时读数应减之数）

温度/℃	0	1	2	3	4	5	6	7	8	9	10	11	12	13	14	15	16	17	18	19	20	21	22	23	24	25	30
0	0.30	0.34	0.36	0.41	0.45	0.49	0.52	0.55	0.59	0.62	0.65	0.67	0.70	0.72	0.75	0.77	0.79	0.82	0.84	0.87	0.89	0.91	0.93	0.95	0.97	0.99	1.08
5	0.36	0.38	0.40	0.43	0.45	0.47	0.49	0.51	0.52	0.54	0.56	0.58	0.60	0.61	0.63	0.65	0.67	0.68	0.70	0.71	0.73	0.74	0.75	0.76	0.77	0.80	0.86
10	0.32	0.33	0.34	0.36	0.37	0.38	0.39	0.40	0.41	0.42	0.43	0.44	0.45	0.46	0.47	0.48	0.49	0.50	0.50	0.51	0.52	0.53	0.54	0.55	0.56	0.57	0.60
10.5	0.31	0.32	0.33	0.34	0.35	0.36	0.37	0.38	0.39	0.40	0.41	0.42	0.43	0.44	0.45	0.46	0.47	0.48	0.48	0.49	0.50	0.51	0.52	0.52	0.53	0.54	0.57
11	0.31	0.32	0.33	0.33	0.34	0.35	0.36	0.37	0.38	0.39	0.40	0.41	0.42	0.42	0.43	0.44	0.45	0.46	0.46	0.47	0.48	0.49	0.49	0.50	0.50	0.51	0.55
11.5	0.30	0.31	0.31	0.32	0.32	0.33	0.34	0.35	0.36	0.37	0.38	0.39	0.40	0.40	0.41	0.42	0.43	0.43	0.44	0.44	0.45	0.46	0.46	0.47	0.47	0.48	0.52
12	0.29	0.30	0.30	0.31	0.31	0.32	0.33	0.34	0.34	0.35	0.36	0.37	0.38	0.38	0.39	0.40	0.41	0.41	0.42	0.42	0.43	0.44	0.44	0.45	0.45	0.46	0.50
12.5	0.27	0.28	0.28	0.29	0.29	0.30	0.31	0.32	0.32	0.33	0.34	0.35	0.35	0.36	0.36	0.37	0.38	0.38	0.39	0.39	0.40	0.41	0.41	0.42	0.43	0.43	0.47
13	0.26	0.27	0.27	0.28	0.28	0.29	0.30	0.30	0.31	0.31	0.32	0.33	0.33	0.34	0.34	0.35	0.36	0.36	0.37	0.38	0.39	0.39	0.39	0.40	0.40	0.41	0.44
13.5	0.25	0.25	0.25	0.25	0.26	0.27	0.28	0.28	0.29	0.29	0.30	0.31	0.31	0.32	0.32	0.33	0.34	0.34	0.35	0.35	0.36	0.36	0.37	0.37	0.38	0.38	0.41
14	0.24	0.24	0.24	0.24	0.25	0.26	0.27	0.27	0.28	0.28	0.29	0.29	0.30	0.30	0.31	0.31	0.32	0.32	0.33	0.33	0.34	0.34	0.35	0.35	0.36	0.36	0.38
14.5	0.22	0.22	0.22	0.22	0.23	0.24	0.24	0.25	0.25	0.26	0.26	0.26	0.27	0.27	0.28	0.28	0.29	0.29	0.30	0.30	0.31	0.31	0.32	0.32	0.33	0.33	0.35
15	0.20	0.20	0.20	0.20	0.21	0.22	0.22	0.23	0.23	0.24	0.24	0.24	0.25	0.25	0.26	0.26	0.26	0.27	0.27	0.28	0.28	0.28	0.29	0.29	0.30	0.30	0.32
15.5	0.18	0.18	0.18	0.18	0.19	0.20	0.20	0.21	0.21	0.22	0.22	0.22	0.23	0.23	0.24	0.24	0.24	0.24	0.25	0.25	0.25	0.25	0.26	0.26	0.27	0.27	0.29

16	0.17	0.17	0.17	0.18	0.18	0.18	0.18	0.18	0.19	0.20	0.20	0.21	0.21	0.22	0.22	0.22	0.23	0.23	0.23	0.23	0.24	0.25	0.25	0.26	0.26
16.5	0.15	0.15	0.15	0.16	0.16	0.16	0.16	0.16	0.17	0.17	0.17	0.18	0.18	0.19	0.19	0.19	0.20	0.20	0.20	0.20	0.21	0.22	0.22	0.22	0.23
17	0.13	0.13	0.13	0.14	0.14	0.14	0.16	0.16	0.16	0.16	0.16	0.16	0.16	0.17	0.17	0.17	0.18	0.18	0.18	0.20	0.20	0.21	0.21	0.22	0.23
17.5	0.11	0.11	0.11	0.12	0.12	0.12	0.13	0.13	0.13	0.12	0.13	0.13	0.13	0.14	0.14	0.15	0.16	0.16	0.17	0.17	0.18	0.18	0.19	0.19	0.20
18	0.09	0.09	0.10	0.10	0.10	0.10	0.10	0.11	0.11	0.10	0.11	0.11	0.12	0.12	0.12	0.13	0.13	0.14	0.15	0.15	0.16	0.16	0.16	0.16	0.16
18.5	0.07	0.07	0.07	0.07	0.07	0.07	0.08	0.08	0.08	0.07	0.08	0.08	0.09	0.09	0.09	0.09	0.09	0.09	0.09	0.09	0.09	0.10	0.10	0.13	0.10
19	0.05	0.05	0.05	0.05	0.05	0.05	0.06	0.06	0.06	0.05	0.06	0.06	0.06	0.06	0.06	0.06	0.06	0.06	0.06	0.06	0.06	0.06	0.06	0.06	0.07
19.5	0.03	0.03	0.03	0.03	0.03	0.03	0.03	0.03	0.03	0.03	0.03	0.03	0.03	0.03	0.03	0.03	0.03	0.03	0.03	0.03	0.03	0.03	0.03	0.03	0.04
20	0	0	0	0	0	0	0	0	0	0	0	0	0	0	0	0	0	0	0	0	0	0	0	0	0
20.5	0.02	0.02	0.03	0.03	0.03	0.03	0.03	0.03	0.03	0.03	0.03	0.03	0.03	0.03	0.03	0.03	0.03	0.03	0.03	0.03	0.03	0.03	0.03	0.04	0.04
21	0.04	0.04	0.05	0.05	0.05	0.06	0.06	0.06	0.06	0.06	0.06	0.06	0.06	0.06	0.06	0.06	0.06	0.06	0.06	0.06	0.07	0.07	0.07	0.07	0.07
21.5	0.07	0.07	0.07	0.08	0.08	0.08	0.08	0.08	0.09	0.09	0.09	0.09	0.09	0.09	0.09	0.09	0.09	0.09	0.10	0.10	0.10	0.11	0.11	0.11	0.11
22	0.10	0.10	0.10	0.10	0.10	0.10	0.11	0.11	0.11	0.11	0.11	0.12	0.12	0.12	0.12	0.12	0.12	0.12	0.13	0.13	0.13	0.13	0.13	0.14	0.14
22.5	0.13	0.13	0.13	0.13	0.13	0.13	0.14	0.14	0.14	0.14	0.14	0.15	0.15	0.15	0.15	0.16	0.16	0.16	0.16	0.16	0.16	0.17	0.17	0.17	0.18
23	0.16	0.16	0.16	0.16	0.16	0.16	0.16	0.16	0.17	0.17	0.17	0.17	0.18	0.18	0.18	0.19	0.19	0.19	0.19	0.19	0.19	0.20	0.20	0.20	0.20
23.5	0.19	0.19	0.19	0.19	0.19	0.19	0.19	0.20	0.20	0.20	0.20	0.21	0.21	0.22	0.22	0.22	0.23	0.23	0.23	0.23	0.23	0.24	0.24	0.24	0.25
24	0.21	0.21	0.21	0.22	0.22	0.22	0.22	0.22	0.23	0.23	0.23	0.23	0.23	0.24	0.24	0.24	0.25	0.26	0.26	0.26	0.27	0.27	0.27	0.28	0.28
24.5	0.24	0.24	0.24	0.25	0.25	0.25	0.26	0.26	0.26	0.27	0.27	0.28	0.28	0.28	0.28	0.29	0.29	0.29	0.30	0.30	0.31	0.31	0.32	0.32	0.32
25	0.27	0.27	0.27	0.28	0.28	0.28	0.27	0.28	0.28	0.30	0.30	0.31	0.31	0.31	0.31	0.32	0.32	0.32	0.33	0.33	0.33	0.34	0.34	0.35	0.35
25.5	0.30	0.30	0.30	0.31	0.31	0.31	0.33	0.33	0.33	0.33	0.33	0.34	0.34	0.34	0.34	0.35	0.36	0.36	0.36	0.36	0.36	0.37	0.37	0.37	0.39
26	0.33	0.33	0.33	0.34	0.34	0.34	0.36	0.36	0.36	0.36	0.36	0.36	0.37	0.37	0.37	0.38	0.39	0.39	0.39	0.40	0.40	0.40	0.40	0.40	0.42
26.5	0.37	0.37	0.37	0.38	0.38	0.38	0.38	0.38	0.39	0.39	0.39	0.40	0.40	0.41	0.41	0.41	0.42	0.43	0.43	0.43	0.44	0.44	0.44	0.44	0.46

续表

观测锤度

温度高于 20 ℃时读数应加之数

温度/℃	0	1	2	3	4	5	6	7	8	9	10	11	12	13	14	15	16	17	18	19	20	21	22	23	24	25	30
27	0.40	0.40	0.40	0.41	0.41	0.41	0.41	0.41	0.42	0.42	0.42	0.42	0.43	0.43	0.44	0.44	0.44	0.45	0.45	0.46	0.46	0.46	0.47	0.47	0.48	0.48	0.50
27.5	0.43	0.43	0.43	0.44	0.44	0.44	0.44	0.45	0.45	0.46	0.46	0.46	0.47	0.47	0.48	0.48	0.48	0.49	0.49	0.50	0.50	0.50	0.51	0.51	0.52	0.52	0.54
28	0.46	0.46	0.46	0.47	0.47	0.47	0.47	0.48	0.48	0.49	0.49	0.49	0.50	0.50	0.51	0.51	0.52	0.52	0.53	0.53	0.54	0.54	0.55	0.55	0.56	0.56	0.58
28.5	0.50	0.50	0.50	0.51	0.51	0.51	0.51	0.52	0.52	0.53	0.53	0.53	0.54	0.54	0.55	0.55	0.56	0.56	0.57	0.57	0.58	0.58	0.59	0.59	0.60	0.60	0.62
29	0.54	0.54	0.54	0.55	0.55	0.55	0.55	0.55	0.56	0.56	0.56	0.57	0.57	0.58	0.58	0.59	0.59	0.60	0.60	0.61	0.61	0.61	0.62	0.62	0.63	0.63	0.66
29.5	0.58	0.58	0.58	0.59	0.59	0.59	0.59	0.59	0.60	0.60	0.60	0.61	0.61	0.62	0.62	0.63	0.63	0.64	0.64	0.65	0.65	0.65	0.66	0.66	0.67	0.67	0.70
30	0.61	0.61	0.61	0.62	0.62	0.62	0.62	0.62	0.63	0.63	0.63	0.64	0.64	0.65	0.65	0.66	0.66	0.67	0.67	0.68	0.68	0.68	0.69	0.69	0.70	0.70	0.73
30.5	0.65	0.65	0.65	0.66	0.66	0.66	0.66	0.66	0.67	0.67	0.67	0.68	0.68	0.69	0.69	0.70	0.70	0.71	0.71	0.72	0.72	0.73	0.73	0.74	0.74	0.75	0.78
31	0.69	0.69	0.69	0.70	0.70	0.70	0.70	0.70	0.71	0.71	0.71	0.72	0.72	0.73	0.73	0.74	0.74	0.75	0.75	0.76	0.76	0.77	0.77	0.78	0.78	0.79	0.82
31.5	0.73	0.73	0.73	0.73	0.74	0.74	0.74	0.74	0.75	0.75	0.75	0.76	0.76	0.77	0.77	0.78	0.79	0.79	0.80	0.80	0.81	0.81	0.82	0.82	0.83	0.83	0.86
32	0.76	0.76	0.77	0.77	0.78	0.78	0.78	0.78	0.79	0.79	0.79	0.80	0.80	0.81	0.81	0.82	0.83	0.83	0.84	0.84	0.85	0.85	0.86	0.86	0.87	0.87	0.90
32.5	0.80	0.80	0.81	0.81	0.82	0.82	0.82	0.83	0.83	0.83	0.83	0.84	0.85	0.85	0.86	0.86	0.87	0.87	0.88	0.88	0.89	0.90	0.90	0.91	0.91	0.92	0.95
33	0.84	0.84	0.85	0.85	0.85	0.85	0.85	0.86	0.86	0.86	0.86	0.87	0.88	0.88	0.89	0.90	0.91	0.91	0.92	0.92	0.93	0.93	0.94	0.95	0.95	0.96	0.99
33.5	0.88	0.88	0.88	0.89	0.89	0.89	0.89	0.89	0.90	0.90	0.90	0.91	0.92	0.92	0.93	0.94	0.95	0.95	0.96	0.97	0.98	0.98	0.99	0.99	1.00	1.00	1.03
34	0.91	0.91	0.92	0.92	0.93	0.93	0.93	0.93	0.94	0.94	0.94	0.95	0.96	0.96	0.97	0.98	0.99	1.00	1.00	1.01	1.02	1.02	1.03	1.03	1.04	1.04	1.07
34.5	0.95	0.95	0.96	0.96	0.97	0.97	0.97	0.97	0.98	0.98	0.98	0.99	1.00	1.01	1.01	1.02	1.03	1.04	1.04	1.05	1.06	1.07	1.07	1.08	1.08	1.09	1.12
35	0.99	0.99	1.00	1.00	1.00	1.01	1.01	1.01	1.02	1.02	1.02	1.03	1.04	1.05	1.05	1.06	1.07	1.08	1.08	1.09	1.10	1.11	1.11	1.12	1.12	1.13	1.16
35.5	1.42	1.43	1.43	1.44	1.44	1.45	1.45	1.46	1.47	1.47	1.47	1.48	1.49	1.50	1.50	1.51	1.52	1.53	1.53	1.54	1.54	1.55	1.55	1.56	1.56	1.57	1.62

附表二 20℃时可溶性固形物含量对温度的校正表

温度/℃	可溶性固形物含量/%														
	0	5	10	15	20	25	30	35	40	45	50	55	60	65	70
	应减校正值														
10	0.50	0.54	0.58	0.61	0.64	0.66	0.68	0.70	0.72	0.73	0.74	0.75	0.76	0.78	0.79
11	0.46	0.49	0.53	0.55	0.58	0.60	0.62	0.64	0.65	0.66	0.67	0.68	0.69	0.70	0.71
12	0.42	0.45	0.48	0.50	0.52	0.54	0.56	0.57	0.58	0.59	0.60	0.61	0.61	0.63	0.63
13	0.37	0.40	0.42	0.44	0.46	0.48	0.49	0.50	0.53	0.52	0.53	0.54	0.54	0.55	0.55
14	0.33	0.35	0.37	0.39	0.40	0.41	0.42	0.43	0.44	0.45	0.45	0.46	0.46	0.47	0.48
15	0.27	0.29	0.31	0.33	0.34	0.34	0.35	0.36	0.37	0.37	0.38	0.39	0.39	0.40	0.40
16	0.22	0.24	0.25	0.26	0.27	0.28	0.28	0.29	0.30	0.30	0.30	0.31	0.31	0.32	0.32
17	0.17	0.18	0.19	0.20	0.21	0.21	0.21	0.22	0.22	0.23	0.23	0.23	0.23	0.24	0.24
18	0.12	0.13	0.13	0.14	0.14	0.14	0.14	0.15	0.15	0.15	0.15	0.16	0.16	0.16	0.16
19	0.06	0.06	0.06	0.07	0.07	0.07	0.07	0.08	0.08	0.08	0.08	0.08	0.08	0.08	0.08
	应加校正值														
21	0.06	0.07	0.07	0.07	0.07	0.08	0.08	0.08	0.08	0.08	0.08	0.08	0.08	0.08	0.08
22	0.13	0.13	0.14	0.14	0.15	0.15	0.15	0.15	0.15	0.16	0.16	0.16	0.16	0.16	0.16
23	0.19	0.20	0.21	0.22	0.22	0.23	0.23	0.23	0.23	0.24	0.24	0.24	0.24	0.24	0.24
24	0.26	0.27	0.28	0.29	0.30	0.30	0.31	0.31	0.31	0.31	0.31	0.32	0.32	0.32	0.32
25	0.33	0.35	0.36	0.37	0.38	0.38	0.39	0.40	0.40	0.40	0.40	0.40	0.40	0.40	0.40
26	0.40	0.42	0.43	0.44	0.45	0.46	0.47	0.48	0.48	0.48	0.48	0.48	0.48	0.48	0.48
27	0.48	0.50	0.52	0.53	0.54	0.55	0.55	0.56	0.56	0.56	0.56	0.56	0.56	0.56	0.56
28	0.56	0.57	0.60	0.61	0.62	0.63	0.63	0.63	0.64	0.64	0.64	0.64	0.64	0.64	0.64
29	0.64	0.66	0.68	0.69	0.71	0.72	0.72	0.73	0.73	0.73	0.73	0.73	0.73	0.73	0.73
30	0.72	0.74	0.77	0.78	0.79	0.80	0.80	0.81	0.81	0.81	0.81	0.81	0.81	0.81	0.81

附表三　相当于氧化亚铜质量的葡萄糖、果糖、乳糖、转化糖质量表

单位:mg

氧化亚铜	葡萄糖	果糖	乳糖（含水）	转化糖	氧化亚铜	葡萄糖	果糖	乳糖（含水）	转化糖
11.3	4.6	5.1	7.7	5.2	45.0	19.2	21.1	30.6	20.4
12.4	5.1	5.6	8.5	5.7	46.2	19.7	21.7	31.4	20.9
13.5	5.6	6.1	9.3	6.2	47.3	20.1	22.2	32.2	21.4
14.6	6.0	6.7	10.0	6.7	48.4	20.6	22.8	32.9	21.9
15.8	6.5	7.2	10.8	7.2	49.5	21.1	23.3	33.7	22.4
16.9	7.0	7.7	11.5	7.7	50.7	21.6	23.8	34.5	22.9
18.0	7.5	8.3	12.3	8.2	51.8	22.1	24.4	35.2	23.5
19.1	8.0	8.8	13.1	8.7	52.9	22.6	24.9	36.0	24.0
20.3	8.5	9.3	13.8	9.2	54.0	23.1	25.4	36.8	24.5
21.4	8.9	9.9	14.6	9.7	55.2	23.6	26.0	37.5	25.0
22.5	9.4	10.4	15.4	10.2	56.3	24.1	26.5	38.3	25.5
23.6	9.9	10.9	16.1	10.7	57.4	24.6	27.1	39.1	26.0
24.8	10.4	11.5	16.9	11.2	58.5	25.1	27.6	39.8	26.5
25.9	10.9	12.0	17.7	11.7	59.7	25.6	28.2	40.6	27.0
27.0	11.4	12.5	18.4	12.3	60.8	26.1	28.7	41.4	27.6
28.1	11.9	13.1	19.2	12.8	61.9	26.5	29.2	42.1	28.1
29.3	12.3	13.6	19.9	13.3	63.0	27.0	29.8	42.9	28.6
30.4	12.8	14.2	20.7	13.8	64.2	27.5	30.3	43.7	29.1
31.5	13.3	14.7	21.5	14.3	65.3	28.0	30.9	44.4	29.6
32.6	13.8	15.2	22.2	14.8	66.4	28.5	31.4	45.2	30.1
33.8	14.3	15.8	23.0	15.3	67.6	29.0	31.9	46.0	30.6
34.9	14.8	16.3	23.8	15.8	68.7	29.5	32.5	46.7	31.2
36.0	15.3	16.8	24.5	16.3	69.8	30.0	33.0	47.5	31.7
37.2	15.7	17.4	25.3	16.8	70.9	30.5	33.6	48.3	32.2
38.3	16.2	17.9	26.1	17.3	72.1	31.0	34.1	49.0	32.7
39.4	16.7	18.4	26.8	17.8	73.2	31.5	34.7	49.8	33.2
40.5	17.2	19.0	27.6	18.3	74.3	32.0	35.2	50.6	33.7
41.7	17.7	19.5	28.4	18.9	75.4	32.5	35.8	51.3	34.3
42.8	18.2	20.1	29.1	19.4	76.6	33.0	36.3	52.1	34.8
43.9	18.7	20.6	29.9	19.9	77.7	33.5	36.8	52.9	35.3

氧化亚铜	葡萄糖	果糖	乳糖（含水）	转化糖	氧化亚铜	葡萄糖	果糖	乳糖（含水）	转化糖
78.8	34.0	37.4	53.6	35.8	113.7	49.5	54.4	77.4	52.0
79.9	34.5	37.9	54.4	36.3	114.8	50.0	54.9	78.2	52.5
81.1	35.0	38.5	55.2	36.8	116.0	50.6	55.5	79.0	53.0
82.2	35.5	39.0	55.9	37.4	117.1	51.1	56.0	79.7	53.6
83.3	36.0	39.6	56.7	37.9	118.2	51.6	56.6	80.5	54.1
84.4	36.5	40.1	57.5	38.4	119.3	52.1	57.1	81.3	54.6
85.6	37.0	40.7	58.2	38.9	120.5	52.6	57.7	82.1	55.2
86.7	37.5	41.2	59.0	39.4	121.6	53.1	58.2	82.8	55.7
87.8	38.0	41.7	59.8	40.0	122.7	53.6	58.8	83.6	56.2
88.9	38.5	42.3	60.5	40.5	123.8	54.1	59.3	84.4	56.7
90.1	39.0	42.8	61.3	41.0	125.0	54.6	59.9	85.1	57.3
91.2	39.5	43.4	62.1	41.5	126.1	55.1	60.4	85.9	57.8
92.3	40.0	43.9	62.8	42.0	127.2	55.6	61.0	86.7	58.3
93.4	40.5	44.5	63.6	42.6	128.3	56.1	61.6	87.4	58.9
94.6	41.0	45.0	64.4	43.1	129.5	56.7	62.1	88.2	59.4
95.7	41.5	45.6	65.1	43.6	130.6	57.2	62.7	89.0	59.9
96.8	42.0	46.1	65.9	44.1	131.7	57.7	63.2	89.8	60.4
97.9	42.5	46.7	66.7	44.7	132.8	58.2	63.8	90.5	61.0
99.1	43.0	47.2	67.4	45.2	134.0	58.7	64.3	91.3	61.5
100.2	43.5	47.8	68.2	45.7	135.1	59.2	64.9	92.1	62.0
101.3	44.0	48.3	69.0	46.2	136.2	59.7	65.4	92.8	62.6
102.5	44.5	48.9	69.7	46.7	137.4	60.2	66.0	93.6	63.1
103.6	45.0	49.4	70.5	47.3	138.5	60.7	66.5	94.4	63.6
104.7	45.5	50.0	71.3	47.8	139.6	61.3	67.1	95.2	64.2
105.8	46.0	50.5	72.1	48.3	140.7	61.8	67.7	95.9	64.7
107.0	46.5	51.1	72.8	48.8	141.9	62.3	68.2	96.7	65.2
108.1	47.0	51.6	73.6	49.4	143.0	62.8	68.8	97.5	65.8
109.2	47.5	52.2	74.4	49.9	144.1	63.3	69.3	98.2	66.3
110.3	48.0	52.7	75.1	50.4	145.2	63.8	69.9	99.0	66.8
111.5	48.5	53.3	75.9	50.9	146.4	64.3	70.4	99.8	67.4
112.6	49.0	53.8	76.7	51.5	147.5	64.9	71.0	100.6	67.9

续表

氧化亚铜	葡萄糖	果糖	乳糖（含水）	转化糖	氧化亚铜	葡萄糖	果糖	乳糖（含水）	转化糖
148.6	65.4	71.6	101.3	68.4	183.5	81.5	89.0	125.3	85.1
149.7	65.9	72.1	102.1	69.0	184.5	82.0	89.5	126.0	85.7
150.9	66.4	72.7	102.9	69.5	185.8	82.5	90.1	126.8	86.2
152.0	66.9	73.2	103.6	70.0	186.9	83.1	90.6	127.6	86.8
153.1	67.4	73.8	104.4	70.6	188.0	83.6	91.2	128.4	87.3
154.2	68.0	74.3	105.2	71.1	189.1	84.1	91.8	129.1	87.8
155.4	68.5	74.9	106.0	71.6	190.3	84.6	92.3	129.9	88.4
156.5	69.0	75.5	106.7	72.2	191.4	85.2	92.9	130.7	88.9
157.6	69.5	76.0	107.5	72.7	192.5	85.7	93.5	131.5	89.5
158.7	70.0	76.6	108.3	73.2	193.6	86.2	94.0	132.2	90.0
159.9	70.5	77.1	109.0	73.8	194.8	86.7	94.6	133.0	90.6
161.0	71.1	77.7	109.8	74.3	195.9	87.3	95.2	133.8	91.1
162.1	71.6	78.3	110.6	74.9	197.0	87.8	95.7	134.6	91.7
163.2	72.1	78.8	111.4	75.4	198.1	88.3	96.3	135.3	92.2
164.4	72.6	79.4	112.1	75.9	199.3	88.9	96.9	136.1	92.8
165.5	73.1	80.0	112.9	76.5	200.4	89.4	97.4	136.9	93.3
166.6	73.7	80.5	113.7	77.0	201.5	89.9	98.0	137.7	93.8
167.8	74.2	81.1	114.4	77.6	202.7	90.4	98.6	138.4	94.4
168.9	74.7	81.6	115.2	78.1	203.8	91.0	99.2	139.2	94.9
170.0	75.2	82.2	116.0	78.6	204.9	91.5	99.7	140.0	95.5
171.1	75.7	82.8	116.8	79.2	206.0	92.0	100.3	140.8	96.0
172.3	76.3	83.3	117.5	79.7	207.2	92.6	100.9	141.5	96.6
173.4	76.8	83.9	118.3	80.3	208.3	93.1	101.4	142.3	97.1
174.5	77.3	84.4	119.1	80.8	209.4	93.6	102.0	143.1	97.7
175.6	77.8	85.0	119.9	81.3	210.5	94.2	102.6	143.9	98.2
176.8	78.3	85.6	120.6	81.9	211.7	94.7	103.1	144.6	98.8
177.9	78.9	86.1	121.4	82.4	212.8	95.2	103.7	145.4	99.3
179.0	79.4	86.7	122.2	83.0	213.9	95.7	104.3	146.2	99.9
180.1	79.9	87.3	122.9	83.5	215.0	96.3	104.8	147.0	100.4
181.3	80.4	87.8	123.7	84.0	216.2	96.8	105.4	147.7	101.0
182.4	81.0	88.4	124.5	84.6	217.3	97.3	106.0	148.5	101.5

续表

氧化亚铜	葡萄糖	果糖	乳糖（含水）	转化糖	氧化亚铜	葡萄糖	果糖	乳糖（含水）	转化糖
218.4	97.9	106.6	149.3	102.1	253.3	114.6	124.4	173.4	119.3
219.5	98.4	107.1	150.1	102.6	254.4	115.1	125.0	174.2	119.9
220.7	98.9	107.7	150.8	103.2	255.6	115.7	125.5	174.9	120.4
221.8	99.5	108.3	151.6	103.7	256.7	116.2	126.1	175.7	121.0
222.9	100.0	108.8	152.4	104.3	257.8	116.7	126.7	176.5	121.6
224.0	100.5	109.4	153.2	104.8	258.9	117.3	127.3	177.3	122.1
225.2	101.1	110.0	153.9	105.4	260.1	117.8	127.9	178.1	122.7
226.3	101.6	110.6	154.7	106.0	261.2	118.4	128.4	178.8	123.3
227.4	102.2	111.1	155.5	106.5	262.3	118.9	129.0	179.6	123.8
228.5	102.7	111.7	156.3	107.1	263.4	119.5	129.6	180.4	124.4
229.7	103.2	112.3	157.0	107.6	264.6	120.0	130.2	181.2	124.9
230.8	103.8	112.9	157.8	108.2	265.7	120.6	130.8	181.9	125.5
231.9	104.3	113.4	158.6	108.7	266.8	121.1	131.3	182.7	126.1
233.1	104.8	114.0	159.4	109.3	268.0	121.7	131.9	183.5	126.6
234.2	105.4	114.6	160.2	109.8	269.1	122.2	132.5	184.3	127.2
235.3	105.9	115.2	160.9	110.4	270.2	122.7	133.1	185.1	127.8
236.4	106.5	115.7	161.7	110.9	271.3	123.3	133.7	185.8	128.3
237.6	107.0	116.3	162.5	111.5	272.5	123.8	134.2	186.6	128.9
238.7	107.5	116.9	163.3	112.1	273.6	124.4	134.8	187.4	129.5
239.8	108.1	117.5	164.0	112.6	274.7	124.9	135.4	188.2	130.0
240.9	108.6	118.0	164.8	113.2	275.8	125.5	136.0	189.0	130.6
242.1	109.2	118.6	165.6	113.7	277.0	126.0	136.6	189.7	131.2
243.1	109.7	119.2	166.4	114.3	278.1	126.6	137.2	190.5	131.7
244.3	110.2	119.8	167.1	114.9	279.2	127.1	137.7	191.3	132.3
245.4	110.8	120.3	167.9	115.4	280.3	127.7	138.3	192.1	132.9
246.6	111.3	120.9	168.7	116.0	281.5	128.2	138.9	192.9	133.4
247.7	111.9	121.5	169.5	116.5	282.6	128.8	139.5	193.6	134.0
248.8	112.4	122.1	170.3	117.1	283.7	129.3	140.1	194.4	134.6
249.9	112.9	122.6	171.0	117.6	284.8	129.9	140.7	195.2	135.1
251.1	113.5	123.2	171.8	118.2	286.0	130.4	141.3	196.0	135.7
252.2	114.0	123.8	172.6	118.8	287.1	131.0	141.8	196.8	136.3

续表

氧化亚铜	葡萄糖	果糖	乳糖（含水）	转化糖	氧化亚铜	葡萄糖	果糖	乳糖（含水）	转化糖
288.2	131.6	142.4	197.5	136.8	323.1	148.8	160.7	221.8	154.6
289.3	132.1	143.0	198.3	137.4	324.2	149.4	161.3	222.6	155.2
290.5	132.7	143.6	199.1	138.0	325.4	150.0	161.9	223.3	155.8
291.6	133.2	144.2	199.9	138.6	326.5	150.5	162.5	224.1	156.4
292.7	133.8	144.8	200.7	139.1	327.6	151.1	163.1	224.9	157.0
293.8	134.3	145.4	201.4	139.7	328.7	151.7	163.7	225.7	157.5
295.0	134.9	145.9	202.2	140.3	329.9	152.2	164.3	226.5	158.1
296.1	135.4	146.5	203.0	140.8	331.0	152.8	164.9	227.3	158.7
297.2	136.0	147.1	203.8	141.4	332.1	153.4	165.4	228.0	159.3
298.3	136.5	147.7	204.6	142.0	333.3	153.9	166.0	228.8	159.9
299.5	137.1	148.3	205.3	142.6	334.4	154.5	166.6	229.6	160.5
300.6	137.7	148.9	206.1	143.1	335.5	155.1	167.2	230.4	161.0
301.7	138.2	149.5	206.9	143.7	336.6	155.6	167.8	231.2	161.6
302.9	138.8	150.1	207.7	144.3	337.8	156.2	168.4	232.0	162.2
304.0	139.3	150.6	208.5	144.8	338.9	156.8	169.0	232.7	162.8
305.1	139.9	151.2	209.2	145.4	340.0	157.3	169.6	233.5	163.4
306.2	140.4	151.8	210.0	146.0	341.1	157.9	170.2	234.3	164.0
307.4	141.0	152.4	210.8	146.6	342.3	158.5	170.8	235.1	164.5
308.5	141.6	153.0	211.6	147.1	343.4	159.0	171.4	235.9	165.1
309.6	142.1	153.6	212.4	147.7	344.5	159.6	172.0	236.7	165.7
310.7	142.7	154.2	213.2	148.3	345.6	160.2	172.6	237.4	166.3
311.9	143.2	154.8	214.0	148.9	346.8	160.7	173.2	238.2	166.9
313.0	143.8	155.4	214.7	149.4	347.9	161.3	173.8	239.0	167.5
314.1	144.4	156.0	215.5	150.0	349.0	161.9	174.4	239.8	168.0
315.2	144.9	156.5	216.3	150.6	350.1	162.5	175.0	240.6	168.6
316.4	145.5	157.1	217.1	151.2	351.3	163.0	175.6	241.4	169.2
317.5	146.0	157.7	217.9	151.8	352.4	163.6	176.2	242.2	169.8
318.6	146.6	158.3	218.7	152.3	353.5	164.2	176.8	243.0	170.4
319.7	147.2	158.9	219.4	152.9	354.6	164.7	177.4	243.7	171.0
320.9	147.7	159.5	220.2	153.5	355.8	165.3	178.0	244.5	171.6
322.0	148.3	160.1	221.0	154.1	356.9	165.9	178.6	245.3	172.2

氧化亚铜	葡萄糖	果糖	乳糖（含水）	转化糖	氧化亚铜	葡萄糖	果糖	乳糖（含水）	转化糖
358.0	166.5	179.2	246.1	172.8	392.9	184.4	197.9	270.5	191.2
359.1	167.0	179.8	246.9	173.3	394.0	185.0	198.5	271.3	191.8
360.3	167.6	180.4	247.7	173.9	395.2	185.6	199.2	272.1	192.4
361.4	168.2	181.0	248.5	174.5	396.3	186.2	199.8	272.9	193.0
362.5	168.8	181.6	249.2	175.1	397.4	186.8	200.4	273.7	193.6
363.6	169.3	182.2	250.0	175.7	398.5	187.3	201.0	274.4	194.2
364.8	169.9	182.8	250.8	176.3	399.7	187.9	201.6	275.2	194.8
365.9	170.5	183.4	251.6	176.9	400.8	188.5	202.2	276.0	195.4
367.0	171.1	184.0	252.4	177.5	401.9	189.1	202.8	276.8	196.0
368.2	171.6	184.6	253.2	178.1	403.1	189.7	203.4	277.6	196.6
369.3	172.2	185.2	253.9	178.7	404.2	190.3	204.0	278.4	197.2
370.4	172.8	185.8	254.7	179.2	405.3	190.9	204.7	279.2	197.8
371.5	173.4	186.4	255.5	179.8	406.4	191.5	205.3	280.0	198.4
372.7	173.9	187.0	256.3	180.4	407.6	192.0	205.9	280.8	199.0
373.8	174.5	187.6	257.1	181.0	408.7	192.6	206.5	281.6	199.6
374.9	175.1	188.2	257.9	181.6	409.8	193.2	207.1	282.4	200.2
376.0	175.7	188.8	258.7	182.2	410.9	193.8	207.7	283.2	200.8
377.2	176.3	189.4	259.4	182.8	412.1	194.4	208.3	284.0	201.4
378.3	176.8	190.1	260.2	183.4	413.2	195.0	209.0	284.8	202.0
379.4	177.4	190.7	261.0	184.0	414.3	195.6	209.6	285.6	202.6
380.5	178.0	191.3	261.8	184.6	415.4	196.2	210.2	286.3	203.2
381.7	178.6	191.9	262.6	185.2	416.6	196.8	210.8	287.1	203.8
382.8	179.2	192.5	263.4	185.8	417.7	197.4	211.4	287.9	204.4
383.9	179.7	193.1	264.2	186.4	418.8	198.0	212.0	288.7	205.0
385.0	180.3	193.7	265.0	187.0	419.9	198.5	212.6	289.5	205.7
386.2	180.9	194.3	265.8	187.6	421.1	199.1	213.3	290.3	206.3
387.3	181.5	194.9	266.6	188.2	422.2	199.7	213.9	291.1	206.9
388.4	182.1	195.5	267.4	188.8	423.3	200.3	214.5	291.9	207.5
389.5	182.7	196.1	268.1	189.4	424.4	200.9	215.1	292.7	208.1
390.7	183.2	196.7	268.9	190.0	425.6	201.5	215.7	293.5	208.7
391.8	183.8	197.3	269.7	190.6	426.7	202.1	216.3	294.3	209.3

续表

氧化亚铜	葡萄糖	果糖	乳糖（含水）	转化糖	氧化亚铜	葡萄糖	果糖	乳糖（含水）	转化糖
427.8	202.7	217.0	295.0	209.9	459.3	219.6	234.5	317.5	227.2
428.9	203.3	217.6	295.8	210.5	460.5	220.2	235.1	318.3	227.9
430.1	203.9	218.2	296.6	211.1	461.6	220.8	235.8	319.1	228.5
431.2	204.5	218.8	297.4	211.8	462.7	221.4	236.4	319.9	229.1
432.3	205.1	219.5	298.2	212.4	463.8	222.0	237.1	320.7	229.7
433.5	205.1	220.1	299.0	213.0	465.0	222.6	237.7	321.6	230.4
434.6	206.3	220.7	299.8	213.6	466.1	223.3	238.4	322.4	231.0
435.7	206.9	221.3	300.6	214.2	467.2	223.9	239.0	323.2	231.7
436.8	207.5	221.9	301.4	214.8	468.4	224.5	239.7	324.0	232.3
438.0	208.1	222.6	302.2	215.4	469.5	225.1	240.3	324.9	232.9
439.1	208.7	223.2	303.0	216.0	470.6	225.7	241.0	325.7	233.6
440.2	209.3	223.8	303.8	216.7	471.7	226.3	241.6	326.5	234.2
441.3	209.9	224.4	304.6	217.3	472.9	227.0	242.2	327.4	234.8
442.5	210.5	225.1	305.4	217.9	474.0	227.6	242.9	328.2	235.5
443.6	211.1	225.7	306.2	218.5	475.1	228.2	243.6	329.1	236.1
444.7	211.7	226.3	307.0	219.1	476.2	228.8	244.3	329.9	236.8
445.8	212.3	226.9	307.8	219.8	477.4	229.5	244.9	330.8	237.5
447.0	212.9	227.6	308.6	220.4	478.5	230.1	245.6	331.7	238.1
448.1	213.5	228.2	309.4	221.0	479.6	230.7	246.3	332.6	238.8
449.2	214.1	228.8	310.2	221.6	480.7	231.4	247.0	333.5	239.5
450.3	214.7	229.4	311.0	222.2	481.9	232.0	247.8	334.4	240.2
451.5	215.3	230.1	311.8	222.9	483.0	232.7	248.5	335.3	240.8
452.6	215.9	230.7	312.6	223.5	484.1	233.3	249.2	336.3	241.5
453.7	216.5	231.3	313.4	224.1	485.2	234.0	250.0	337.3	242.3
454.8	217.1	232.0	314.2	224.7	486.4	234.7	250.8	338.3	243.0
456.0	217.8	232.6	315.0	225.4	487.5	235.3	251.6	339.4	243.8
457.1	218.4	233.2	315.9	226.0	488.6	236.1	252.7	340.7	244.7
458.2	219.0	233.9	316.7	226.6	489.7	236.9	253.7	342.0	245.8

参考文献

［1］杜淑霞,王一凡.食品理化检验技术［M］.北京:科学出版社,2019.

［2］杨玉红,田艳花.食品理化检测技术［M］.武汉:武汉理工大学出版社,2016.

［3］陈晓平,黄广民.食品理化检验［M］.北京:中国计量出版社,2008.

［4］王磊.食品分析与检验［M］.北京:化学工业出版社,2017.

［5］臧剑甬,陈红霞.食品理化检测技术［M］.北京:中国轻工业出版社,2020.

［6］尹凯丹,万俊.食品理化分析技术［M］.北京:化学工业出版社,2021.

［7］王正云,孙卫华.食品理化检测技术［M］.北京:中国农业出版社,2021.

［8］李京东,余奇飞,刘丽红.食品分析与检验技术［M］.北京:化学工业出版社,2016.

［9］刘金龙.分析化学［M］.北京:化学工业出版社,2013.

［10］刘丹赤.食品理化检验技术［M］.大连:大连理工大学出版社,2014.

［11］中华人民共和国工业和信息化部.SB/T 10314—1999 采样方法及检验规则［S］.北京:中国标准出版社,1999.

［12］中华人民共和国卫生部.GB/T 5009.1—2003 食品卫生检验方法 理化部分 总则［S］.北京:中国标准出版社,2003.

［13］国家质量监督检验检疫总局.GB/T 6682—2008 分析实验室用水规格和试验方法［S］.北京:中国标准出版社,2008.

［14］国家质量监督检验检疫总局.GB/T 12805—2011 实验室玻璃仪器 滴定管［S］.北京:中国标准出版社,2011.

［15］国家标准化管理委员会.GB/T 8170—2008 数值修约规则与极限数值的表示和判定［S］.北京:中国标准出版社,2008.

［16］国家卫生和计划生育委员会.GB 5009.2—2016 食品安全国家标准 食品相对密度的测定［S］.北京:中国标准出版社,2016.

［17］国家质量监督检验检疫总局.GB/T 12143—2008 饮料通用分析方法［S］.北京:中国标准出版社,2008.

［18］国家卫生和计划生育委员会.GB 5009.3—2016 食品安全国家标准 食品中水分的测定［S］.北京:中国标准出版社,2016.

［19］国家卫生和计划生育委员会.GB 5009.4—2016 食品安全国家标准 食品中灰分的测定

[S].北京:中国标准出版社,2016.

[20] 国家卫生和计划生育委员会.GB 5009.239—2016 食品安全国家标准 食品酸度的测定[S].北京:中国标准出版社,2016.

[21] 国家市场监督管理总局.GB 12456—2021 食品安全国家标准 食品中总酸的测定[S].北京:中国标准出版社,2021.

[22] 国家卫生和计划生育委员会.GB5009.6—2016 食品安全国家标准 食品中脂肪的测定[S].北京:中国标准出版社,2016.

[23] 国家卫生和计划生育委员会.GB 5009.7—2016 食品安全国家标准 食品中还原糖的测定[S].北京:中国标准出版社,2016.

[24] 国家卫生和计划生育委员会.GB 5009.8—2016 食品安全国家标准 食品中果糖、葡萄糖、蔗糖、麦芽糖、乳糖的测定[S].北京:中国标准出版社,2016.

[25] 国家卫生和计划生育委员会.GB 5009.9—2016 食品安全国家标准 食品中淀粉的测定[S].北京:中国标准出版社,2016.

[26] 国家卫生和计划生育委员会.GB 5009.82—2016 食品安全国家标准 食品中维生素 A、D、E 的测定[S].北京:中国标准出版社,2016.

[27] 国家卫生和计划生育委员会.GB 5009.84—2016 食品安全国家标准 食品中维生素 B_1 的测定[S].北京:中国标准出版社,2016.

[28] 国家卫生和计划生育委员会.GB 5009.86—2016 食品安全国家标准 食品中抗坏血酸的测定[S].北京:中国标准出版社,2016.

[29] 国家卫生和计划生育委员会.GB 5009.5—2016 食品安全国家标准 食品中蛋白质的测定[S].北京:中国标准出版社,2016.

[30] 国家卫生和计划生育委员会.GB 5009.235—2016 食品安全国家标准 食品中氨基酸态氮的测定[S].北京:中国标准出版社,2016.

[31] 国家卫生和计划生育委员会.GB 5009.92—2016 食品安全国家标准 食品中钙的测定[S].北京:中国标准出版社,2016.

[32] 国家卫生和计划生育委员会.GB 5009.12—2017 食品安全国家标准 食品中铅的测定[S].北京:中国标准出版社,2017.

[33] 国家卫生和计划生育委员会.GB 5009.33—2016 食品安全国家标准 食品中亚硝酸盐与硝酸盐的测定[S].北京:中国标准出版社,2016.

[34] 国家市场监督管理总局.GB 5009.34—2022 食品安全国家标准 食品中二氧化硫的测定[S].北京:中国标准出版社,2022.

[35] 国家卫生和计划生育委员会.GB 2760—2014 食品安全国家标准 食品添加剂使用标准[S].北京:中国标准出版社,2014.

[36] 国家卫生和计划生育委员会.GB 5009.33—2016 食品安全国家标准 食品中亚硝酸盐与硝酸盐的测定[S].北京:中国标准出版社,2016.

[37] 国家卫生和计划生育委员会.GB 2760—2014 食品安全国家标准 食品添加剂使用标准[S].北京:中国标准出版社,2014.

[38] 中华人民共和国卫生部.GB/T 5009.20—2003 食品中有机磷农药残留量的测定[S].北京:中国标准出版社,2003.

［39］中华人民共和国卫生部．GB/T 5009.146—2008 植物性食品中有机氯和拟除虫菊酯类农药多种残留量的测定［S］．北京：中国标准出版社，2008．

［40］中华人民共和国农业部．NY/T 761—2008 蔬菜和水果中有机磷、有机氯、拟除虫菊酯和氨基甲酸酯类农药多残留的测定［S］．北京：中国农业出版社，2008．

［41］中华人民共和国卫生部．GB/T 5009.116—2003 畜、禽肉中土霉素、四环素、金霉素残留量的测定［S］．北京：中国标准出版社，2003．

［42］中华人民共和国农业农村部．GB 31650—2019 食品安全国家标准 食品中兽药最大残留限量［S］．北京：中国标准出版社，2019．

［43］中华人民共和国卫生部．GB 19644—2010 食品安全国家标准 乳粉［S］．北京：中国标准出版社，2010．

［44］中华人民共和国农业农村部．NY/T 657—2021 绿色食品 乳与乳制品［S］．北京：中国农业出版社，2021．

［45］国家卫生和计划生育委员会．GB 5413.30—2016 食品安全国家标准 乳和乳制品杂质度的测定［S］．北京：中国标准出版社，2016．

［46］国家质量监督检验检疫总局．GB/T 10789—2015 饮料通则［S］．北京：中国标准出版社，2015．

［47］国家质量监督检验检疫总局．GB/T 31121—2014 果蔬汁类及其饮料［S］．北京：中国标准出版社，2014．

［48］国家市场监督管理总局．GB 7101—2022 食品安全国家标准 饮料［S］．北京：中国标准出版社，2022．